入海河道超标准洪水遇海潮顶托防洪应对预案

贺芳丁 路光旭 郭广军 著

黄河水利出版社
·郑州·

内 容 提 要

山东潍坊北部区域地势平坦,海拔较低,是全国最大的海洋化工生产和出口基地。发源于潍坊南部山区的潍河、弥河、白浪河以及虞河等骨干河流均从这里入海,汛期强降雨遭遇天文大潮往往造成河道洪水入海延迟,给两岸造成洪涝损失。本书对潍河、弥河、白浪河、虞河洪水,渤海湾潮位及影响区进行水文水力计算,对河道采用一维水力学河道洪水演进模型,沿河周边区域采用二维水动力学模型,进行了一、二维耦合的洪水分析计算,建立了河道超标准洪水遭遇海潮顶托不同工况组合的水动力学模型;在超标准洪水量级上,打破了传统意义上的超一个洪水量级的概念,提出了超河道保证标准的多种工况量级,并将超出标准工况的临界状态一并考虑,提高了实际应用价值。在此基础上绘制洪水风险图,摸清超标准洪水风险影响区,据此制定以上河道在遇到超标准洪水和渤海湾海潮顶托共同影响下的应对措施,提前谋划洪水分洪、滞洪方案,可最大程度地减轻重要防洪保护对象的损失。

本书可供从事河道防洪调度、管理的工程技术人员以及相关领域的研究人员阅读参考。

图书在版编目(CIP)数据

入海河道超标准洪水遇海潮顶托防洪应对预案/贺芳丁,路光旭,郭广军著.—郑州:黄河水利出版社,2023.6

ISBN 978-7-5509-3620-1

Ⅰ.①入… Ⅱ.①贺… ②路… ③郭… Ⅲ.①防洪-研究-潍坊 Ⅳ.①TV877

中国国家版本馆 CIP 数据核字(2023)第 133953 号

组稿编辑:王路平 电话:0371-66022212 E-mail:hhslwlp@163.com

责任编辑:杨雯惠 责任校对:兰文峡 封面设计:张心怡 责任监制:常红昕

出版发行:黄河水利出版社

地址:河南省郑州市顺河路 49 号 邮政编码:450003

网址:www.yrcp.com E-mail:hhslcbs@126.com

发行部电话:0371-66020550

承印单位:河南新华印刷集团有限公司

开本:787 mm×1 092 mm 1/16

印张:13.25

字数:310 千字

版次:2023 年 6 月第 1 版 印次:2023 年 6 月第 1 次印刷

定价:110.00 元

前　言

我国是世界上河流最多的国家之一，也是洪涝灾害频发的国家。自古以来，防洪治理与区域经济发展、人民群众生活息息相关。洪涝灾害的频发，对沿岸居民造成重大的经济损失，严重威胁区域经济的发展。潍坊北部、环渤海莱州湾沿岸，聚集了大量新兴海洋化工工业园区，是全国最大的海洋化工生产和出口基地。发源于潍坊南部山区的潍河、弥河、白浪河以及虞河等骨干河流均从这里入海，汛期强降雨遭遇天文大潮往往造成河道洪水入海延迟，给两岸造成洪涝损失。为做好潍坊北部区域骨干河流超标准洪水遇渤海湾海潮顶托共同影响下的防御工作，落实水利部提出的预报、预警、预演、预案“四预”措施，贯通雨情、水情、险情、灾情“四情”防御，建立健全应对超标准洪水的预警机制和处置体制，压实责任，落实洪水防御对策措施，提高防御洪水工作效率，明确各级和各相关部门的职责和义务，规范水利工程防汛调度，保障以上骨干河道流域安全度汛，最大限度地减少洪涝灾害造成的人员伤亡和财产损失，促进经济社会协调、可持续发展，充分发挥区域河系的综合效益，受潍坊市水利局委托，山东省水利科学研究院和山东恒源勘测设计有限公司联合编制以上骨干重点河道超标准洪水遇海潮顶托共同影响下的防御方案。

近年来洪水及风暴潮水发生频繁，造成了重大经济损失，对于防灾治理及预警的资料需要更为详细准确，例如水位、流速、水深、洪水演进过程等，这些需求为水动力学洪水演进数值模拟提供了发展空间。

目前，水动力学数值模拟是研究河道水动力学特性的重要手段，应用浅水方程离散求解不同时间各水力要素的空间变化规律。随着计算机技术的发展，水流运动方程求解可应用数值方法计算，加快了水动力学的研究，主要开发的软件有 Mike Flood、Fluent、HEC-RAS、Delft3d、Sms 等。DHI Mike 是丹麦研发的洪水模拟组件，包括一维模型 Mike11、二维模型 Mike21、三维模型 Mike31 等，其中 Mike21 用于构建二维洪水演进模型，主要应用于区域性水系的论证、跨流域调水模拟以及模拟水流运动过程等。

洪水淹没分析就是结合相应的洪水模拟算法和工程软件等对研究区的洪水灾害进行预测和评估，以避免或减轻洪水灾害对人类社会造成的影响和损失。洪水灾害风险模拟及预测分析的发展，至今已有几百年的历史，早期进行洪水灾害淹没分析，主要是通过野外人工测量之后进行洪水风险图的绘制。近年来，随着 GIS 技术的日趋成熟，GIS 方法在洪水灾害淹没分析方面得到了广泛应用。国内外专家对 GIS 技术运用于洪水淹没领域这一热点进行了深入的研究与探讨。

在方案编制过程中，山东省水利科学研究院和山东恒源勘测设计有限公司成立联合项目组，制订了工作大纲，在现有资料基础上，对潍河、弥河、白浪河、虞河等骨干重点河道流经潍坊北部区域的地形、地貌现状进行了补充测绘；对骨干河道防洪保护对象进行了摸底调查，摸清了沿岸、跨河及保护区内村镇、重要工矿企业和基础设施情况；对潍河、弥河、白浪河、虞河洪水，渤海湾海潮潮位及影响区进行了相关水文水力计算，建立了区域内的

4条河道一维水力学河道洪水演进模型,沿河周边区域二维水动力学模型,进行了一维、二维耦合的洪水分析计算。利用DHI公司开发的Mike系列软件建立了水动力学模型,绘制了洪水风险图,摸清超标准洪水风险影响区。制订以上河流在遇到超标准洪水和渤海湾海潮顶托共同影响下的应对措施,提前谋划洪水分洪、滞洪方案,最大程度地减轻超标准洪水和渤海湾大潮海潮顶托共同影响下重要防洪保护对象的损失。完成成果有超标准洪水和海潮顶托影响下的应对预案、洪水淹没风险图及相应电子数据文件。

预案编制过程中,得到潍坊市水利局、寿光市水利局、潍坊市寒亭区水利局、昌邑市水利局、潍坊滨海经济技术开发区海洋渔业和水利局、山东省国土测绘院等单位和领导的大力支持,在此表示衷心的感谢!

由于作者水平有限,书中难免存在不妥之处,敬请读者朋友批评指正。

作者

2023年4月于济南

目 录

第 1 章　绪　论

1.1　北部区域的界定

本预案涉及范围为潍坊市北部区域,主要包括:弥河寿光城区南环路以北,白浪河、虞河、潍河涉及寒亭、昌邑境内国道 308 线以北的区域。共涉及 18 个镇、街,分别为:寿光市的羊口镇、营里镇、田柳镇、上口镇、侯镇、古城街道、洛城街道等 7 个镇(街);滨海区的大家洼、央子 2 个街道;寒亭区的高里、固堤 2 个街道;昌邑市的龙池镇、柳疃镇、下营镇、卜庄镇、奎聚街道、都昌街道、围子街道等 7 个镇(街)。

1.2　河道超标准洪水的界定

根据山东省水利厅的有关要求,结合北部骨干河道实际情况,确定 4 条骨干河道超标准洪水的主要技术指标如下:

1.2.1　潍河

根据《潍坊市潍河流域防洪规划(2018 年)》,潍河规划防洪标准为全河段 50 年一遇,本预案将潍河 100 年一遇洪水作为超标准洪水的标准量级,同时为了增加预案的预见性和可操作性,做好防大汛、抗大灾的充分准备,本书增加了大于 50 年一遇,但小于 100 年一遇即将漫堤的洪水(6 600 m^3/s)和 10 000 m^3/s 漫堤时的淹没范围。

1.2.2　弥河

根据《潍坊市弥河流域防洪规划(修编 2019 年)》,近期弥河冶源水库以下段达到 50 年一遇防洪标准,弥河分流防洪能力达到 50 年一遇防洪标准。本预案将弥河 100 年一遇洪水作为超标准洪水的基本量级,同时为了增加预案的预见性和可操作性,做好防大汛、抗大灾的充分准备,本书增加了大于 50 年一遇、但小于 100 年一遇即将漫堤的洪水(6 950 m^3/s)和 200 年一遇频率洪水作为分析对象。

1.2.3　白浪河

白浪河寒亭段按照 20 年一遇进行了治理,滨海段按照 100 年一遇进行了治理。根据《潍坊市白浪河防御洪水方案》,白浪河主要控制断面保证水位及流量:北宫桥控制断面流量为 899 m^3/s,参考水位为 19.64 m;崔家央子控制断面流量为 2 002 m^3/s,参考水位为 5.77 m。河道洪水超过保证指标(北宫桥断面流量大于 899 m^3/s,崔家央子断面流量大于 2 002 m^3/s),即界定为超标准洪水。

综合白浪河全河段考虑,将100年一遇洪水作为白浪河的超标准洪水,同时为了增加预案的预见性和可操作性,增加50年一遇、计算成果,以及大于50年一遇、小于100年一遇的临界成果(大圩河口下1 900 m^3/s、桂河口下2 620 m^3/s,桂河支流791 m^3/s)作为对比分析。

另外,对白浪河,增加了区分考虑防潮闸发挥作用和不发挥作用两种工况进行分析计算。

1.2.4 虞河

根据《潍坊市虞河防御洪水方案》,虞河主要控制断面保证水位及流量:东小营断面保证水位18.7 m,参考流量为572 m^3/s。虞河中游段(崇文街以北—寒亭滨海界段)现状防洪能力已达50年一遇洪水标准。虞河下游段(寒亭滨海界以北段)现状河道大部分河段行洪能力能满足20年一遇行洪要求。

综合虞河全河段考虑,将50年一遇洪水作为超标准洪水。

1.3 海潮潮位分析

根据渤海湾潮位站长期观测资料,经频率计算,考虑河道超标准洪水发生在汛期,故确定将汛期5年一遇潮位2.19 m、20年一遇潮位2.87 m、50年一遇潮位3.38 m作为计算条件。

1.4 河道洪水与潮位叠加组合

本书将河道不同频率洪水与不同潮位分别进行组合分析计算,以满足预案的实用性和可操作性要求。

1.5 淹没影响分析与群众转移

本书提供了各骨干河道不同频率洪水与不同频率潮位组合下的淹没范围与淹没水深,并调查了淹没区的居民和工矿企业、学校等情况,提供了淹没区的转移路线与安置地点。

在实际遭遇强降雨情况下,为应对堤防抢险失败或不具备抢险条件下堤防漫溢垮塌引起的决堤洪水,本预案的扩展功能可针对发生不同量级洪水情况下(比如潍河发生10 000 m^3/s的流量时)任意桩号处的堤防漫溢或决口的情况(例如桩号××+×××处漫溢或决口,漫溢或决口长度××m,决口水深××m),在15 min内模拟出决堤洪水可能的淹没范围和淹没水深,给受影响区人员转移提供及时宝贵的参考信息。

1.6　应急分洪、滞洪区

1.6.1　潍河分洪、滞洪方案

潍河预案本次首先考虑上游大型、中型水库调节错峰调度。

其次考虑在太保村以南、引黄济青倒虹吸以北开挖夹沟河分洪道，通过夹沟河分洪至下游虞河支流丰产河。还可通过下游左岸的龙河向堤河分洪。

潍河右岸可以通过河东引水干渠向漩河、五干渠、六干渠分洪。

再次，如果洪水继续加大，为了保昌邑城区安全，则可在河东引水渠上游的小章西荒村村北(引黄济青倒虹吸北)附近扒开潍河右岸大堤向东北方向分洪，分洪洪水最后沿漩河两岸、五干渠、六干渠以及胶莱运河左岸或进入胶莱河向下游入海。

1.6.2　弥河分洪、滞洪方案

按照“上蓄、中分、下滞”的原则，构建弥河流域“库堤结合、分泄兼筹、以泄为主”的防洪工程体系。除上游水库发挥调蓄功能外，采取中游分水工程，当洗耳河以下弥河断面流量大于5 980 m^3/s(50年一遇洪水标准)时，利用分弥入尧入丹、分弥入丹入崔分流洪水，减轻寿光城区的防洪压力，确保寿光城区防洪安全；当弥河分流以下弥河断面流量大于3 680 m^3/s(50年一遇洪水标准)时，利用分弥入老河工程分流洪水，减轻下游堤防和滨海城区的防洪压力，确保滨海城区的防洪安全。

下游滞洪工程主要内容如下：

(1)弥河分流。分流口自营里镇中营村北营里、羊口镇等乡镇至羊口镇区东入海，临时分洪区位于河道桩号27+000处，弥河分流入海口建有挡潮闸，设计标准50年一遇流量为1 900 m^3/s。

(2)营子沟及东张僧河。营子沟为寿光市北部主要排水干沟，接纳张僧河、西马塘沟、东马塘沟等河沟，下游入弥河分流。营子沟总流域面积为481 km^2，主要解决张僧河水系的排水出路问题。营子沟、东张僧河入弥河分流口50年一遇洪峰流量为590 m^3/s。

(3)临时滞洪区。为确保分洪道下游重点工矿企业的防洪安全，拟在分洪道入海处设临时滞洪区，位于大家洼镇北侧、羊口镇东侧。临时滞洪区西侧为弥河分流右堤，北侧至南环路及规划惠港二路，南至围滩河，东至老河；滞洪区面积为48.25 km^2，滞洪区水深1.5 m，滞洪量0.73亿m^3。

启用标准：当弥河分流营子沟断面流量大于2 890 m^3/s，营子沟、东张僧河汇入洪水，超过50年一遇设防水位时启用临时滞洪区。

(4)分流规模。当预报弥河发生50年一遇洪水时，弥河分流分洪流量为2 300 m^3/s，营子沟、东张僧河入弥河分流50年一遇洪峰流量590 m^3/s，超过了弥河分流入海口挡潮闸的泄流能力，需要进行分洪，拟定分洪最大规模为洪峰流量的1/3，约为900 m^3/s。

(5)规划分弥入丹入崔工程，规划崔家河西临时分洪区，面积为9.5 km^2，可分洪蓄水量2 470万m^3。

1.6.3 白浪河分洪、滞洪方案

白浪河100年一遇超标准洪水基本不漫堤，主要是右岸支流淮河标准较低。拟将规划的与分弥入丹入崔工程配套的崔家河西临时分洪区（面积9.5 km^2，滞洪水量2 470万m^3），作为白浪河（淮河）的临时滞洪区使用。

另外，当白浪河发生超标准洪水，而虞河相对流量较小时，在上游北外环以南南张氏村附近规划分白入虞分洪道，规划距离仅需2 km，相对高差约3 m，可起到良好的分洪效果，同时还可利用虞河应急滞洪区滞洪。

1.6.4 虞河分洪、滞洪方案

在荣乌高速以南、潍北农场东南、渔埠洞以北区域，虞河与丰产河之间的低洼区域为天然应急虞河滞洪区，滞洪区面积约50.8 km^2，蓄滞水约1.5 m，滞洪量约7 600万m^3。

1.7 滨海经济技术开发区绿色化工园区的防护措施

滨海绿色化工园区集中了滨海经济技术开发区大量化工生产和经营企业，大体范围包括蓝海路—大莱龙铁路—西海路—大海路—老河以东，黄海路以西，老防潮坝以南，创新街—弥河北岸—大莱龙铁路—工业街以北的范围。

绿色化工园区地势较高，但是当发生弥河100年一遇洪水并遭遇渤海湾50年一遇大潮时，会造成化工园区的东北部、东南部局部淹没，淹没水深一般在0.1~1.0 m。为保护化工产品和周边环境安全，遭遇超标准洪水和海潮顶托淹没时，需要采取堆积防汛沙袋、砌筑防洪墙进行保护。相关淹没区的企业应该备足有关防汛物料。物料数量按照堆砌1 m高的临时防洪墙，每米准备普通防汛沙袋30~35条。也可采取组装式防洪墙，根据相应的规格进行准备。

第2章　总　则

2.1　编制目的

为做好潍坊北部沿海地区骨干河流在遇到超标准洪水和渤海湾海潮顶托共同影响下的防范处置工作，提前谋划人员转移、重要基础设施洪水防范，以及洪水分洪、滞洪方案等应对措施，最大程度地减轻人员伤亡和重要防洪保护对象的损失，编制本方案。

2.2　编制依据

(1)《中华人民共和国防洪法》。

(2)《中华人民共和国突发事件应对法》。

(3)《中华人民共和国水法》。

(4)《中华人民共和国防汛条例》。

(5)《中华人民共和国河道管理条例》。

(6)《山东省实施〈中华人民共和国防洪法〉办法》。

(7)《山东省实施〈中华人民共和国防汛条例〉办法》。

(8)《山东省实施〈中华人民共和国河道管理条例〉办法》。

(9)《山东省实施〈中华人民共和国突发事件应对法〉办法》。

(10)《潍坊市防汛应急预案》。

(11)《潍坊市突发事件总体应急预案》。

(12)《山东省堤防工程运行管理规程(试点)》。

(13)《山东省水利厅关于做好2022年水利工程防御洪水方案及超标准洪水防御预案修编工作的通知》(鲁水防御字〔2022〕2号)。

(14)《山东省水利厅关于印发〈山东省大型骨干河道防御洪水方案编制大纲(试行)〉〈山东省大中型水库防御洪水方案编制大纲(试行)〉的通知》(鲁水防御字〔2022〕5号)。

(15)《山东省骨干河道防御洪水方案编制大纲(试行)》。

(16)历次河道治理工程相关设计文件。

(17)《潍坊市潍河流域防洪规划(2018年)》。

(18)《潍坊市潍河防御洪水方案》。

(19)《潍坊市弥河流域防洪规划(2019年)》。

(20)《潍坊市弥河防御洪水方案》。

(21)《潍坊市白浪河防御洪水方案》。

(22)《潍坊市虞河防御洪水方案》。

(23)《洪水风险图编制导则》(SL 483—2017)。

(24)其他相关的法律、法规、条例、规程以及规章文件等。

2.3 编制原则

潍坊市北部区域骨干河道超标准洪水遇海潮顶托共同影响下的应对预案的编制遵循以下原则。

2.3.1 安全第一、常备不懈,以防为主、全力抢险

汛前做好各项准备工作,全面检查,整改隐患,备足料物,健全队伍,有针对性地做好预案演练。汛期通过科学调度洪水,减少北部区域和骨干河道的防洪压力,做到早预防、早预警、早撤离。出现险情时,统筹调度各方力量,全力抢险。

2.3.2 统一领导、部门协同,局部利益服从全局利益

组建防御洪水指挥机构及现场指挥部,明确相关部门(单位)的职责,形成市防汛抗旱指挥部统一领导、多部门联动的协同抢险体制,同时形成全局意识,局部利益服从全局利益。

2.3.3 因地制宜、突出重点

根据潍坊市沿海北部区域地形特点及各骨干河道沿线地形地貌,将海潮入侵淹没区与河道超标准洪水区统筹考虑,有针对性地分析水情、险情特点及应对措施;根据北部区域河道沿线城镇、村庄、重要工矿企业及农田分布,统筹制订相应的防御洪水方案,优先保障重点区域、村镇、学校、医院及重要工矿企业的安全,并兼顾一般区域,尽量减轻洪涝灾害损失。

2.3.4 科学调度,兴利除害,确保安全

坚持依法防御洪水、科学调度洪水,上游水库、沿河闸坝联合调度,最大程度地减少洪涝灾害损失。

2.4 适用范围

本预案涉及范围为潍坊市北部区域,主要包括:弥河寿光城区南环路以北,白浪河、虞河、潍河涉及寒亭、昌邑境内国道 308 线以北的区域。

涉及具体乡镇街道为:寿光羊口镇、寿光营里镇、寿光田柳镇、寿光上口镇、寿光侯镇、寿光古城街道、寿光洛城街道、滨海大家洼街道、滨海央子街道、寒亭高里街道、寒亭固堤街道、昌邑龙池镇、昌邑都昌街道、昌邑柳疃镇、昌邑奎聚街道、昌邑下营镇、昌邑卜庄镇、昌邑围子街道等 18 个镇、街。

本预案适用于潍河北部区域的寿光市、寒亭区(含滨海开发区)、昌邑市以及上述县市区域内洪水防御所涉及的有关部门、单位、机构和设施。

本预案适用时段为汛期(6月1日至9月30日)及可能发生大洪水的其他时间。

第3章 北部区域社会经济概况

潍坊北部沿海区域主要包括寿光市、寒亭区、昌邑市,以及潍坊滨海经济技术开发区(见图3-1)。潍坊北部沿海陆域面积为2 681 km^2、海域面积为1 374 km^2、海岸线为160 km。从寿光到潍坊主城区的区域,是潍北滨海新区所在地,这里是全国最大的海洋化工生产和出口基地,总投资75亿元的潍坊高铁新片区综合开发PPP项目❶即将建成。借助高铁新片区的辐射带动作用,潍坊北部发展前景无比广阔。计划建设的京沪高铁二线天津至潍坊段在潍坊将设置寿光市站、潍坊北站,潍坊由此深度融入经济总量占全国1/5的环渤海经济圈。

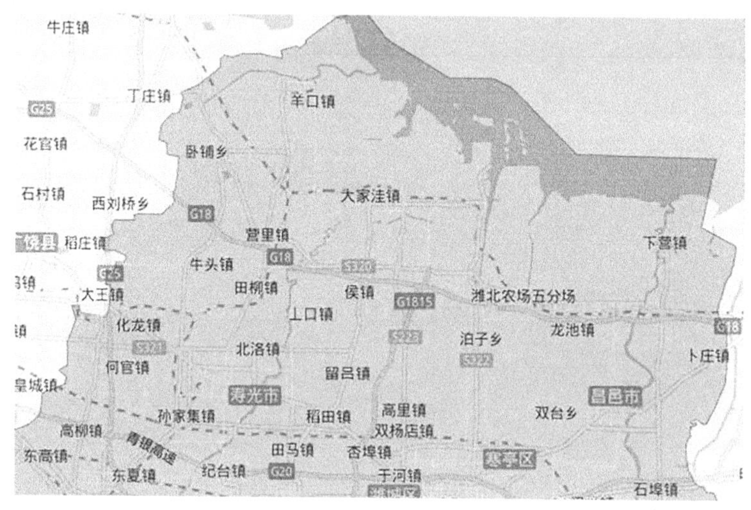

图3-1 潍坊北部区域

3.1 寿光市

寿光市位于潍坊西北部,渤海莱州湾西南岸,总面积为2 072 km^2。根据第七次人口普查,寿光市常住人口为116.34万人。2021年地区生产总值为953.6亿元。2022年5月,入选“2021年中国投资潜力百强县”榜单,位列全国第24名。

3.2 寒亭区

寒亭区北濒渤海莱州湾,南与坊子区、潍城区接壤,东接昌邑市,西抵寿光市。全区总面积为628 km^2,总人口为62.52万人(含滨海区)。明代,降潍州为潍县。1983年,撤销

❶ PPP项目指政府与社会资本合作项目。

潍县,设立寒亭区,隶属潍坊市。2021 年地区生产总值为 508. 8 亿元(含滨海区)。

3.3 昌邑市

昌邑市位于山东半岛西北部,潍河下游,莱州湾畔,东与莱州市、平度市以胶莱河为界,南与高密市、峡山区毗连,西与潍坊市坊子区、寒亭区为邻,北濒莱州湾,市域总面积为 1 627. 5 km^2。根据第七次人口普查数据,昌邑市常住人口为 56. 45 万人。昌邑市属环渤海经济圈,为国务院确定的沿海对外开放城市之一。2021 年,昌邑市地区生产值为 450. 4 亿元。

3.4 潍坊滨海经济技术开发区

潍坊滨海经济技术开发区位于潍坊市北部,渤海莱州湾南畔,成立于 1995 年 8 月,是山东省人民政府批准成立、国家发展和改革委员会审核通过的省级开发区。2010 年 4 月正式获批成为国家级经济技术开发区,总面积 1 188 km^2(陆域面积 677 km^2,海域 510 km^2),人口 23 万人,是全省乃至全国重要的生态海洋化工生产和出口创汇基地。

潍坊北部各行政区社会经济状况统计如表 3-1 所示。

表 3-1　潍坊北部各行政区社会经济状况统计(2021 年)

行政区	年末户籍总人口/万人	GDP	
		总量/亿元	人均/(元/人)
寿光市	116. 34	953. 6	82 000
寒亭区(含滨海区)	62. 52	508. 8	100 300
昌邑市	56. 45	450. 4	93 500

第4章 骨干河道基本情况

4.1 潍河基本情况

4.1.1 潍河概况

潍河古称潍水，地处胶莱河以西、白浪河以东，发源于临沂市沂水县富官庄镇泉头村，流经临沂市沂水县，日照市的莒县、五莲县，以及潍坊市的诸城市、高密市、峡山区、坊子区、寒亭区、昌邑市等县（市、区），于昌邑市下营镇北注入渤海莱州湾。干流全长 222 km，控制流域面积为 6 502 km^2，河道平均比降为 1.04‰。其中潍坊市境内潍河干流全长 164 km，控制流域面积为 5 846 km^2。

潍河支流众多，主要集中于中上游，这些支流均为山洪河道，源短流急。峡山水库以上流入潍河的支流主要有渠河、扶淇河、百尺河、涓河、芦河、燕河、许孟河、仁里河等，峡山水库下游支流主要为汶河、史角河。

4.1.2 地形地貌

潍河流域属泰沂山北低山丘陵区，主要为构造剥蚀地形，且以断裂构造为主。地形自沂山向北倾斜，经丘陵区逐渐过渡到平原区。自源头至墙夼水库，为上游山区地带，平均比降为 1/293，河道坡陡流急，易暴发山洪；墙夼水库以下至峡山水库为中游丘陵地带，平均比降为 1/2 400。下游段峡山水库以下为平原及滨海平原区。流域内各种地貌类型比例分别为：山区占 23.9%、丘陵占 29.1%、平原占 25.4%、涝洼地占 21.6%。

4.1.3 河流水系

潍河水系发达，支流较多，一级支流 15 条。其中，流域面积在 1 000 km^2 以上的有 2 条，流域面积在 300~1 000 km^2 的有 3 条，流域面积在 100~300 km^2 的有 5 条，流域面积在 50~100 km^2 的有 5 条。直接汇入干流的主要支流有：汶河、渠河、洪沟河、百尺河、涓河、芦河、洪凝河、扶淇河、史角河、太古庄河、石河、汉王河、非得河、汪湖河、尚沟河等。

4.1.4 水文气象

潍河流域位于欧亚大陆北温带季风区，属于大陆性气候，四季界限分明，温差变化大，雨热同期，降雨季节性强。冬季寒冷干燥，多北风，少雨雪；夏季炎热，盛行东南风和西南风，暴雨洪水集中；春季多风，秋季秋高气爽，春秋两季干燥少雨，经常出现春旱和秋旱。据实测资料统计，潍河流域多年平均降雨量为 720 mm，流域内多年平均气温为 11~14 ℃。无霜期为 180~220 d。

4.1.5　暴雨洪水特性

潍河流域的降水量在年际、年内之间变化都比较大,年内降水量多集中在汛期,年际之间变化悬殊,连丰、连枯现象十分明显。盛夏季节,我国主要雨带北移,冷暖空气活动频繁,极易造成大暴雨。造成本地区暴雨的天气系统主要有台风型、气旋型或连续气旋、中低纬度天气系统互相结合型,主要指西风带冷空气南下时与低纬度天气系统如台风外围、南方气旋相遇等共同影响的天气系统。

峡山水库以上潍河为山溪型雨源河流,河道流量随季节而变化。每到汛期,暴雨集中,洪水涨落迅猛,峰高量大,洪水历时短,次洪水历时一般为 3~7 d;而枯水季节,河道流量比较小,有时干枯断流。峡山水库以下基本为平原,且多建有堤防,上游洪水经峡山、牟山两大水库调蓄后较为平缓,历时相对较长。

4.1.6　工程规划情况

潍河流域工程规划主要为《潍坊市潍河流域防洪规划(2018 年)》。规划水平年近期 2020 年、远期 2035 年。规划提出,潍坊境内潍河近期(2020 年)、远期(2035 年)全线按 50 年一遇防洪标准治理。规划防洪工程措施分别从河道疏浚及护岸工程、堤防工程、建筑物及入海口整治等四个方面进行了工程布置规划,防洪非工程措施主要从流域信息化系统建设、防洪预案、严格落实河道管理等措施进行规划。

4.1.7　河道治理情况

4.1.7.1　2018 年以前治理情况

1. 诸城城区段潍河治理

2001—2002 年,潍河诸城城区段 8.6 km 河道治理,投资 1 200 万元,进行了大堤护砌、坝顶加宽,河道形成复式河床,两岸均设 5 m 戗台,戗台以下干砌方块石护坡,内外边坡为 1∶2,新建改造配套建筑物 9 座。

2003—2006 年,诸城潍河滨水景观工程建设,工程内容包括:一期潍河密州闸至开发区横一路间左岸河段工程,二期密州橡胶坝工程,三期潍河右岸密州闸至拙村闸间、左岸开发区横一路至横四路间河段工程,四期潍河和平街大桥—北外环大桥左堤改建工程,五期、六期景观装饰工程,七期潍河右岸密州闸至北外环大桥绿化工程,八期滨水景观工程。

2007—2010 年,潍河、涓河综合生态治理工程,规划总投资 8.0 亿元。

2008 年 3 月 28 日,诸城市拙村新闸至老闸段河道治理工程(横四路至横五路两岸),工程治理长度 2.0 km,本工程投资 848.79 万元,防洪标准为 50 年一遇,2008 年 5 月 30 日竣工。

2008 年 3 月,潍河道明原拦河闸至道明新建橡胶坝之间河道治理工程开工建设,治理长度为 2.0 km,投资 721.09 万元,2008 年 6 月竣工。

2009 年 9 月至 11 月,投资 151.42 万元进行潍河公园改造提升工程。

截至 2010 年底,潍河、涓河综合生态治理工程已完成潍河干流 32 km 的河道治理,先后新建改建桥梁 6 座、拦河闸 7 座,高标准硬化、绿化、亮化滨河道路 39.58 km,铺装人行道 72.6 km,配套建设供排水管网 23.8 km,绿化面积 200 多万 m^2。

2. 下游段(峡山水库至入海口)治理

1951 年,潍河两岸筑堤 100 km,裁弯 3 164 m,疏浚河道 1 840 m,完成土石方 543.54 万 m^3。

1951 年 11 月,昌邑市进行了扶宁、下营两处裁弯工程,共完成培修堤防 124 km(两岸),河道裁弯 4 处,长 9.82 km,护险 5 处,长 0.73 km,做护村圩埝 7.11 km。

1972—1973 年,对辛安庄、穆村河堤护坡 0.95 km。

1990—1992 年,在昌邑市柳疃镇辛安庄村东,距潍河入海口约 15 km 处修建昌邑市潍河防潮蓄水闸。

1992 年潍坊市编制了《山东省潍坊市潍河干流防洪工程初步设计》,对潍河工程退化老化、隐患堤防进行了逐一排查,进行复堤及全线培厚加高,裁弯取直 2 处,道口封堵 126 处,加固 45 处险工中的 23 处,新建穿堤排水建筑物 6 处,加固穿堤排水建筑物 17 座,新建漫水桥 1 座。实施过程中,由于种种原因,部分工程未实施。

2000—2008 年,昌邑市财政投资开发建设了以“一水”“二场”“三区”“六园”为主要景点的潍水风情水利风景区,完成了金口拦河闸至城东橡胶坝堤防治理 5.5 km,潍河老桥至吴家漫全长 2.235 km 无堤段进行新筑堤防,堤顶修建 7 m 宽沥青道路,并进行了堤坡护砌和绿化美化。

2002—2010 年,潍河干流自峡山水库溢洪闸至入海口,依次建设了峡山峠山橡胶坝、辉村橡胶坝、李家庄橡胶坝、昌邑金口橡胶坝、城东橡胶坝、城北橡胶坝、柳疃橡胶坝。

2005 年、2006 年,昌邑市治理了洪崖口和吴家漫两处险工,对吴家漫左岸和西下营右岸进行了 2.4 km 护砌;2007 年,对张董—夏家庄左岸段 4.95 km 进行了综合治理;2008 年,对辉村闸上右岸段 0.15 km、小营口左岸 0.748 km 进行了综合治理;2009 年,对峠山村西右岸 0.7 km、西小章右岸 0.8 km 进行了综合治理;2010 年,对久远埠右岸 0.27 km、田家湾右岸 1.1 km 进行了综合治理;2006—2010 年,对寒亭区东庄子村—东干渠左岸段 9.3 km 进行了综合治理。

2007—2010 年,峡山区对潍河右岸进行了治理,0~11+403 右岸修建了Ⅰ级公路潍峡路,11+403—17+408 修建了Ⅱ级公路潍峡北路,代替了原有堤防。

2009—2012 年,昌邑市对潍河城区河段进行了清淤疏浚防渗、河堤护岸砌筑及边坡绿化防护、堤顶路面硬化、河堤护岸观光道路铺设等工程。

4.1.7.2　2018 年及以后治理情况

1. 诸城城区段潍河治理

2018 年 11 月,诸城市对潍河干流枳沟镇普庆社区滚水桥—城区西环路西(Z13+350—Z28+100)共 14.31 km 河道进行治理,主要工程内容为险工护砌、堤防复堤、新建堤顶道路、新建 1 座橡胶坝、新建穿堤建筑物等。

2021 年,诸城市对潍河右岸堤顶实施道路修建工程,工程位于诸城市普庆村交通桥至枳沟龙都镇分界,总长共计 1.97 km,其中新建沥青道路 1.42 km,现状混凝土路沥青罩面 0.55 km。

2. 潍河防汛应急工程

2018 年汛后,潍坊市水利局组织实施了潍河防汛应急工程,昌邑市水利局组织实施了潍河灾后薄弱环节整治及水毁修复工程。2018 年 12 月至 2019 年 5 月底,潍河共治理险工 20 余处,道口封堵 3 处,工程内容主要涉及昌邑市、寒亭区、坊子区及峡山区。

3. 潍河防洪治理工程

潍河防洪治理工程共涉及诸城、高密、峡山、坊子、昌邑五个县(市、区),主要建设内容如下:

1)诸城段

潍河诸城段防洪治理工程治理范围主要包括墙夼水库至西安漫水桥段、道明橡胶坝西安漫水桥段及城区 5 处道口堵复三部分。主要建设内容包括疏浚河道 6.0 km,筑堤 30.77 km,新建防洪墙 4.58 km,险工防护 0.50 km,新建、改建建筑物共计 54 座,其中新建支流入河口桥梁 1 座,新建穿堤涵闸 4 座、管涵 12 座,改建穿堤涵闸 6 座、管涵 31 座。

2)高密段

潍河高密段防洪治理工程治理范围为高密市境内潍河右岸,主要建设内容包括堤防填筑 8.83 km,新建防洪墙 0.74 km,新建防浪墙 0.29 km,新建、改建建筑物共计 15 座,其中新建穿堤涵闸 4 座、穿堤管涵 4 座,改建穿堤涵闸 3 座,穿堤管涵 4 座。

3)峡山段

潍河峡山段防洪治理工程治理范围为峡山水库上游峡山区境内潍河,主要建设内容包括堤防填筑 6.74 km,新建防洪墙 0.20 km,新建、改建建筑物共计 9 座,其中新建穿堤涵闸 4 座,改建穿堤涵闸 4 座、穿堤管涵 1 座。

4)坊子段

潍河坊子段防洪治理工程治理范围为潍胶路以南坊子区境内潍河及潍胶路以北 2 处道口堵复,主要建设内容包括堤防培厚加高 8.52 km,新建防洪墙 0.40 km,新建防浪墙 4.20 km;改建分水闸 1 座;新建防汛管理道路 8.52 km;道口封堵 2 处。共计复堤 0.36 km,并新设上下堤坡道,改建排水涵洞 1 座。

5)昌邑段

潍河昌邑段防洪治理工程治理范围为山阳至西金台无堤段复堤、G309 至宋庄西村无堤段复堤、洪崖口至城东橡胶坝段防洪墙及辛沙路至大闸路堤防加固四部分,主要建设内容包括无堤段复堤 10.28 km,堤防培厚加高 7.58 km,新建防洪墙 3.47 km,新建穿堤建筑物 23 座,其中新建穿堤箱涵 5 座、管涵 18 座。

4. 峡山区潍河右岸复堤工程

2019 年,峡山区组织实施了峡山区潍河右岸复堤工程,治理范围自峡山水库溢洪道泄槽护砌段末端至潍胶路潍河右岸,总长 9.8 km,先期实施堤防高程不足段复堤及堤防培厚加高,工程已于 2020 年完工;远期实施超高不足段新建防浪墙。

4.1.8　河道防洪与蓄水工程

4.1.8.1　水库工程概况

1958 年以来,潍河中上游及其主要支流河道共修建峡山、墙夼、牟山、高崖等大型水库4座，三里庄、青墩子、石门等中型水库16座，小型水库483座，这些水库大大减轻了中下游河道的洪水压力。

4.1.8.2 拦河闸坝概况

墙夼水库至峡山水库段潍河干流上共建有拦河闸1座，为拙村拦河闸；橡胶坝5座，分别为枳沟橡胶坝、栗园橡胶坝、密州橡胶坝、道明橡胶坝、古县橡胶坝。

峡山水库下游段共建有橡胶坝7座，分别为峠山橡胶坝、辉村橡胶坝、李家庄橡胶坝、金口橡胶坝、昌邑城东橡胶坝、昌邑城北橡胶坝、昌邑柳疃橡胶坝；挡潮蓄水闸1座，即辛安庄（潍河）挡潮蓄水闸。

4.1.8.3 工程管理体制

潍河流域内大型水库4座、中型水库16座均设水库管理服务中心或运营维护中心，负责水库的日常管理、工程建设、防洪度汛、供水调水、工程观测及维修养护工作。

蓄水闸坝设置相应闸坝管理单位，隶属当地水利局，其中诸城市境内闸坝工程由诸城市河道维护中心管理（枳沟橡胶坝由枳沟镇政府管理），峡山区、坊子区境内闸坝工程由峡山水库管理服务中心管理，昌邑市境内闸坝工程由昌邑市潍河防潮蓄水闸服务所管理。

4.1.9 河道和堤防现状

现状潍河河道，尤其是中下游河段河床下切严重，主槽宽度亦已基本能够满足排涝及蓄水需要，除局部束窄卡口及弯道段可通过疏浚主槽、裁弯取直等措施改善水流形态外，大部分河段无进一步疏浚必要。

经过潍河防洪治理工程的实施，目前潍坊市境内潍河全线除超高不足段及部分征迁困难、难以实施河段（峡山水库至潍胶路段）防洪标准不足50年外，其他河段基本达到50年一遇防洪标准。

4.1.9.1 中游段河道

中游段潍河自墙夼水库溢洪道出口至峡山水库，全长68.10 km。

1. 墙夼水库至西安漫水桥段（Z0+000—Z6+400）

该河段长6.40 km，为诸城、五莲界河，河宽230 m，疏浚边坡1∶3，河底比降为1/1 000~3/2 000，堤顶宽6 m，堤防边坡为1∶3。该河段50年一遇设计防洪流量为1 000~1 908 m^3/s。

2. 西安漫水桥至普庆漫水桥段（Z6+400—Z13+000）

该河段长6.60 km，紧靠枳沟镇区，前期结合镇区建设，已对该河段进行防洪、蓄水、景观综合治理，并进行了部分河段防护，堤顶均已修建沥青路。河宽220~230 m，现状河底比降为1/1 100，该河段50年一遇设计防洪流量为1 908~2 230 m^3/s。

3. 普庆漫水桥至诸城西外环段（Z13+000—Z27+400）

2018—2019年，诸城市实施了该河段防洪治理工程。该河段长14.40 km，河宽220~530 m，现状河底比降为1/1 350，堤顶宽6 m，50年一遇设计防洪流量为2 230~5 180 m^3/s。

4. 诸城西外环至道明橡胶坝段（Z27+400—Z44+700）

该段河道横穿诸城城区，前期结合城市建设，该段河道进行过多次综合治理，已打造成集防洪、蓄水、景观、交通等多功能于一体的城市景观水系，两岸堤防均已修建沥青堤顶路。该河段长 17.30 km,河宽 330~940 m,现状河底比降为 1/2 000, 50 年一遇设计防洪流量为 5 180~7 380 m^3/s。

5.道明橡胶坝至峡山水库段(律南路)(Z44+700—Z68+100)

该河段长 23.4 km,涉及诸城、高密、峡山三市(区),河宽 240~1 000 m,现状河底比降为 1/3 500,堤顶宽 6 m,堤防边坡为 1∶3, 50 年一遇设计防洪流量为 7 380~8 633 m^3/s。该河段古县村及胶王路潍河桥处堤线不连续,部分道口处设置了装配式防洪墙,汛期高水位时应注意及时调度专业队伍安装。

6.中游段概况综述

综上,中游段潍河除局部河段超高不足外,其他大部分河段均能够满足 50 年一遇洪水标准,但防御洪水过程中应注意以下几个问题:

1)支流入河口洪水倒灌问题

中游段潍河支流众多,共计大小支流 13 条,除涓河、扶淇河近期进行过治理外,其他大部分支流多年未进行系统治理,支流与干流防洪标准不统一,洪水期间干流倒灌支流成为当前潍河防御洪水的突出问题,防御洪水过程中需重点关注。

2)装配式防洪墙道口

潍河堤防上部分公路道口、村庄出入主干道处设置了装配式防洪墙道口,汛期高水位期间需及时安装装配式防洪墙,防御洪水过程中应及时预警、快速安装。

3)诸城市古县村

古县村段潍河左岸现状地面高程无法满足 50 年一遇洪水位要求,但该村庄民房紧邻河道,无筑堤空间,短时间内无法完成村庄迁建,故该段河道暂未采取有效的防洪工程措施,高标准洪水时应及时组织该村村民避险。

4)胶王路桥

胶王路位于古县村北,跨潍河桥建成年代较早,无法满足 50 年一遇防洪要求,需结合近期规划的胶王路扩建工程进行改建,未实施改建前需做好汛期防守工作。

5)峡山区河套村

河套村位于律南路以北,水库调洪淹没范围以内,汛期需及时关注洪水量级、河道水库水位,必要时组织该村村民避险。

4.1.9.2　下游段河道

下游段河道自峡山水库溢洪道出口至潍河防潮蓄水闸,总长 67.9 km,涉及峡山、寒亭、坊子、昌邑四市(区),河道渐宽,河宽 300~3 000 m,堤顶宽 5~8 m,堤防边坡 1∶3, 50 年一遇设计防洪流量为 3 500~5 700 m^3/s。下游段河道目前全线基本能够满足 50 年一遇防洪标准,但有长约 42 km 堤线超高不足,需于堤顶设防浪墙。

下游段潍河在防御洪水过程中应注意以下几个问题:

1.装配式防洪墙道口

坊子区安丘庄子村、昌邑城区潍河公园左岸等处设置了装配式防洪墙道口,汛期高水位期间需及时安装装配式防洪墙,防御洪水过程中应及时预测、预警、快速安装。

2.潍河汶河夹河套区域

夹河套区域有夹河套村及大量农田,处于设计洪水淹没范围之内,高标准洪水时应及时组织该村村民避险。

3. 昌邑市岔河村

昌邑市卜庄镇岔河村位于潍河滩地内、50 年一遇洪水位以下，目前该村已整体搬迁，但尚有 3 户未搬迁，高标准洪水时应及时组织该村村民避险。

4. 潍河防潮蓄水闸

潍河防潮蓄水闸建成于 1990 年，于 2014 年进行了除险加固。2020 年潍河防洪治理工程对潍河防潮蓄水闸右岸道口进行了封堵，左岸道口安装了钢筋混凝土防洪墙及装配式道口，汛期高水位期间需及时安装装配式防洪墙。

潍河防潮蓄水闸设计标准偏低，50 年一遇洪水位高于闸墩顶，发生高标准洪水时丧失控制功能，反而成为阻水建筑物，建议远期规划改建。

5. 感潮河口段

潍河辛安庄以下为感潮河口段，长 12.5 km，该段河道多年未进行系统治理，防潮堤多年未进行系统加固，仅进行局部修补，大部分防潮堤堤身单薄、损毁严重，高程或断面稳定性不能满足 50 年一遇防潮标准，且邻近下营镇区，高潮位时仅能用木板、沙袋封堵，存在极大的安全隐患，汛期应注重防汛物料准备及巡查抢险。

4.1.10 河道主要控制断面与防洪指标

结合历年河道治理工程设计文件、历史实测资料及 2018—2020 年洪水实际经验，确定潍河主要控制断面防洪指标如下。

4.1.10.1 警戒水位及流量

(1) 诸城拙村闸断面流量为 3 500 m^3/s，参考水位为 52.80 m；

(2) 辉村断面流量为 3 000 m^3/s，参考水位为 17.10 m。

4.1.10.2 保证水位及流量

(1) 诸城拙村闸断面流量为 6 580 m^3/s，参考水位为 55.18 m；

(2) 辉村断面流量为 5 700 m^3/s，参考水位为 21.50 m。

4.1.11 防洪保护区及其重要目标

潍河流域是潍坊地区工业、农业、渔业最发达的区域，在潍坊市国民经济发展中具有举足轻重的地位，干流流经诸城市、昌邑市城区，保护区内涉及多个经济发达重镇，防洪任务艰巨。

潍河流域保护面积为 5 315 km^2，保护人口约 600 万人。主要保护目标有峡山水库输水干渠、引黄济青输水工程、潍日高速、烟灿线 G206、胶济铁路、大莱龙铁路、国道 G22、国道 G309、国道 G18、省道 S325、省道 S805、省道 S221、省道 320 及沿河潍坊市四区、诸城、峡山、高密、昌邑等城区及工矿企业、铁路、公路等设施。

4.1.12 历史洪水

峡山水库以上流域最大三天面雨量大于 200 mm 的年份有 1974 年、1997 年、1999 年等。

其中1974年8月,由于12号台风影响,在潍河流域出现特大暴雨,暴雨中心位置在渠河石埠子至凌河尚庄一带,石埠子最大24 h降水量为498.6 mm,最大72 h降水量为611.4 mm;降水量在450 mm以上的笼罩面积达385 km^2,降水量在400 mm以上的笼罩面积达734 km^2,降水量在300 mm以上的笼罩面积达1 340 km^2,降水量在200 mm以上的笼罩面积达4 950 km^2。这次暴雨主要降雨历时只有十几个小时,从最大24 h降水量在400 mm以上的石埠子、雹泉、长城岭、贾悦、尚庄、下株悟等6个雨量站的降水量来看,最大2 h降水量为97~173 mm,占场次降水量的23%~41%;最大6 h降水量为222~318 mm,占场次降水量的51%~64%;最大12 h降水量为359~450 mm,占场次降水量的85%~90%。降雨强度之大亦属罕见,石埠子最大1 h降雨强度为115.5 mm/h,最大2 h降雨强度为86.5 mm/h,最大6 h降雨强度为53.0 mm/h。峡山水库以上全流域最大24 h、最大3 d、最大7 d面雨量分别为262.8 mm、292.3 mm、341.4 mm。

这次暴雨的走向与潍河的流向大体相同,上游先降雨,雨区不断下移,至中下游又出现暴雨中心,使上游的洪水与中下游的洪水汇合,造成潍河中下游的洪水猛涨,如没有上游水库的调蓄作用,峡山水库的最大入库洪峰流量可达13 300 m^3/s,最大1 d入库洪量7.80亿m^3,最大3 d入库洪量11.20亿m^3,最大7 d入库洪量13.40亿m^3;8月15日水库出现历史最高洪水位39.76 m。

1999年8月11—13日,由于受西南暖湿气流和北方冷空气的共同影响,潍河流域再一次降大到暴雨,造成昌邑东部和高密、诸城呈东北、西南方向的强降雨区,其降雨量及降雨强度之大,为历史所罕见。暴雨中心在三里庄水库,最大24 h降水量高达659.5 mm,最大3 d降水量为705.0 mm;青墩子、九台、石门最大3 d降水量分别为539 mm、497 mm、405 mm。由于暴雨量级大而且集中,潍河上游的芦河、扶淇河、涓河等河洪水暴涨,三里庄、青墩子、石门水库水位猛涨,三里庄水库最大入库洪峰流量为1 993 m^3/s,库水位一度高达72.02 m(历史最高值),超防洪警戒水位0.13 m,水库最大泄量700 m^3/s。

2018年受第18号台风"温比亚"影响,8月18—20日,潍坊市普降大到暴雨,全市平均降雨量为183.3 mm,其中11个县(市、区)(市属开发区)平均降雨量超过100 mm,寿光、青州、临朐、昌乐4个县(市)降雨量超过200 mm,多座大中型水库泄洪。根据实测资料,洪水期间高崖水库最大入库流量为1 970 m^3/s、最大泄量为900 m^3/s,牟山水库最大入库流量为4 400 m^3/s、最大泄量为2 200 m^3/s,峡山水库最大泄量为400 m^3/s,昌邑市潍河防潮蓄水闸断面实测最大流量为2 600 m^3/s。

2019年8月10—12日,受第9号台风"利奇马"影响,8月10日6时至12日15时,潍坊全市平均降雨量为241.8 mm。全市252个监测点中,超过100 mm的有205个,其中超过500 mm的有2个,400~500 mm的有13个,300~400 mm的有46个,200~300 mm的有62个,100~200 mm的有82个,最大点降雨量为临朐县曾家沟雨量站573.6 mm。根据实测资料,洪水期间高崖水库最大入库流量为1 275 m^3/s、最大泄量为800 m^3/s,牟山水库最大入库流量为2 088 m^3/s、最大泄量为1 820 m^3/s,峡山水库最大入库流量为1 812 m^3/s,最大泄量为1 039 m^3/s,昌邑市潍河防潮蓄水闸断面实测最大流量为2 839 m^3/s。

4.1.13 潍河存在的问题及防汛抢险不利因素

4.1.13.1 险工险段

潍坊市境内潍河河道形成了多处险工险段。上述险工在近年来历次治理过程中大多均已护砌,有效地遏制了险工险段的进一步冲刷破坏。

4.1.13.2 其他防洪安全问题及抢险不利因素

目前潍坊市境内潍河除部分河段超高不足外,基本能够达到50年一遇防洪标准,大部分险工险段亦均已护砌,河道防洪工程体系得到有效巩固提升,但仍存在一定的防洪安全隐患,主要体现在以下几个方面:

1. 支流入河口洪水倒灌问题

潍河中下游河段支流众多,洪水期间干流倒灌支流成为当前潍河防御洪水的突出问题,防御洪水过程中需重点关注太古庄河、芦河、百尺河、非得河、铁沟河、尚沟河等支流的洪水倒灌问题。

2. 装配式防洪墙道口

部分骨干交通要道处、村庄出入口等处设置了装配式防洪墙道口,汛期高水位期间需及时安装装配式防洪墙,防御洪水过程中应及时预测、预警,做到快速安装。

3. 部分村庄仍处在设计标准洪水淹没范围内

诸城市古县村、峡山区河套村、坊子区夹河套村等村庄均处于设计标准洪水淹没范围内,其中古县村因邻近河道无筑堤空间条件,峡山区河套村及坊子区夹河套村处于河套地带。上述村庄在高标准洪水时均有淹没风险,汛期应加强预报、预警及调度避险工作。

4. 沿线仍存在部分阻水建筑物

胶王路位于古县村北,跨潍河桥建成年代较早,无法满足50年一遇的防洪要求,阻水严重。

昌邑市城区潍河现有玉带桥、揽月桥等漫水桥,桥面高度低、跨度小,桩柱及栏杆密集,阻水严重。

潍河防潮蓄水闸建成于1990年,于2014年进行了除险加固。闸设计标准偏低,50年一遇洪水位高于墩顶,发生高标准洪水时丧失控制功能,反而成为阻水建筑物。

5. 感潮河口段

潍河防潮蓄水闸以下感潮河口段左右岸均为防潮堤,但防潮堤年久失修,高程不足且存在多处损毁,尤其是右岸多为浆砌石防潮堤,存在多处道口,且邻近下营镇区,高潮位时仅能用木板、沙袋封堵,存在极大的安全隐患,汛期应注重防汛物料准备及巡查抢险。

6. 穿堤建筑物众多,存在安全隐患

潍河沿线穿堤建筑物较多,据不完全统计,共计各类穿堤建筑物150余处。穿堤建筑物历来是堤防安全的薄弱点和易出险部位,部分穿堤建筑物建成年代较早,且经多年运行存在一定的病险。

4.2　弥河基本情况

4.2.1　弥河流域概况

弥河位于潍坊市西部，地跨北纬 118°36′～119°08′，东经 36°11′～37°08′，发源于临朐县沂山西麓九山镇水石屋村附近。弥河干流自南向北流经潍坊市的临朐县、青州市、寿光市、滨海经济技术开发区等 4 个市（县、区），于滨海经济技术开发区流入渤海，总流域面积为 4 008 km^2，其中干流长度 193 km，流域面积为 3 319 km^2。弥河分流口以下为两分泄洪，向东为弥河老河道，流经上口、营里、侯镇等镇向东经滨海区入海，长度约 44.3 km；分流口向北为弥河分流，经营里镇至羊口镇东汇入小清河后入海，长度约 31.5 km，流域面积为 689 km^2。弥河主要支流有丹河、石河等。

弥河流域地形南高北低，地形较为复杂。胶济铁路以南多为山丘区，坡度陡峭，地面比降为 1/50～1/500；以北为平原洼地，坡度较缓，地面比降为 1/1 000～1/10 000。弥河地处泰沂山隆起地带东北部，沂沭断裂带西侧，地质构造属鲁西古隆起区、鲁中南台隆和鲁北山前平原，地层由太古界泰山群、寒武、奥陶等地层组成。

弥河流经两大地貌单元，以青州市东南 13.5 km 为界，上游为鲁中南构造侵蚀为主的中低山丘陵区（包括中低山丘陵亚区和堆积山间平原亚区），下游为鲁西北堆积平原区（包括冲积洪积平原亚区和冲积海积平原亚区）。

弥河流域位于东亚季风区，为季风区大陆性气候，四季界限分明，温差变化大。冬季盛行东北风和西北风，水汽来源缺乏，降水量较少，天气寒冷而干燥；夏季盛行东南风和西南风，天气炎热，冷暖空气活动较频繁，水汽较充沛。多年平均气温在 13 ℃左右，年蒸发量为 1 060 mm，全年无霜期 188 d，最大冻土深在 57 cm 左右。

弥河流域的主要气象成因是气旋、台风、锋面、切变线等。根据流域内黄山、冶源水库、谭家坊、寒桥等雨量站降水资料统计，流域多年平均降水量 650.8 mm，汛期 7—9 月降水量达 462.5 mm，占全年降水量的 71.1%。最大降水量为 1 309.5 mm，发生在 1964 年，最小降水量为 364.5 mm，发生在 2002 年。据统计，2019 年弥河流域内多年平均最大 24 h 面雨量为 324 mm，多年平均最大 3 d 面雨量为 373.5 mm；谭家坊水文站实测最高水位为 43.08 m，最大流量为 3 420 m^3/s。

弥河流域为山溪性雨洪河道，河道流量随季节而变化，汛期暴雨集中，枯水季节有时断流。弥河流域上游呈扇形，洪水汇流集中，洪水过程呈现陡涨猛落。

弥河流域于 2018 年、2019 年连续两年遭受台风雨袭击：2018 年台风“温比亚”暴雨历时 3 d，12 h 高强度暴雨占本次降水量的 68.0%，谭家坊实测洪水为建站以来的较大洪水，最大 6 h、24 h 洪量分别占最大 72 h 洪量的 20.9%、59.6%。2019 年台风“利奇马”暴雨历时 3 d，24 h 高强度暴雨占本次降水量的 86.7%，谭家坊实测洪水为建站以来的特大洪水，最大 6 h、24 h 洪量分别占最大 72 h 洪量的 25.8%、69.1%。

4.2.2　流域内洪水特征

近年来，强台风时常经过该流域。2012 年“达维”台风、2018 年“温比亚”台风、2019

年“利奇马”台风路径均通过弥河流域；潍坊的暴雨中心发生在弥河流域上游的频次较高，全市的场次降雨量最大值发生在九山东苇场频次较高；流域内大中型水库均为山区水库，流域内坡度陡，遇到强降雨，水库水位快速上涨，下泄流量大，黑虎山水库和嵩山水库尤为明显；冶源、黑虎山、嵩山3座大中型水库控制流域面积为1 127 km^2，占弥河流域面积的三分之一，其余三分之二流域面积降雨形成的洪水无法有效控制；同时，弥河上游山丘区河道来水快、流速大，下游平原区河道洪水下泄流速慢，同时受到渤海湾潮水顶托，河道内洪水下泄缓慢，致使大量洪水槽蓄在河道内，易发生洪涝灾害、出现险情。

4.2.3 工程规划和治理情况

4.2.3.1 工程规划

弥河流域工程规划主要为《潍坊市弥河流域防洪规划》(2019年修编)。规划水平年近期2025年、远期2030年。该规划采用高标准的工程措施和非工程措施相结合构筑防洪安全保障体系。规划近期弥河冶源水库以上段达到20年一遇防洪标准，冶源水库以下段达到50年一遇防洪标准，弥河分流防洪能力达到50年一遇防洪标准；同时当遭遇超标准洪水时，通过分洪、临时滞洪等措施，确保重点区域防洪安全。

4.2.3.2 河道治理情况

1.2019年治理情况

1)治理范围

(1)弥河干流冶源水库上游段。九山镇周家庄至石家河乡黄山村段，河道治理长度24.44 km。

(2)弥河干流冶源水库下游段。自冶源水库下游溢洪道至滨海经济技术开发区入海口，治理长度为145.52 km。

(3)弥河分流。自寿光弥河分流口至寿光羊口镇入海口，治理长度为31.9 km。

2)工程内容

(1)冶源水库上游段(0+000—36+857)。

本段治理范围包括周家庄(0+000)至王家庄(5+504)、九山镇(11+810)至虎崖村(34+948)、黄山村(36+058—36+857)三段，治理长度为24.44 km。主要内容包括：河道疏浚24.44 km，险工22.9 km，新建管理道路16.4 km，拆除重建龙山河、东岸头、大山东生产桥3座，新建穿路涵洞23座。

(2)朐山橡胶坝(14+660)至大石河口(20+800)。

该段治理长度为6.14 km，主要内容包括：河道疏浚6.14 km，堤防加高培厚11.6 km，新建管理道路11.6 km，新建穿路涵洞1座，改建营子沟生产桥1座。

(3)青州弥河拦河闸上大石河口(20+800)至青州市南外环弥河大桥(29+313)段。

该段治理长度为8.531 km，主要内容包括：河道清淤疏浚8.531 km；弥河拦河闸上左岸护村坝加高培厚1.23 km，弥河拦河闸下左岸堤防加高培厚3.6 km；岸坡防护长度4.01 km；新建管理道路14.43 km，其中左岸7.83 km、右岸6.6 km；新建上堤坡道3处，长150 m；新建、改建及维修加固交叉建筑物共计16座，其中新建跨龙岗河桥梁1座、改建青州、临朐界桥1座，右岸临朐段新建穿堤涵洞4座、维修加固3座，左岸青州段新建排水涵洞5

座、涵闸 2 座。

(4)青州南外环(29+313)至青州寿光边界(52+994)段。

该段治理长度为 23.681 km,主要内容包括:河道清淤疏浚 13.696 km,主河槽护砌 10.009 km,岸坡防护 8.113 km,拆除重建董家生产桥 1 座。

(5)青州寿光边界(52+994)至滨海寿光边界。

本段河道清淤疏浚长度为 75.8 km;加高培厚堤防 81.602 km;新筑堤防 8.58 km;河道险工护岸 44.45 km;波浪桩护槽 12.81 km;新建防汛管理道路 67.45 km;新建防浪墙 5.0 km;改建漫水桥 12 座;改建橡胶坝 1 座,移建橡胶坝 1 座,扩建橡胶坝 1 座;新建改建穿堤涵闸 42 座;新建丹河分洪闸 1 座;改建道口 17 处,其中农圣东街及文圣东街 4 处采用装配式防洪墙。

(6)滨海寿光边界至入海口(145+400)。

滨海段河道清淤疏浚长度为 29.9 km;加高培厚堤防 36.83 km;新筑堤防 3.937 km,全部位于左岸;浆砌石河道护岸长度 16.9 km,险工护岸长度 7.59 km;新建防汛管理道路 30.64 km,其中左岸管理道路长 17.72 km,右岸管理道路长 12.92 km;改建扬水站 17 座;改建漫水桥 3 座;扩建橡胶坝 1 座,拆除重建橡胶坝 1 座;新建改建涵闸 23 座;改建道口 4 处。

(7)弥河分流(0+000—32+400)。

本段河道清淤疏浚长度为 32.48 km;加高培厚堤防 37.73 km;新筑堤防 23.29 km;河道护岸长度 15.03 km;新建防汛管理道路 61.1 km,其中左岸管理道路长 30.8 km,右岸管理道路长 30.3 km;改建漫水桥 9 座;新建改建涵闸 18 座;新建营子沟闸 1 座;改建道口 12 处。

3)实施情况

弥河 2019 年防洪治理工程内容已全部完工。

2.2020 年治理情况

1)临朐段

(1)《弥河临朐段防洪巩固提升工程》(大蚕场至冶源、冶源至南环路)。

①治理范围。

弥河干流九山大蚕场村至冶源水库、冶源水库至南环路大桥及支流淌水崖水库至 022 乡道段。

②工程内容。

弥河干流九山大蚕场村至冶源水库段全长 41.80 km,共治理 15.40 km。其中新建板桥 2 座、格宾石笼网挡土墙工程 0.458 km、河道清淤 15.389 km、格宾石笼网护坡+护脚 9.173 km。

冶源水库至南环路大桥段全长 11.30 km,共治理 16.20 km。其中格宾石笼网护坡+护脚 4.443 km,播撒草种护坡 0.660 km,播撒草种护坡+护脚 1.418 km,格宾石笼网平台+护坡+护脚 5.506 km,格宾石笼网护坡+护脚、播撒草种护坡 4.170 km。

支流淌水崖水库至 022 乡道段全长 2.114 km,治理长度为 2.114 km。其中河道清淤 2.114 km,格宾石笼网护坡+护脚 3.712 km。

(2)《潍坊市弥河防洪治理工程补充设计》(南环路至骈邑路)。

①治理范围。

临朐县南环路至骈邑路，河道设计桩号 11+200—14+400，涉及河道总长度为 3.2 km。

②工程内容。

主要内容包括堤防岸坡、护岸、拦河坝等设施的水毁修复，共计 6 处，分别为南环路至沂山路右岸水毁修复工程(11+200—12+300)、民主路上下游右岸水毁修复工程(13+250—13+360)、骈邑路上游右岸水毁修复工程(14+000)、沂山路下游左岸水毁修复工程(12+500—13+000)、民主路上下游左岸水毁修复工程(13+270—13+350)、三里庄橡胶坝水毁修复工程(12+300)。

(3)《潍坊市弥河防洪治理工程(临朐城区段)变更设计》(朐山坝至北环路)。

①治理范围。

临朐县朐山坝至广威桥(北环路)，设计桩号 14+660—18+200，治理总长度为 3.54 km。

②工程内容。

主要内容包括堤防加固、护岸挡墙、砂石路面等，共计 12 处薄弱环节除险加固，包括朐山坝上下游右岸水毁修复工程、朐山坝下游右岸挡墙修复工程、兴隆路上游右岸挡墙修复工程、兴隆路上下游右岸堤顶路连通工程、兴隆路下游右岸挡墙修复工程、营子河入河口整治工程、朐山坝至粟山坝右岸堤防加固工程、粟山坝至北环路右岸水毁修复工程、朐山坝上下游左岸水毁修复工程、兴隆路下游左岸堤防加固工程、粟山橡胶坝上游左岸水毁修复工程、粟山坝至北环路左岸水毁修复工程等。

(4)《弥河临朐段防洪巩固提升工程》(北环路至大石河)。

①治理范围。

治理范围为北环路至大石河，治理长度为 2.6 km。

②工程内容。

新建河道岸坡防护 4.555 km。

2) 青州段

根据规划要求和 2019 年水毁情况，实施《青州市弥河防洪治理巩固提升工程(2020 年度)》。工程主要内容为：①修复 2019 年“利奇马”洪水过后造成的水毁工程；②对河道防洪薄弱环节进一步提升，增加险工防护；③对青州市弥河湿地公园河段扩挖、疏浚；④改建阻水桥梁，增加排水排涝涵闸。

(1)治理范围。

青州弥河拦河闸上大石河口(20+800)至青州寿光分界(52+994)，治理长度为 32.194 km。

(2)工程内容。

①青州弥河拦河闸上大石河口(20+800)至青州市弥河湿地公园南端景观桥(28+500)段。

该段治理长度为 7.70 km，工程内容包括水毁修复工程和新建工程。

水毁修复工程包括：护坡水毁修复 1.931 km，道路水毁修复 3.684 km，子堤水毁修复 1.29 km，水毁涵洞 3 处，涵闸 2 处；维修湿地公园南端漫水桥 1 座。

新建工程包括：新增现浇 C25 混凝土板墙 0.69 km（用于修复水毁护坡）；增设岸坡防护墙 2.00 km。

②青州市弥河湿地公园最南端景观漫水桥（桩号 28+500）至青银高速（52+994）段。

该段治理长度 24.50 km，工程内容为河道清淤工程、水毁修复工程、新建工程、桥梁工程。其中：河道清淤疏浚 10.804 km；水毁修复工程主要内容包括：护坡水毁修复 4.499 km，浆砌石岸墙水毁修复 0.57 km，道路水毁修复 8.268 km，湿地公园景观道路水毁修复 1.33 km；新增工程包括：新增护坡 4.80 km，新增现浇 C25 混凝土板墙 1.13 km（用于修复水毁护坡），新建排涝涵闸 12 座；拆除重建北霍陵漫水桥 1 座。

（3）实施情况。

弥河青州段工程内容于 2020 年汛前全部完工。

3）寿光段

根据规划要求和 2019 年水毁情况，实施《潍坊市弥河防洪治理巩固提升工程（2020 年度）（寿光段）》。

（1）治理范围。

①弥河干流寿光段：自青州寿光边界（桩号 52+080）至创新街大桥（桩号 125+700），治理长度为 63.2 km（不含滨海段）。

②弥河分流：自寿光弥河分流口（桩号 0+000）至弥河分流挡潮闸（桩号 32+386），治理长度为 32.4 km。

（2）工程内容。

①青州寿光边界（52+080）至滨海寿光边界。

新建堤顶道路 37.1 km（6 m 宽沥青混凝土路面），新建险工段护砌 39.49 km，改扩建生产桥 11 座，修复道口工程 11 处，拆除王口橡胶坝改建为钢坝，扩建鹿家橡胶坝 1 座，拆除东道口拦河闸改建为橡胶坝，新建丹河分洪排水闸 1 座，新建排水沟 11.1 km，新建顺河路及照明工程 9.43 km 等。

②弥河分流（0+000—32+386）。

新建堤顶管理道路 41.3 km（6 m 宽沥青混凝土路面），新建险工段护砌 13.0 km，改扩建生产桥 7 座，修复道口工程 9 座，新建营子沟排水闸 1 座。

4）滨海段

根据规划要求和 2019 年水毁情况，实施《潍坊市弥河防洪治理巩固提升工程（2020 年度）（滨海经济技术开发区段）》。

（1）治理范围。

弥河干流滨海寿光边界（107+100）至入海口（142+183），治理总长度为 35.083 km。

（2）工程内容。

本次工程设计内容为：改建 2 座橡胶坝、新建 1 座漫水桥、改建 3 座漫水桥、新建沥青管理防汛道路 13.87 km、利用原堤防段新建排水设施 10.1 km、改建扬水站 16 座、新建 4 座穿堤涵闸（2019 年度实施方案未实施）。并根据《潍坊市弥河流域防洪规划》最新修订成果，对滨海区弥河 24.52 km 堤防加高 31～35 cm，新建 10.1 km 碎石管理防汛道路，增加 8.6 km 险工护砌。

4.2.4　河道防洪工程

4.2.4.1　现有防洪体系

弥河上游流域内建有 1 座大型水库、6 座中型水库及 157 座小型水库，弥河沿线建有 12 座大中型拦蓄水建筑物，弥河地下河段利用两岸高地防御洪水，剩余河段筑有堤防。

河道上水库、拦蓄水建筑物、沿河两岸堤防、险工段的护砌工程统一整合成为库堤结合、下泄与调控统筹协调的立体防洪体系，流域防洪能力得到较大提高，通过科学调度，能够较好地防御洪水。

弥河冶源水库以上段达到 20 年一遇防洪标准，冶源水库以下段达到 50 年一遇防洪标准，弥河分流达到 50 年一遇防洪标准。

4.2.4.2　河道和堤防现状

1. 临朐段

1) 九山镇—冶源水库河段

该河段位于冶源水库上游，为山区河段。其中九山镇区段河道左岸局部护砌，右岸为 300 m 高的山地；岸头村—大山东村河段右岸为山地，左岸山地高度变化较缓，滩地较宽；大山东村—祥高峪村河段两岸为山地；石家河生态经济区上游河段上下游两岸有新修堤防，村镇及险工附近局部有护岸工程；石家河生态经济区—冶源水库河段河道断面现状宽 80~130 m。

该段河道左岸全线已建成硬化防汛路，路宽 8 m，两侧各 1 m 路肩。该段河道范围内有九山、朐山橡胶坝。

2) 冶源水库溢洪道下游—临朐南环路

该河段位于冶源水库下游。现状河岸两侧以堤代路，堤顶路宽 8 m，全部硬化，两侧各 1 m 路肩。河道为复式断面，堤岸边坡规整。该段河道范围内分布有孔村、胡梅涧、西朱、北朱橡胶坝。

3) 临朐南环路—粟山橡胶坝

该河段为临朐县城区段河道，河岸两侧以堤代路，主河槽采用直墙形式护砌。现状堤顶路宽 8 m，全部硬化，两侧各 1 m 路肩。在该河段上建有多处橡胶坝以满足城市景观河蓄水需求。该段河道范围内分布有弥南、三里庄、朐山、兴隆、粟山橡胶坝。

4) 粟山橡胶坝—青州弥河拦河闸

该河段左岸堤防完整，现状堤顶路宽 8 m，全部硬化，两侧各 1 m 路肩。右岸弥河拦河闸上游为山地，其余为完整堤防。弥河拦河闸上游左岸有支流大石河汇入。该段河道范围内分布有榆林店橡胶坝。

2. 青州段

1) 青州弥河拦河闸—青州南环路

该河段为地下河，现状河道堤防完整，河道通畅，现状河底宽 160~180 m。

2) 青州南环路—花都大道

该河段为青州弥河湿地，结合弥河湿地公园已完成治理。该河段为地下河，两岸滩地内建有顺河路，局部河段河道束窄。

3）花都大道—青州寿光边界

该河段北霍陵村北部左岸筑有堤防，其余河段为地下河，河道两岸滩地内筑有顺河路，湿地公园段滩地现状有树木。

3. 寿光段

1）青州寿光边界—寿尧路

该河段为地下河，河道较顺直，现状河道利用两岸高地设防，主河槽现状良好，现状河宽 140～560 m。

2）寿尧路—寿光南环路

该河段两岸堤防完整、河岸较顺直，主槽底不平整。该段河道现状河宽普遍为 380～540 m，局部最宽处可达 1 000 m 以上。

3）寿光南环路—文圣东街

该河段为城区段，两岸筑有堤防，河岸两侧以堤代路。河段分布有弥河公园、城市湿地公园、植物公园等多个生态园区，沿岸开发利用建设程度较高。现状河宽 570～950 m，河底宽 150～340 m。

4）文圣东街—弥河分流口

该河段为寿光城区下游段，两岸筑有完整堤防；该河段部分河道主河槽蜿蜒曲折，水流条件较差，现状主槽宽 190～240 m。

5）弥河分流口—滨海寿光边界

该河段经过防洪治理后，河道行洪能力得到了很大改善，现状主河槽蜿蜒曲折，水流条件较差。

4. 滨海经济技术开发区段

1）滨海寿光边界—丹河汇入口

该河段现状河底宽约 200 m，左、右岸堤防完整，穿堤建筑物健全、质量高，但主河槽蜿蜒曲折，水流条件差。

2）丹河汇入口—入海口

丹河汇入口—长江西街南 500 m 河段河底宽 400 m；长江西街南 500 m—辽河西街河底宽不小于 400 m。该河段两岸堤（岸）线较完整，子河槽宽窄不一，宽度一般为 30～70 m。

4.2.5 调洪蓄水工程现状

4.2.5.1 水库工程

弥河流域内建有大型水库 1 座（冶源水库）、中型水库 6 座（淌水崖水库、丹河水库、嵩山水库、黑虎山水库、荆山水库、南寨水库）、小型水库 157 座。

4.2.5.2 拦河闸坝工程

弥河流域建有拦河闸坝 35 座。

4.2.6 弥河分流控制闸现状

弥河分流控制闸由分流控制闸和闸上游弥河分流堤防工程组成，二者与弥河干流堤防组成完整的防洪体系,分洪时,由分流控制闸控制分洪流量,通过弥河分流将该洪水下泄入海。

弥河分流控制闸属于弥河分流控制建筑物,是弥河防洪体系中重要的控制性工程,其工程等别及工程规模与弥河治理工程一致,工程等别为Ⅱ等,工程规模为大(2)型。

该闸由上游连接段、闸室段、下游连接段等部分组成,闸室总宽 272 m,闸室 2 孔 1 联,共 12 联 24 孔,单孔净宽 10.0 m,闸室上游侧设检修桥,下游侧设生产桥,通过引路与两岸堤防连接。闸室上部设有排架、机架桥及启闭机房,闸室左右岸分别设有桥头堡。该闸闸底板高程为 6.5 m,闸顶高程为 11.5 m,50 年一遇设计洪水位为 11.25 m,设计过闸流量为 2 300 m^3/s,允许最高洪水位为 11.5 m。

4.2.7　下游临时分洪区工程

为确保分洪道下游重点工矿企业的防洪安全,在分洪道入海处设临时分洪区,位于大家洼镇北侧,羊口镇东侧。临时分洪区西侧为弥河分流右堤,北侧至南环路及规划惠港二路,南至围滩河,东至老河;分洪区面积为 48.25 km^2,分洪区水深 1.5 m,滞洪洪量为 0.73 亿 m^3。

4.2.8　弥河主要控制断面与防洪指标

结合历年河道治理工程设计文件、历史实测资料及 2018 年、2019 年洪水实际经验,确定弥河主要控制断面防洪指标如下。

4.2.8.1　**警戒流量**

谭家坊断面警戒流量为 2 700 m^3/s。

弥河分流口断面警戒流量为 2 722 m^3/s。

4.2.8.2　**保证流量**

谭家坊断面保证流量为 5 980 m^3/s。

弥河分流口断面保证流量为 5 980 m^3/s。

4.2.9　防洪保护区及其重要目标

弥河干流流经 4 个县(市、区),其中弥河冶源水库以上段和冶源水库以下至青州寿光边界防洪重点在于“防冲”措施,主要保护范围为河边道路、农田、村庄和桥梁等设施;寿光、滨海为平原区,根据该区地势地形以及干流河道堤防、洪水位等情况,其防护范围为寿光及滨海两市(区)的白浪河与小清河之间区域。

经统计,冶源水库以下段弥河干流及分洪道保护范围内土地面积为 1 150 km^2,总人口 84.02 万人,其中非农业人口 11.49 万人,耕地面积 110 万亩(1 亩 = 1/15 hm^2,全书同)。

保护范围内有寿光、滨海城区,胶济高铁、大莱龙铁路、羊益铁路、济青高速公路等国家级交通干线,还有胜黄输油管线和海化集团、引黄济青输水渠等国家重点工程。

4.2.10　历史洪水

1963 年 7 月 17—20 日,临朐县平均降雨 151 mm,九山镇降雨达 402 mm,青州、寿光市同期降雨都在 100 mm 以上，致使弥河洪水暴涨，冶源水库告急，经全力抢险，最终保住了大坝安全。该次洪水，冶源等水库大量拦蓄了洪水，减轻了下游河道的行洪压力，但仍发生了较大灾情。经统计，该次洪灾共造成 12.5 万亩农田受灾，冲垮小(2)型水库、塘坝 24 座，大小河堤决口 698 处，淹死 12 人，伤 44 人，淹死牲畜 449 头，房屋倒塌 6 929 间，冲走粮食 4.55 万 kg，毁坏树木 6 万余棵。

1964 年 7 月 27 日寿光市降雨量为 122.5 mm，由于前段时间连续降雨，土壤饱和，这次降雨强度大，弥河水位快速上涨，对沿河人民的安全造成了严重威胁。该次洪水共造成河堤决口 42 处，内涝成灾农田 68 万亩，死亡 9 人，伤 37 人，倒塌房屋 19 890 间，减产粮食 5 000 万 kg。

1984 年 7 月 11 日 22 时至 12 日 6 时，临朐县九山镇一带 8 h 降雨 158 mm。12 日 8 时，冶源水库进库流量达到 1 760 m^3/s，受此暴雨的影响，九山、沂山两乡镇遭受严重洪水灾害，受灾共 17 424 户，淹死 4 人，伤多人，倒塌房屋 260 间，冲走畜禽 3 984 只，冲垮河堤 64 km，冲毁塘坝 12 个、扬水站 7 座、水电站 1 处、桥涵 12 座，冲淹农田 7 万亩，毁坏树木 18.2 万棵，冲倒输电线杆 1 874 根，损失达 2 000 多万元。

2012 年汛期受第 10 号台风"达维"影响，弥河沿线受灾严重。沿岸出现多处堤防损毁、坍塌等情况，弥河拦河坝、临朐县境内生产子堰及跨河漫水桥被冲垮，洪水冲毁生产子堰后淹没了滩地上的农田、临时设施等，财产损失严重，且洪水过后河槽右偏。

2018 年汛期，受第 18 号台风"温比亚"影响，8 月 18 日 6 时至 20 日 10 时潍坊过程平均降雨量为 174.7 mm，加上 8 月 13 日的"摩羯"台风降雨，一周内两次降雨叠加，全市平均降雨量达到 254.7 mm。8 月 20 日，寿光市、青州市、临朐县、昌乐县降雨均超过 200 mm。过程最大降雨量出现在青州市王坟镇杨家窝，降雨量达到 381 mm。8 月 18 日 6 时至 20 日 10 时弥河流域平均降雨量为 228.9 mm。其中：黄山 180.5 mm，嵩山 276 mm，九山 200 mm，冶源 164.5 mm，王庄 261 mm，丹河 234.5 mm，谭家坊 255 mm，益都 293.5 mm，临朐 236.5 mm，王坟 260.5 mm，寒桥 235 mm，荆山 273.5 mm，黑虎山 247 mm，昌乐 208 mm，上口 195 mm，大家洼 165.5 mm。受强降雨影响，流域发生较大洪水，弥河中游谭家坊水文站 8 月 20 日 2 时 55 分实测洪峰流量为 2 250 m^3/s。弥河流域普遍发生洪灾，财产损失严重。

受台风"利奇马"影响，2019 年 8 月 10 日 8 时至 13 日 8 时，弥河流域普降暴雨、大暴雨，局部特大暴雨。弥河流域平均降雨量为 373.5 mm，最大值出现在王府街道夏庄水文站，降雨量达 579 mm。经分析，此次弥河流域最大 6 h、24 h 和 3 d 降水量分别为 143.2 mm、324 mm 和 373.5 mm，最大 6 h、24 h 降水量分别占最大 3 d 降水量的 38.3%、86.7%。谭家坊水文站实测最高水位为 43.08 m，最大流量为 3 420 m^3/s，最大 6 h、24 h、72 h 洪量分别为 6 941 万 m^3、18 572 万 m^3、26 862 万 m^3，最大 6 h、24 h 洪量分别占最大 72 h 洪量的 25.8%、69.1%。台风"利奇马"期间，弥河分洪道堤防出现 4 处决口，分别为寿光市弥河分洪道营里镇西段决口、寿光市弥河分洪道营里镇东段决口、寿光市弥河分洪道张僧河段决口和寿光羊口镇弥河分洪道下游东段决口，其中营里镇西段决口时水位距堤顶最小，为 0.5 m 左右；弥河青州拦河闸被冲毁。弥河流域最大 24 h、最大 3 d 雨量为 324 mm、373.5 mm，根据 1951—2019 年共 69 年的实测暴雨资料分析，2019 年最大 24 h、最大 3 d 面雨量为历年最大值。

4.2.11 存在的问题

4.2.11.1 险工险段

弥河临朐、青州段为山丘区，主要防洪任务为防冲；寿光、滨海险工险段主要包括河道弯道、河道邻近村庄及道路段、边坡较陡易发生坍塌路段。经调查，弥河干流现有73处险工。所列险工在2019年和2020年治理过程中大多均已护砌，有效遏制了险工险段的进一步冲刷破坏，但在大洪水时仍需注意安全。具体见表4-1。

表4-1 弥河险工统计

序号	县(市、区)	险段位置	岸别	长度/m	存在主要问题
1	临朐段	周家庄桥右岸至徐家崖头险工	右岸	1 140	弯道强冲侧，注意抢险
2		周家庄桥上游至徐家崖头险工	左岸	4 300	弯道强冲侧，注意抢险
3		付兴新桥左岸至麻坞险工	左岸	4 750	局部河道有弯道，强冲侧紧邻村庄，注意抢险
4		付兴新桥右岸至麻坞险工	右岸	5 180	局部河道有弯道，强冲侧紧邻村庄，注意抢险
5		岸头新桥下游右岸险工	右岸	880	支流河口对岸、弯道强冲侧，已护砌，注意巡查
6		小山东村险工	左岸	410	弯道强冲侧，已护砌，注意巡查
7		冕崮前村险工	右岸	1 630	两处弯道，强冲侧易受冲刷，注意抢险
8		大崮东村险工	左岸	260	居民点紧邻堤防，注意巡查
9		祥高峪村西险工	右岸	330	支流河口对岸，已护砌，注意巡查
10		崔册村东险工	左岸	750	支流河口对岸，已护砌，注意巡查
11		黑龙洞山体下游至石家河漫水桥险工	右岸	170	主槽偏离中泓线，冲切右岸，已护砌，注意巡查
12		石家河漫水桥至石家河大桥险工	左岸	280	弯道强冲侧，已护砌，注意巡查
13		石家河大桥至伟达水利橡胶坝险工	右岸	350	弯道强冲侧，已护砌，注意巡查
14		鹿皋村西险工	左岸	720	弯道强冲侧，左岸为山体，注意巡查
15		岸青桥下游险工	两岸	2 100	河道S形弯道，已护砌，注意巡查

续表 4-1

序号	县(市、区)	险段位置	岸别	长度/m	存在主要问题
16	临朐段	曾家寨村至冶源水库入口险工	两岸	2 000	河道 S 形弯道,已治理,注意巡查
17		仲临公路桥至景观桥险工	左岸	2 000	弯道强冲侧,已护砌,注意巡查
18		兴隆坝至粟山坝险工	两岸	1 370	蓄水变动区,河道束窄冲刷两岸,已护砌,注意巡查
19		粟山坝至榆林店大石河段险工	两岸	1 444	蓄水变动区,已护砌,注意巡查
20		东南岭(大石河入口)险工	左岸	800	支流河口对岸,已护砌,注意巡查
21		小石河入口险工	左岸	700	支流河口对岸,已护砌,注意巡查
22	青州段	石家楼险工	左岸	850	弯道强冲侧,已护砌,注意巡查
23		拦河闸至闵家庄险工	左岸	2 000	河道左岸束窄,弯道强冲侧,已护砌,注意巡查
24		姜家楼险工	左岸	600	弯道强冲侧,已护砌,注意巡查
25		沙营险工	左岸	400	弯道强冲侧,已护砌,注意巡查
26		杨姑桥险工	左岸	370	弯道强冲侧,已护砌,注意巡查
27		三新马宋险工	右岸	1 100	弯道强冲侧,已护砌,注意巡查
28		阳河入口险工	右岸	500	支流河口对岸,已护砌,注意巡查
29		大陈险工	左岸	900	弯道强冲侧,已护砌,注意巡查
30		大刘险工	左岸	1 500	弯道强冲侧,河道深槽,堤前无滩,已护砌,注意巡查
31		韩家庄险工	右岸	500	河道深槽,堤前无滩,已护砌,注意巡查
32		马家庄险工	左岸	500	蓄水变动区,河道深槽,堤前无滩,已护砌,注意巡查
33		北霍陵险工	右岸	800	河道束窄,河道深槽,堤前无滩,已护砌,注意巡查
34		大赵务险工	左岸	1 100	弯道强冲侧,已护砌,注意巡查
35		吕家楼险工	右岸	1 500	弯道强冲侧,已护砌,注意巡查
36		河圈险工	右岸	800	蓄水变动区,河道束窄,弯道强冲侧,已护砌,注意巡查

续表 4-1

序号	县(市、区)	险段位置	岸别	长度/m	存在主要问题
37	青州段	大推官险工	右岸	900	弯道强冲侧,河道深槽,堤前无滩,已护砌,注意巡查
38		东西徐家险工	左岸	1 500	河道束窄,弯道强冲侧,已护砌,注意巡查
39		巨弥险工	右岸	800	弯道强冲侧,河道深槽,堤前无滩,已护砌,注意巡查
40		东杨村险工	左岸	100	弯道强冲侧,河道深槽,堤前无滩,已护砌,注意巡查
41	寿光段	牛角至镇武庙村险工	右岸	3 600	河道束窄,子槽偏向右岸,河道深槽,堤前无滩,已护砌,注意巡查
42		鲍家楼村险工	左岸	800	河道束窄,已护砌,注意巡查
43		张建桥险工	左岸	1 400	蓄水变动区,下游冲刷,已护砌,注意巡查
44		褚庄险工	右岸	900	河道转弯,河道深槽,堤前无滩,已护砌,注意巡查
45		桑家仕庄险工	左岸	1 500	弯道强冲侧,已护砌,注意巡查
46		北亓疃至北纸房险工	右岸	2 950	弯道强冲侧,河道深槽,堤前无滩,已护砌,注意巡查
47		北马范险工	左岸	1 400	弯道强冲侧,已护砌,注意巡查
48		贤西村险工	右岸	700	蓄水变动区,下游冲刷,已护砌,注意巡查
49		北孙云子险工	左岸	400	河道转弯,河道深槽,子槽偏向左岸,已护砌,注意巡查
50		河疃至赵王南楼村险工	右岸	1 500	弯道强冲侧,已护砌,注意巡查
51		刘家庄子村险工	左岸	1 272	河道束窄,蓄水变动区,下游冲刷,已护砌,注意巡查
52		张家北楼至西王南楼险工	右岸	2 223	河道束窄,蓄水变动区,下游冲刷,已护砌,注意巡查
53		中营村险工	左岸	900	弯道强冲侧,已护砌,注意巡查
54		小营村险工	右岸	700	弯道强冲侧,子槽偏向右岸,已护砌,注意巡查

续表 4-1

序号	县(市、区)	险段位置	岸别	长度/m	存在主要问题
55	寿光段	半截河村险工	右岸	1 300	子槽偏向右岸,已护砌,注意巡查
56		南岔河东南险工	左岸	267	弥河分流入口,已护砌,注意巡查
57		鹿家庄子村险工	左岸	800	子槽偏向左岸,已护砌,注意巡查
58		刘家官庄村险工	右岸	1 000	洪水直冲,已护砌,注意巡查
59		丹河分洪险工	右岸	2 600	弥河分流入口,已护砌,注意巡查
60		西道口村险工	左岸	800	河道转弯,河道深槽,子槽偏向左岸,堤前无滩,已护砌,注意巡查
61		河北道口村险工	左岸	700	河道深槽,子槽偏向左岸,堤前无滩,已护砌,注意巡查
62		南岔河险工(一)	左岸	500	弥河分流入口,已护砌,注意巡查
63		南岔河险工(二)	右岸	800	弥河分流入口,已护砌,注意巡查
64		北岔河险工	左岸	1 000	弥河分流入口,已护砌,注意巡查
65		郝柳险工	左岸	900	蓄水变动区,下游冲刷,已护砌,注意巡查
66		南宅科险工	左岸	1 300	河道深槽,子槽偏向左岸,堤前无滩,已护砌,注意巡查
67		央子村险工	右岸	1 400	河道深槽,子槽偏向右岸,堤前无滩,已护砌,注意巡查
68		东张僧河入口北险工	左岸	4 000	支流河口对岸,已护砌,注意巡查
69		丁家庄子险工	右岸	700	弯道强冲侧,已护砌,注意巡查
70		渤海大道北险工	左岸	1 600	支流河口对岸,已护砌,注意巡查
71	滨海段	疏港路—长江西街南	左岸	5 800	粉砂土质堤防易受冲刷,已治理,注意巡查
72		弥河右堤起始段	左岸	208	弯道强冲侧,已护砌,注意巡查
73		创新街—长江西街南	左岸	2 600	粉砂土质堤防易受冲刷,已治理,注意巡查

4.2.11.2　其他防洪安全问题

2020 年主汛前潍坊市弥河防洪治理工程完工后,弥河流域除部分河段超高不足外,基本能够达到 50 年一遇防洪标准,大部分险工险段亦均已护砌,河道防洪工程体系得到有效巩固提升,但仍存在一定防洪安全隐患,主要体现在以下几个方面:

1. 支流入河口洪水倒灌问题

弥河中下游河段支流众多,洪水期间干流可能倒灌支流成为当前弥河防御洪水的突出问题,防御洪水过程中需重点关注丹河、石河等支流的洪水倒灌问题。

2. 装配式防洪墙道口

有部分骨干交通要道处、村庄出入口等处设置了装配式防洪墙道口,汛期高水位期间需及时安装装配式防洪墙,防御洪水过程中应及时预测、预警,做到快速安装。

3. 沿线仍存在部分阻水建筑物

滨海区的疏港路桥建于河道子槽上,桥址处河道束窄,影响河道行洪,目前尚未实施改扩建,仍为防洪薄弱环节。

4. 穿堤建筑物众多

弥河沿线穿堤建筑物较多,穿堤建筑物历来是堤防安全薄弱环节和易出险部分,汛期须加强人防、重点关注。

4.3 白浪河基本情况

4.3.1 白浪河流域概况

4.3.1.1 地理位置

白浪河水系位于潍坊市中部,发源于昌乐县鄌郚镇打鼓山,是流经潍坊市城区的一条最为重要的河流,贯穿潍坊中心城区,是潍城区与奎文区的界河。白浪河自南向北流经昌乐县、潍城区、奎文区、寒亭区和滨海经济技术开发区,横穿潍坊北部平原,最后经滨海区央子街道流入渤海莱州湾,白浪河流域面积为 1 262 km^2,河全长 105 km。白浪河主要支流有大䃧河、小䃧河、龙丹河、孝妇河、大圩河、潍河等。

4.3.1.2 地形地貌

白浪河流域属泰沂山北低山丘陵区,主要构造是沂沭断裂带北端的次级构造单元。大部地区被第四系覆盖,中上游地层均有发育,有太古界、元古界、中生界及新生界,但发育程度有较大差别,其中生、新生界地层较发育,其他地层分布零散。

流域内冲积层沿河系分布,岩性为河床相的中粗砂、细砂夹卵砾石等;海积层主要分布在北部沿海一带,岩性为含砾石的中细砂、粉砂及亚黏土层,夹黑色淤泥层,其中含贝壳碎片。中上游分布有冲积、冲积坡积及残坡积层,主要岩性为亚砂土、亚黏土、砂砾石亚黏土。第四系厚度一般为 15~200 m;下游地势平缓,属洪积冲积平原。

白浪河流域地势南高北低,自西南向东北呈倾斜状,上游为丘陵区,低山岭坡较多,平均海拔为 65 m 左右,最高山为符山镇的五党山,海拔为 192 m;中游为洪积冲积平原,平均海拔为 28 m 左右;下游为滨海浅平洼地,平均海拔为 5 m 左右。

4.3.1.3　水文气象

白浪河流域属于暖温带季风气候,雨量集中,四季分明,夏季盛行偏南风,炎热多雨,冬季多偏西北风,寒冷干燥,雨雪较少;春季干燥多雨,秋季秋高气爽,多年平均气温12.3 ℃,极端最低气温为-20.1 ℃,最高气温为41.7 ℃。无霜期为190~270 d。

流域内多年平均降水量为616.5 mm,多年平均径流深为75.9 mm,雨量70%集中在6—9月。降雨量的时空分配不均,造成河道枯水流量很小,洪水量大势猛、泥沙多的特点。

4.3.1.4　暴雨洪水特性

白浪河流域内产生暴雨洪水的天气系统主要为气旋、锋面及台风等,气旋是本流域暴雨产生的主要天气系统,台风是造成本流域特大暴雨洪水的重要天气系统。

4.3.1.5　社会经济状况

白浪河流域覆盖了昌乐县、奎文区、潍城区、寒亭区和滨海经济技术开发区5个县区,覆盖了潍坊中心城区,是潍坊市工商业、金融非常发达的区域,在潍坊市国民经济发展中具有举足轻重的地位。

昌乐县辖4个镇、4个街道、1处省级经济开发区、1处省级旅游度假区和1处水库管理区。奎文区辖10个街道办事处。潍城区辖6个街道,另设有1个经济开发区。寒亭区辖经济开发区(含北城街道、双杨街道、张氏街道)、杨家埠旅游开发区和寒亭街道、开元街道、固堤街道、高里街道、朱里街道5个街道办事处。滨海经济技术开发区位于渤海莱州湾南畔,是整个潍坊沿海开发战略的核心地带。

4.3.2　工程规划和治理概况

4.3.2.1　工程规划

1.《山东半岛流域综合规划》(2013)

白浪河水库溢洪道以下至潍坊市区段,近远期防洪标准均按100年一遇;潍坊市区以北至入海口段近期(2020年)按50年一遇,远期(2030年)按100年一遇。

2.《潍坊市中心城区防洪专项规划》(2016)

对进出V1广场的防水闸门进行改造,设立能全部密封商场进出口的防洪门,洪水到来时,能及时关闭,挡住洪水不入侵商场。白浪河北辰绿洲段右岸堤防进行加高培厚,使其堤防工程达到规划设计要求。

4.3.2.2　河道治理情况

1.1976年白浪河下游治理

白浪河河槽开挖、筑堤:设计流量为1 752 m^3/s,开挖主槽,平时排水控碱,汛期依靠滩地行洪。

防潮堤:第一段为东堤,自崔家央子、寒央公路(3+800)起向北7.2 km。堤顶高程为6.0 m,顶宽5.0 m,内外边坡为1:5。第二段为北堤,全长5.0 k m,标准同第一段。

2.1987年白浪河综合开发治理工程

治理范围南起寒亭潍城分界,北至寒央公路崔家央子桥。主要对两岸堤防加高培厚,对河槽开挖拓宽裁弯取直,整平滩地,沿堤防两侧植树绿化。

3. 2007—2011 年白浪河城区段环境综合治理

工程于 2007 年 9 月开工建设,2012 年底基本完成。南起白浪河水库,北至北外环以北 3. 8 km,全长约 31 km,分为基础工程、景观绿化工程两部分。

4. 2011 年白浪河中段治理工程

白浪河中段治理工程南起北环路以北 2. 5 km,北至荣乌高速南 300 m,全长约 19. 4 km。该工程主要通过对河道河槽进行扩挖、疏浚,对堤防进行加高培厚,对滩地进行平整,使区段内河道满足 20 年一遇的防洪标准。两堤各建设 5 m 宽的防汛道路,设置林荫带,满足河道防洪抢险交通的需求。两侧滩地各建 2 m 宽的人行步道。全线建 10 座矮水坝,实现全河段蓄水,形成水景观,增加生物多样性,改善区域小气候,打造区段内郊野式风光。

5. 2018 年白浪河仲南路以下 7 km 段治理工程

通过对河槽的扩挖、疏浚使治理河段满足 20 年一遇的防洪标准。

6. 2018 年白浪河上游段治理工程

治理范围为自潴河入白浪河河口至昌乐潍城界(马宋水库及白浪河水库库区范围除外),全长共计 8. 1 km。主要建设内容包括三部分:

(1)对治理范围内河道进行清障、清淤疏浚和堤防填筑或边坡修整,恢复河道行洪排涝功能。

(2)修建防洪管理道路 8. 1 km。

(3)新建拦沙坎 1 座;改建漫水桥 4 座;改建拦水坝 2 座;新建穿堤管涵 19 座;维修桥梁 1 座。

7. 昌乐县白浪河综合治理工程(大沂路至朱大路段)

该段治理长度为 5. 8 km,主要建设内容包括三部分:①水环境工程,对治理范围内的污染底泥进行清除,建设 2 处生态湿地工程,新建 4 处拦河坝,对 3 处岸坡进行防护;②水毁修复工程,主要对因洪灾损毁的管理道路和 4 座桥梁进行修复;③综合治理工程:主要包括河道土方工程,新建管理道路,新建 1 座步行桥、5 处盖板涵、1 处箱涵、1 处亲水平台、39 座穿堤管涵、2 座溢流坝以及 1 座城市园艺综合体。

8. 2019 年昌乐县白浪河巩固提升工程

昌乐县白浪河巩固提升工程治理总长度 11. 72 km。主要建设内容如下。

1)河道工程(土方工程)

清淤疏浚河道 11. 72 km(其中白浪河干流 4. 25 km,小潴河 4. 02 km,大潴河 3. 45 km),新筑堤防 4. 02 km(均位于大潴河)。

2)防汛管理道路

为便于河道管护及防汛抢险,于大潴河下游左岸新建沿河管理道路,共计 1. 69 km。

3)建筑物工程

(1)改建桥梁。

改建生产桥 4 座(均位于白浪河干流),漫水桥 1 座(位于白浪河干流),拆除阻水严重漫水桥 1 座(位于大潴河)。

(2)新建、改建穿堤涵洞。

于现状有穿堤管涵或其他低洼有排水要求处设置穿堤涵洞,共计布置穿堤管涵 6 座(均位于大潴河)、穿堤箱涵 1 座(位于大潴河)。

4)防护工程

对河道凹岸险工等易冲刷段岸坡进行防护,共新建护岸 688 m。

5)河道水位自动监测站

新建河道水位自动监测站 4 处。

9. 滨海区白浪河治理工程

2015 年和 2017 年分别对白浪河长江东街至滨海与寒亭界线段和长江东街以下至挡潮闸段进行了系统治理,清淤拓宽,堤防加高,堤防两侧进行了绿化,堤顶修筑了道路,右堤路面进行了硬化。

4.3.3　河道防洪工程

4.3.3.1　调洪蓄水工程

1. 水库工程概况

白浪河流域内建有大型水库 1 座(白浪河水库),中型水库 2 座(马宋、符山水库),总库容为 1.881 1 亿 m^3,兴利库容为 0.611 5 亿 m^3,建有小(1)型水库 11 座、小(2)型水库 31 座。白浪河流域大中型水库特性指标见表 19-20。

2. 蓄水工程概况

白浪河干流上共建有拦河闸坝 10 座。

3. 工程管理体制

目前,白浪河水库、马宋水库和符山水库均设水库运营维护中心,负责水库的日常管理、工程建设、防洪度汛、供水调水、工程观测及维修养护工作。拦河闸坝设置相应闸坝管理单位。其中主城区段闸坝工程由市城管局管理(鸢都湖闸由潍坊市文化旅游建设投资有限公司管理),其他拦河闸坝由属地县(市、区)水利局管理。

4.3.3.2　河道和堤防现状

1. 白浪河上游段

1)源头至杨庄闸

本段河道长 7.5 km,自源头打鼓山至杨庄闸,主要以山谷溪流形态为主,河道深窄,为地下河。

2)杨庄闸至宅科社区

河道干流总长 6.5 km,河形相对规整顺直,河宽由 20 m 至 70 m 不等,为梯形断面及复式断面。河道两侧多为林地、农作物及村庄。2019 年昌乐县白浪河综合治理工程(大沂路至朱大路段)实施后,该段河道堤防完整,河势趋于稳定。

3)宅科社区至潴河口

本段河道干流总长 6.5 km,河道渐宽,40~100 m 不等,该段河道已整治。滩地范围内多为林地,局部为农作物,河道两侧多为农田及村庄。

4)潴河口至白浪河水库段

本段河道干流总长 12 km,河宽 130~600 m 不等,2018 年白浪河上游段治理工程对该段河道进行清障、清淤疏浚和堤防填筑或边坡修整,恢复河道行洪排涝功能。

2. 白浪河中下游段

白浪河中下游段均进行过多次较为系统的综合治理工作,形成了相对完善的防洪减灾体系,白浪河城区段已经打造为城市水体景观带,以拦河闸、橡胶坝等水利工程为依托,建有白浪河湿地公园、北辰绿洲湿地公园等城市湿地公园。滨海开发区段白浪河亦进行了防洪、交通、蓄水、景观等综合开发利用治理工程。白浪河中下游潍坊城区段现状防洪能力已达 100 年一遇洪水标准。

白浪河胜利街下游(V1 广场段)目前采用防洪门措施封挡,防止河道洪水灌入地下商场内。

白浪河干流滨海段经过 2015 年及 2017 年治理后,河道较顺直,河槽变化不大,内堤距为 600~1 000 m,河底宽 300~700 m。

4.3.4　河道主要控制断面与防洪指标

结合历年河道治理工程设计文件、相关规划和历史实测资料,确定白浪河主要控制断面防洪指标如下。

4.3.4.1　警戒水位及流量

北宫桥断面(5 年一遇)流量为 681 m^3/s,参考水位为 18.95 m;省道 S222 大桥(上游)、崔家央子断面(10 年一遇)流量为 1 126 m^3/s,参考水位为 3.97 m。

4.3.4.2　保证水位及流量

北宫桥控制断面流量 899 m^3/s,参考水位为 19.64 m;省道 S222 大桥(上游)、崔家央子断面(100 年一遇)流量为 2 002 m^3/s,参考水位为 5.77 m。

4.3.5　防洪保护区及其重要目标

白浪河保护区内工矿企业、铁路、公路等设施众多,防洪任务艰巨。白浪河流域内胶济铁路、青银高速公路、309 国道横贯东西,国道、省道及市区公路纵横交错。

白浪河水库以上河道昌乐段沿河多分布农田和村庄,营丘镇区及多个村庄紧邻河道,省道 S325、河西村交通桥、潍日高速等跨河而过,防护范围内耕地面积 3 万余亩,人口近 8 万人,各类企业厂房十余处。下游保护范围内涉及滨海山东海龙、恒信纸业、亚星化工生产厂区等知名企业以及大学园区、科技创新园等园区。

4.3.6　历史洪水

2018 年 8 月,潍坊市在不到 10 d 内连续受 14 号台风“摩羯”及 18 号台风“温比亚”侵袭,接连造成强降雨天气,而“温比亚”台风造成的灾情尤为严重。根据气象统计资料,8 月 17 日 12 时至 8 月 20 日 6 时,潍坊市全市平均降雨量为 183.3 mm,导致多个县(市、区)受灾严重。

受 2019 年 9 号超强台风“利奇马”影响,自 2019 年 8 月 10 日夜间开始,昌乐县出现暴雨到大暴雨,局部特大暴雨,乡镇、街道发生洪涝灾害。根据气象水文部门统计资料,8 月 10 日 6 时至 8 月 12 日 6 时,昌乐县平均降雨量为 340.8 mm,是 1952 年有水文记录以来的最强降雨,白浪河流域更是处于暴雨中心。受超强降雨影响,河道水位暴涨,白浪河出现多处建筑物及堤防局部损坏或冲毁现象。

4.3.7　存在的问题

4.3.7.1　险工险段

经调查,白浪河共有20处险工,共计道口21处。

4.3.7.2　其他防洪安全问题

杨庄闸至宅科社区段河道急弯卡口较多,主槽偏向堤防,冲刷严重。白浪河胜利街下游(V1广场段)目前采用防洪门措施封挡,防止洪水灌入地下。

下游滨海平原段支流汇入口存在洪水倒灌隐患。

4.4　虞河基本情况

4.4.1　流域概况

4.4.1.1　地理位置

虞河发源于坊子区坊城街道灵山,流经坊子、奎文、寒亭、昌邑及滨海经济技术开发区等5个市(区),于滨海央子入渤海莱州湾,干流全长74 km,流域面积为890 km^2,干流平均比降为0.71‰。

4.4.1.2　地形地貌

虞河流域地处泰沂山北冲洪积层,整个流域地势南高北低,南部、中部为丘陵地区,北部为洼碱地区。流域地处沂沭断裂带上,出露地层比较齐全,河流切割较深,冲沟发育,第四系黄土覆盖层较薄,一般小于20 m,南部地区河段基岩裸露,主要岩性有凝灰岩、石灰岩等。北部地区主要有粉砂壤土的洼碱地区。

4.4.1.3　水文气象

虞河流域属暖温带季风区气候,雨量集中,四季分明,春季干燥多风,夏季炎热多雨,多年平均气温为12.3 ℃,极端最低气温为-21.4 ℃,最高气温为40.1 ℃,无霜期200 d左右。流域内多年平均降水量为602.7 mm,且年际变化大,雨量70%以上集中在6—9月,多年平均径流深69.1 mm。降雨量的时空分布不均,造成河道枯水流量很小,洪水量大势猛,泥沙多的特点。

4.4.1.4　河流水系

虞河属于中型河流,为季节性河流,河床宽30~500 m。虞河主要支流有丰产河、利民河、瀑沙河、浞河、涨湎河、白沙河、酱沟河等。

4.4.1.5　暴雨洪水特性

暴雨是造成本流域洪水的主要原因,形成暴雨的天气系统,主要为气旋、台风、锋面、切变线等。暴雨多发生在盛夏初秋,具有明显的季节性。虞河属雨洪河流,洪水主要集中于汛期,河道流量随季节变化,枯水季节河道流量很小。

4.4.2　工程规划和治理概况

4.4.2.1　工程规划

1.《山东省潍坊市流域综合规划》(2010)

虞河保护对象的等级为Ⅲ级,防洪标准近期均按20年一遇。

2.《潍坊市中心城区防洪专项规划》(2016)

该规划段为崇文街至民主街河段。通过新建或扩建虞河上游董家水库,有效地增加蓄洪量,减少下泄流量,增大上游水库塘坝的调洪库容,对上游洪水进行有效拦截调蓄,减轻虞河城区段的防洪压力。对城区内的河道,通过扩挖河道和加高、培厚堤防,加大虞河城区段的过流能力,同时对严重束窄河道和桥面高程低于50年一遇洪水位的桥梁进行拆除重建,使虞河城区段满足50年一遇防洪标准,达到兴利除害的目的,从根本上解决虞河城区段防洪能力不足的问题。

4.4.2.2　近期治理情况

1. 2005年虞河城区段治理

虞河市区一段曾是一条污水河。2005年初破土动工对其进行改造,2006年3月竣工。整个工程以河道为主轴,两岸亲水空间为辅轴,桥头拦河坝为节点,进行景观环境塑造,构筑带状绿廊空间。

2. 2008年寒亭虞河治理

2008年,寒亭区对境内虞河按10年一遇防洪、5年一遇排涝进行了治理,虞河综合治理寒亭段河道清障涉及寒亭区3个街道、16个村,两岸清障总长度27.1 km,总面积为4 326.84亩(1亩=1/15 hm^2,下同)。

3. 2011年坊子虞河治理

坊子段虞河贯穿坊子新老城区,区内干流长度为18.1 km,境内流域面积为92.5 km^2。虞河坊子段位于虞河上游,河床平均宽度为80~100 m,河道平均深度为10~12 m,最大深度接近16 m,河道平均比降约4‰,河床切割较深,坡度较大,河床两岸无防洪堤防,属地下河。2011年坊子实施了自八马路至北海路段治理工作,治理长度为5.23 km,主要工程内容包括河道清淤、清运垃圾、土方回填、河道两侧挡墙护岸等,工程总投资2 050万元,于2011年底完工。

4. 2018年寒亭区虞河综合整治工程

2018年寒亭区虞河综合整治工程对寒亭区虞河自南张氏漫水桥至丰华路下游约1 km处河段进行综合整治,全长共计10.5 km。通过清淤疏浚和堤防加固,改建建筑物、修建沿河管理道路等工程措施,提高河道防洪标准达到20年一遇,保护两岸沿线各地工农业生产和人民群众生命财产安全,增加河槽蓄水能力,修复河道生态系统。

5. 2018年坊子区虞河、凤翔河营子片区段河道景观工程

2018年坊子区虞河、凤翔河营子片区段河道景观工程主要进行溢流坝工程、清淤工程、绿化驳岸工程等的建设。通过打造滨河景观带,融人工环境和自然环境为一体,维护良好的生态环境,营造滨水特色,体现城市形象的标志性区域,实现一河清水、两岸绿色、城景交融、人水和谐的目标。

6. 昌邑虞河治理

昌邑段虞河自昌邑市渔洞埠村至泥河口段总长 4.8 km,已按防洪 10 年一遇、排涝 5 年一遇进行相关治理。

4.4.3　河道防洪工程

4.4.3.1　调洪蓄水工程

虞河流域内目前无大中型蓄水工程,干流建有小型水库 5 座,拦河闸 5 座,橡胶坝 1 座。

4.4.3.2　河道和堤防现状

1. 虞河上游段(崇文街以南段)

虞河上游段,河床平均宽度为 80~100 m,最宽处为 400 余 m,河道平均深度为 10~15 m,最大深度接近 20 m,河道平均比降约 1/250,河床切割较深,坡度较大,河床两岸无防洪堤防,属地下河。

2. 虞河中游段(崇文街以北至寒亭滨海边界段)

该段为市区段,两岸堤防完整,现状宽度 70~150 m,最宽处约 300 m,两岸分布有虞河公园、虞舜公园等,建设标准高。沿河修建了健康街闸、东风街闸、泰祥街闸等 5 处拦河闸工程。

3. 虞河下游段(寒亭滨海边界以北段)

该段为昌邑滨海界河,河道较顺直,两岸堤防建设标准不一。现状河宽 110~160 m,滨海区汉江东一街以下河宽约 500 m。

4.4.4　河道主要控制断面与防洪指标

结合历年河道治理工程设计文件、相关规划和历史实测资料,确定虞河主要控制断面防洪指标如下。

4.4.4.1　警戒水位及流量

东小营断面警戒水位为 18.1 m,参考流量为 423 m^3/s。

4.4.4.2　保证水位及流量

东小营断面保证水位为 18.7 m,参考流量为 572 m^3/s。

4.4.5　防洪保护区及其重要目标

虞河流经坊子区、奎文区、寒亭区、昌邑市以及潍坊滨海经济技术开发区,保护区内涉及工矿企业、铁路、公路等设施众多,防洪任务艰巨。

4.4.6　存在的问题

4.4.6.1　险工险段

经调查,虞河河道共有 4 处险工,均位于上游坊子区。

4.4.6.2 其他防洪安全问题

1. 虞河上游段(崇文街以南段)

(1)淹没范围较大,行洪危及农田及村庄安全。

上游河道尚未进行系统治理,现状河道大部分河段行洪能力能满足 20 年一遇行洪要求,但是局部天然边坡距离河道较远,虽然高程满足,但淹没范围较大,行洪危及农田及村庄安全。

(2)防汛管理道路不完善,影响河道日常管理与防汛抢险。

上游大部分河段防汛管理道路不完善,不便于进行日常河道管理巡视,影响防汛抢险救灾行动。

2. 虞河中游段(崇文街以北至寒亭滨海边界段)

虞河中游段主要位于市区,现状防洪能力已达 50 年一遇洪水标准,防洪减灾体系基本形成。

3. 虞河下游段(寒亭滨海边界以北段)

现状河道大部分河段行洪能力能满足 20 年一遇行洪要求。

第 5 章　骨干河道的调洪工程及拦河闸坝调度运用原则

5.1　汛期水库调度运用原则

5.1.1　调度原则

(1)遇中小洪水时,要在确保工程安全的前提下,充分发挥水库拦洪削峰,保护下游安全的作用,并最大限度地蓄水,满足兴利用水的要求。

(2)遇标准内较大洪水(接近或超过警戒水位,但不超过现状防洪标准,需敞闸自由泄洪的洪水),要确保水库工程安全,此时水库及其上下游都要采取防洪抢险和必要的安全转移群众的措施,减轻洪灾损失,保证人民生命安全,并不失时机地拦蓄峰后尾水供兴利使用。

(3)遇超标准洪水时,要采取临时应急措施,尽最大努力保大坝。下游则要在全力抢险的同时,组织可能受淹的群众安全转移,确保人民生命安全。洪水后期,根据工程安危情况,拦蓄尾水兴利。

5.1.2　主要水库调度运用

5.1.2.1　潍河流域主要水库

潍河流域有大型水库 4 座,对上中游洪水起到控制和调节作用。

1. 墙夼水库

(1)水库水位达到汛中限制水位 98.0 m 时,最大 24 h 径流深不超过 170 mm 的情况下,可按 5 孔均开启 2.87 m,下泄流量不得超过河道安全流量 786 m^3/s,以免危及下游河道安全。

(2)水库水位达到汛中限制水位 98.0 m 时,最大 24 h 径流深不超过 244 mm 的情况下,可按 5 孔均开启 3.23 m,下泄流量不得超过河道安全流量 1 000 m^3/s。

2. 峡山水库

(1)中小洪水调度计划。雨前水位低于汛中限制水位 37.40 m,且雨后水位仍低于 37.40 m 时,溢洪闸门不开启。雨前水位为汛限水位 37.40 m,上游墙夼水库满库情况下遇 24 h 径流深不超过 93.5 mm 的洪水,应同步等高开启溢洪闸,闸门开启高度不超过 1.50 m,控制下泄流量不超过 3 000 m^3/s 泄洪,预计最高水位不超过第一允许壅高水位 38.69 m。若降雨继续,上游墙夼水库满库情况下遇 24 h 径流深达到 136.2 mm,应在库水位到达第一允许壅高水位 38.69 m 时,闸门开启高度加大到 1.67 m,按不大于 3 500

m³/s 泄量控制泄洪,预计最高库水位不高于第二允许壅高水位 39.52 m。

(2)标准内较大洪水调度计划。雨前水位为汛限水位 37.40 m,上游墙夼水库满库情况下遇 24 h 径流深不超过 420.7 mm 的洪水,应同步等高开启溢洪闸,先按闸门开启高度不超过 1.50 m,控制下泄流量不超过 3 000 m³/s 控制泄洪。在库水位达到第一允许壅高水位 38.69 m 时,闸门开启高度加大到 1.67 m,控制下泄流量不超过 3 500 m³/s 泄洪,在库水位到达第二允许壅高水位 39.52 m 时,溢洪闸门全部开启敞泄。

3. 高崖水库

当雨前库水位为汛中限制水位 153.00 m 时,遇 24 h 径流深不超过 576.7 mm 的情况,应随洪水入库过程变化,在库水位低于允许壅高水位 154.90 m 时,按闸门均匀等高开启 1.05 m,控制泄流量不大于 371 m³/s;在库水位达到允许壅高水位时,应全开溢洪闸门敞泄,预计最高库水位不超过允许最高水位 159.35 m,最大泄流量 2 766 m³/s。

4. 牟山水库

(1)中小洪水调度计划。雨前水位低于汛中限制水位 75.00 m,且雨后水位仍低于 75.00 m 时,溢洪闸门不开启。雨前水位为汛限水位 75.00 m,上游高崖水库满库情况下遇 24 h 径流深不超过 115.2 mm 的情况下,预计最高水位不超过允许壅高水位 76.78 m 时,可按 10 孔均开启 2.285 m,下泄流量不超过河道安全泄量 1 600 m³/s。

(2)标准内较大洪水调度计划。当雨前水位为汛限水位 75.00 m,预计最高库水位不超过允许壅高水位 76.78 m 时,10 孔均固定开启 2.285 m,下泄流量不超过 1 600 m³/s;水位持续上涨超过允许壅高水位时,10 孔闸门全部开启敞泄。

5.1.2.2 弥河流域主要水库

弥河上游建有 1 座大型水库、6 座中型水库,分别为冶源水库、淌水崖水库、丹河水库、嵩山水库、黑虎山水库、荆山水库、南寨水库。冶源、嵩山、黑虎山 3 座水库汛期由潍坊市水利局调度,其他水库由县(市、区)水利局调度。

5.1.2.3 白浪河流域主要水库

白浪河流域内有大型水库 1 座(白浪河水库),中型水库 2 座(马宋、符山水库)。

5.1.2.4 虞河流域主要水库

虞河流域内无大中型水库,虞河干流上游有 5 座小型水库。

5.2 拦河闸坝调度运用情况

5.2.1 调度原则

(1)汛期,各骨干河道内拦河闸坝,闸坝前水位保持在汛限水位以下。

(2)河道内发生较大洪水时,拦河闸坝全开(塌坝)运行,洪水来临前泄空闸坝前蓄水。

5.2.2　闸坝调度运用

5.2.2.1　潍河

潍河干流现有拦河闸 2 座,分别为中游段抽村拦河闸、辛安庄拦河闸;橡胶坝 11 座,另有下游挡潮蓄水闸 1 座。上述拦河闸坝主要作用为蓄水兴利,主汛期前一般适当放空备汛,汛间根据上游来水情况调度调控,较大洪水来临前闸坝全开运行,汛末适当拦蓄雨洪资源兴利。

5.2.2.2　弥河

1. 弥河分流控制闸

弥河分流控制闸属于弥河分流控制建筑物,与弥河干流、分流大堤形成完整的防洪体系。

1)主要运用指标

(1)闸底板高程 6.5 m。

(2)50 年一遇设计洪水位 11.25 m,设计过闸流量 2 300 m^3/s。

(3)允许最高洪水位 11.5 m,控制闸闸顶高程为 11.5 m,即为允许最高水位。

2)调度方案

(1)一般洪水调度方案。

①上游来水流量小于 100 m^3/s,为正常来水,根据上游水位情况随时提升闸门。

②上游来水流量为 100~300 m^3/s,24 孔闸门提起高度不超过 0.5 m。

③上游来水流量为 300~500 m^3/s,24 孔闸门提起高度不超过 1.0 m。

④上游来水流量为 500~1 000 m^3/s,24 孔闸门提起高度不超过 1.5 m。

⑤上游来水流量大于 1 000 m^3/s,24 孔闸门提起高度不超过 2.0 m^3/s。

⑥上游来水流量大于 2 300 m^3/s,24 孔闸门根据来水流量开启及至全开。

(2)超标准洪水调度方案。

在水行政主管部门领导下,严格执行制订的调洪方案,发现问题及险情及时准确上报,并做好记录。

断面流量大于 2 300 m^3/s,24 孔闸门根据来水流量和下游分洪闸开启情况,当分洪闸 9 孔闸门全部提升时,24 孔闸门全部提起。同时组织抢险队,做好抢险准备,确保闸坝安全度汛。

2. 弥河下游临时分洪区工程调度运用

(1)调度运用。临时分洪区由潍坊和寿光市联合调度运用。

(2)启用标准:当弥河分流营子沟断面流量大于 2 890 m^3/s 时,营子沟、东张僧河汇入洪水,超过 50 年一遇设防水位时启用临时分洪区。

(3)分流规模。当预报弥河发生 50 年一遇洪水时,弥河分流分洪流量为 2 300 m^3/s,营子沟、东张僧河入弥河分流 50 年一遇洪峰流量 590 m^3/s,超过了弥河分流入海口挡潮闸泄流能力,需要进行分洪,确定分洪最大规模为洪峰流量的 1/3,约为 900 m^3/s。

3. 白浪河

白浪河潍坊城区段拦河闸坝由市城管局负责,其他河段拦河闸坝和堤防涵闸由沿线县(市、区)水利局负责调度。汛期,河道内拦河闸坝坝前水位保持在汛限水位以下。河道内发生较大洪水时,拦河闸坝要全开(塌坝)运行,洪水来临前要泄空闸坝前蓄水。

白浪河拦河闸坝主要作用为蓄水兴利,调洪削峰作用较小,故主汛期前适当放空备汛,汛间根据上游来水情况调度调控,较大洪水来临前闸坝全开运行,汛末适当拦蓄雨洪资源兴利。

4. 虞河

虞河干流现状建有拦河闸 5 座,橡胶坝 1 座。上述拦河闸坝主要作用为景观蓄水,调洪作用较小,故主汛期前适当放空备汛,汛间根据上游来水情况调度调控,较大洪水来临前闸坝全开运行,汛末适当拦蓄雨洪资源兴利。

第 6 章　洪水分级与风险分析

6.1　洪水分级

根据洪水大小,一般分为三级:

(1)一般洪水。河道洪水低于警戒指标。

(2)现状标准内洪水。河道洪水超过警戒指标,但低于保证指标。

(3)超标准洪水。河道洪水超过保证指标,平原河道超保证水位、山区河道超保证流量即为超标准洪水。

6.1.1　潍河洪水分级

(1)一般洪水。河道洪水低于警戒指标,辉村断面流量小于 3 000 m^3/s。

(2)现状标准内洪水。河道洪水超过警戒指标,但低于保证指标,即辉村断面流量大于 3 000 m^3/s,小于 5 700 m^3/s。

(3)超标准洪水。河道洪水超过保证指标,即辉村断面流量大于 5 700 m^3/s。

6.1.2　弥河洪水分级

(1)一般洪水。河道洪水低于警戒指标,即谭家坊断面流量小于 2 700 m^3/s,弥河分流口断面流量小于 2 722 m^3/s。

(2)现状标准内洪水。河道洪水超过警戒指标,但低于保证指标,即谭家坊断面流量大于 2 700 m^3/s、小于 5 980 m^3/s,弥河分流口断面流量大于 2 722 m^3/s、小于 5 980 m^3/s。

(3)超标准洪水。河道洪水超过保证指标。平原河道超保证水位、山区河道超保证流量即为超标准洪水,即谭家坊断面流量大于 5 980 m^3/s,弥河分流口断面流量大于 5 980 m^3/s。

6.1.3　白浪河洪水分级

(1)一般洪水。河道洪水低于警戒指标(北宫桥断面流量≤681 m^3/s,崔家央子断面流量≤1 126 m^3/s)。

(2)现状标准内洪水。河道洪水超过警戒指标,但低于保证指标(681 m^3/s<北宫桥断面流量≤899 m^3/s,1 126 m^3/s<崔家央子断面流量≤2 002 m^3/s)。

(3)超标准洪水。河道洪水超过保证指标(北宫桥断面流量>899 m^3/s,崔家央子断面流量>2 002 m^3/s)。

6.1.4 虞河洪水分级

（1）一般洪水。河道洪水低于警戒指标，即东小营断面水位小于 18.1 m，流量小于 423 m^3/s。

（2）现状标准内洪水。河道洪水超过警戒指标，但低于保证指标，即东小营断面水位大于 18.1 m、小于 18.7 m，流量大于 423 m^3/s、小于 572 m^3/s。

（3）超标准洪水。河道洪水超过保证指标。平原河道超保证水位、山区河道超保证流量即为超标准洪水，即东小营断面警戒水位大于 18.7 m、流量大于 572 m^3/s。

6.2 一般洪水风险分析

当骨干河道洪水位接近警戒水位，即出现一般洪水时，洪水淹没范围一般处于主槽范围内，个别河段洪水可达到堤脚或者略高于堤脚。可能出现的险情主要包括：

（1）深槽段岸坡出现坍塌，部分老化的护岸工程可能遭受破坏。

（2）下游平原河段田间涝水无法及时排入滩河，出现一定程度的内涝现象。

6.3 现状标准内洪水风险分析

当骨干河道洪水位超过警戒水位，但未超过保证水位，即发生现状标准内洪水时，大部分河段漫滩行洪，当洪水位临近保证水位时，可能发生险情主要如下：

（1）部分河段堤防出现渗漏、坍塌、滑坡等险情。

（2）部分道口需及时安装装配式防洪墙或采用防汛物料封堵，否则将出现洪水外溢。

（3）部分弯道河段及险工险段亦会出现不同程度的冲刷破坏，要加强巡视，并及时抢险防护。

（4）部分支流汇入处关闭不及时的穿堤建筑物将出现洪水倒灌，淹没农田及村庄现象，需及时注意转移避险。

6.4 超标准洪水风险分析

当骨干河道洪水位超过保证水位，即发生超标准洪水时，大部分河段洪水位临近堤顶或漫堤，超限行洪将导致冲刷坍塌及堤防失稳等破坏现象，可能出现的险情主要体现在以下几个方面：

（1）险工险段和堤防险情将发生持续破坏，险情点位亦呈现增加趋势。

（2）部分堤段甚至出现堤防坍塌破坏及决口现象，洪水漫溢，外泄洪水无法及时回流，形成内涝现象，淹没大量村庄，严重威胁河道堤防等水利设施及沿河两岸人民群众的生命财产安全，需及时转移避险。

（3）支流及未关闭穿堤建筑物处淹没范围持续加大，尤其是下游滨河平原河段，大量村庄出现不同程度的进水现象，需及时转移避险。

超标准洪水下可能淹没范围见图 19-5～图 19-50。

第 7 章　骨干河道设计洪水

7.1　设计洪水标准和计算方法

结合河道现状及超标准洪水计算要求，对潍河、弥河、白浪河、虞河四条河道分别计算 50 年一遇、100 年一遇、200 年一遇设计洪水。

根据各河道水文基础资料以及已有水利规划等实际情况，对各河道选取适当的计算方法计算设计洪水，具体如下：

(1)潍河。采用实测流量资料法计算设计洪水。

(2)弥河。由暴雨资料和实测流量资料分别推求设计洪水，最终推荐采用由暴雨资料计算的设计洪水成果。

(3)白浪河、虞河。采用实测暴雨资料法计算设计洪水。

7.2　编制依据

(1)《水利水电工程设计洪水计算规范》。

(2)《山东省水文图集》。

(3)《山东省大中型水库防洪安全复核办法》。

(4)《山东半岛防洪规划报告》(山东省水利厅，1999 年 12 月)。

(5)《山东半岛流域综合规划》(山东省发展和改革委员会、山东省水利厅，2013 年 11 月)。

(6)《潍坊市流域综合规划设计洪水复核分析计算报告》(潍坊市水文水资源勘测局，2008 年 9 月)。

(7)《潍坊市中心城区防洪专项规划》(山东新汇建设集团有限公司，2016 年 10 月)。

(8)《潍坊市潍河流域防洪规划》(潍坊市水利局，2018 年 12 月)。

(9)《潍坊市弥河流域防洪规划》(潍坊市水利局，2019 年 12 月)。

(10)《潍坊市牟山水库汛期调度运用计划》(山东省水利勘测设计院，2020 年 6 月)。

(11)《潍坊市白浪河水库 2021 年汛期调度运用计划》(山东恒源勘测设计有限公司，2021 年 5 月)。

(12)《诸城市墙夼水库汛期调度运用计划》(山东省水利勘测设计院，2017 年 12 月)。

(13)《潍坊市峡山水库 2019 年汛期调度运用计划》(山东省水利勘测设计院，2019 年 6 月)。

(14)《临朐县冶源水库汛期调度运用计划》(山东省水利勘测设计院，2022 年 3 月)。

(15)其他相关中型水库汛期调度运用计划。

(16)实测水文基础资料等。

7.3 计算单元的划分

根据河道各干流、支流分布状况,现有大中型水库情况,将各河道划分为若干控制段(见表7-1~表7-4),考虑各控制段下垫面一致性以及水利工程情况将各控制段划分为若干计算单元。

表7-1 潍河流域计算单元划分

河道	控制段(断面)	计算单元	控制面积/km²
潍河	1. 峡山水库		4 210
		(1)墙夼水库以上	656
		(2)墙夼水库—峡山水库区间	3 554
	2. 牟山水库		1 262
		(1)牟山水库以上	1 262
	3. 辉村橡胶坝		6 212
		(1)峡山水库以上	4 210
		(2)牟山水库以上	1 262
		(3)峡山水库、牟山水库—辉村区间	740

表7-2 弥河流域计算单元划分

河道	控制段(断面)	计算单元	控制面积/km²
弥河	1. 冶源水库		786
		(1)冶源水库以上	786
	2. 大石河河口下		1 662.2
		(1)冶源水库以上	785
		(2)冶源水库—大石河口区间	635.1
		(3)黑虎山水库以上	190
		(4)黑虎山水库—大石河口区间	52.1
	3. 寒桥断面上		2 263
		(1)大石河口以上	1 662.2
		(2)大石河口—寒桥断面区间	600.8
	4. 弥河分洪道口上		2 327
		(1)寒桥以上	2 263
		(2)寒桥—弥河分洪道区间	64

续表 7-2

河道	控制段(断面)	计算单元	控制面积/km²
弥河	5. 丹河、崔家河上		3 106
		(1)弥河分洪道口上	2 327
		(2)弥河分洪道	689
		(3)弥河分洪道口—丹河口区间	90
	6. 弥河支流—丹河		770
		(1)弥河支流—丹河	770
	7. 丹河、崔家河下		3 989
		(1)丹河口以上	3 106
		(2)荆山水库上	36
		(3)荆山水库—丹河入弥河口区间	734
		(4)崔家河	113

表 7-3　白浪河流域计算单元划分

河道	控制段(断面)	计算单元	控制面积/ km²
白浪河	1. 白浪河水库上		353
		(1)白浪河水库上	353
	2. 大圩河口下		703
		(1)白浪河水库上	353
		(2)符山水库上	100
		(3)白浪河水库、符山水库—大圩河口区间	250
	3. 白浪河支流—淮河		376
		(1)淮河	376
	4. 淮河河口下		1 147.6
		(1)大圩河口下	703
		(2)淮河	376
		(3)大圩河口—淮河河口区间	68.6

表 7-4　虞河流域计算单元划分

河道	控制段(断面)	计算单元	控制面积/km²
虞河	1. 虞河支流—浞河		138
		(1)浞河	138
	2. 浞河口下		371
		(1)浞河	138
		(2)源头—浞河口上	233
	3. 虞河支流-丰产河		338
		(1)丰产河	338
	4. 丰产河口下		887
		(1)浞河口下	371
		(2)浞河口—丰产河口	178
		(3)丰产河	338

7.4　水文资料的选取与应用

潍河采用实测流量资料法计算设计洪水,弥河、白浪河、虞河采用实测暴雨资料法计算设计洪水。

潍河采用实测流量资料法计算设计洪水,弥河采用暴雨资料和实测流量资料法分别推求设计洪水,白浪河、虞河采用实测暴雨资料法计算设计洪水。本次考虑到 2013—2017 年潍坊全域为连续干旱年份,而 2018 年 8 月 18—20 日及 2019 年 8 月 10—12 日两次暴雨中心均位于弥河流域,对潍河、白浪河、虞河影响较小,因此本次除弥河流域纳入 2018 年、2019 年两次暴雨资料系列成果外,其他流域暂不计入。

7.4.1　潍河

峡山水库及墙夼水库有 1961—2013 年连续 53 年的实测流量。峡山水库—墙夼水库区间(简称峡墙区间)有 1961—2013 年连续实测洪水系列 53 年,为了进行长短系列的对比计算,拟采用山东省水利水利勘测设计院 1965 年推算的峡山水库 1951—1960 年的天然洪水系列对峡墙区间洪水系列进行延长。

本次计算在 1951—2013 年连续 63 年实测洪水系列的基础上,又加入了 1911 年、1914 年、1918 年、1946 年等四年历史洪水调查。其中实测系列内 1974 年洪水为 1914 年以来排第一位的大洪水,其重现期按 86 年一遇考虑;系列内排第二位的大洪水为 1914 年洪水,其他洪水排位依次类推。

7.4.2　弥河

弥河流域内自 1959 年开始设有水文站,资料系列较长的水文站有黄山、冶源水库、寒桥、谭家坊等,分别于1959年6月、1956年6月、1951年8月、1976年1月设站;流域内自1951年开始设有雨量站,最多时有雨量站25处,现有雨量站18处。雨量站分布较为均匀,资料均为国家正式整编资料,可靠性高。

7.4.3 白浪河

白浪河流域雨量(水文)观测站有9处,分别为王家河南、乔官、马宋、田家楼、白浪河水库、冯家花园、昌乐、西贾庄、央子等水文、雨量站,有1951—2014年共64年的实测暴雨资料。白浪河流域水文测站基本情况如表7-5所示。

表7-5　白浪河流域水文测站基本情况表

站名	类别	建站时间(年-月)	说明
王家河南	雨量	1965-06	汛期站
乔官	雨量	1951-06	常年站
马宋	雨量	1960-01	汛期站
田家楼	雨量	1965-06	汛期站
白浪河水库	水文、雨量	1960-06	常年站
冯家花园	水文	1978-07	常年站
昌乐	雨量	1953-01	常年站
西贾庄	雨量	1951-06	常年站
央子	雨量	1984	

7.4.4 虞河

虞河流域内设有雨量基本站4座,分别为西清池雨量站、双台雨量站、固堤雨量站、潍北农场雨量站,雨量站分布较为均匀,资料系列较长,均为国家正式整编资料,代表性、可靠性均较高。虞河流域水文测站基本情况如表7-6所示。

表7-6　虞河流域水文测站基本情况表

站名	位置	设立时间(年-月)	类型
西清池	高新区清池镇西清池村	1967-06	雨量基本站
双台	昌邑市都昌街道办事处双台村	1965-06	雨量基本站
固堤	寒亭区固堤镇固堤村	1967-06	雨量基本站
潍北农场	寒亭区潍北农场气象站	1961-01	雨量基本站

设计洪水分析计算所采用的水文资料、暴雨资料为国家基本水文站、雨量站实测整编

资料及分析成果。经审查,资料系列长度符合规范要求,其代表性、可靠性均较高。

7.5 由实测流量资料推求设计洪水

7.5.1 潍河流域

潍河流域设计洪水采用实测流量法,将全流域分为峡山水库、牟山水库和峡山—牟山—辉村橡胶坝区间三部分,采用同频率洪水组成法计算各控制段设计洪水,考虑上游水库调蓄作用后经河道洪水演算,采用错时段叠加组合,从而得出各控制断面的设计洪峰流量。

对于潍河设计洪水,山东省水利厅1999年12月编制的《山东半岛防洪规划报告》曾进行过分析。2013年山东省发展和改革委员会、山东省水利厅批复的《山东半岛流域综合规划》对该成果进行了复核,仍推荐采用1999年防洪规划成果,以上两规划计算成果最高洪水标准为50年一遇。本次对潍河50年一遇设计洪水成果进行复核,并在原方法的基础上分析计算100年一遇、200年一遇、300年一遇设计洪水。

7.5.1.1 峡山水库设计洪水

2002年山东省水利勘测设计院编制的《山东省潍坊市峡山水库除险加固工程初步设计报告》中,采用由实测流量资料及暴雨资料两种方法计算设计洪水,考虑到由暴雨资料间接推求设计洪水成果的可靠程度不如由实测流量资料推求的洪水成果,从防洪安全角度推荐由实测流量资料计算的设计洪水成果。

2013年,峡山水库委托山东省水利勘测设计院开展水库增容工程设计。2014年12月,山东省发展和改革委员会以鲁发改农经〔2014〕1384号文批复了《山东省潍坊市峡山水库增容工程可行性研究报告》。该报告在除险加固报告的基础上延长了洪水系列,洪水系列为1951—2013年,对设计洪水成果进行了复核。考虑到峡山水库增容设计报告已经山东省发展和改革委员会正式批复,增容工程已按设计施工完成,故本次峡山水库设计洪水成果仍采用峡山水库增容工程初步设计报告成果。本次对峡山水库50年一遇、100年一遇设计洪水成果进行复核,并在原方法的基础上分析计算200年一遇、300年一遇设计洪水。

设计洪水组成采用同频率组成法。峡山水库流域面积为4 210 km^2,上游有12座大中型水库,净控制流域面积为1 236 km^2,由于中型水库缺乏实测资料,在峡山水库设计洪水计算中无法考虑,本次计算仅考虑墙夼大型水库的调蓄影响;峡山水库的设计洪水由峡墙区间洪水加上墙夼水库相应频率洪水调洪后下泄的洪水组成。

7.5.1.2 牟山水库设计洪水

2002年《安丘市牟山水库除险加固工程初步设计报告》采用由实测流量资料及暴雨资料两种方法计算设计洪水,考虑到由暴雨资料间接推求设计洪水成果的可靠程度不如由实测流量资料推求的洪水成果,从防洪安全角度推荐由实测流量资料计算的设计洪水成果。

2017 年,牟山水库委托山东省水利勘测设计院开展水库安全鉴定工作并编制完成《潍坊市牟山水库大坝安全鉴定防洪标准复核报告》,该报告在除险加固报告的基础上延长了洪水系列至 2013 年,对设计洪水成果进行了复核,牟山水库设计洪水仍采用 2002 年初步设计成果。

牟山水库流域面积为 1 262 km^2,上游有高崖大型水库,在采用实测流量资料计算牟山水库设计洪水时,先计算牟山水库天然入库洪水,然后采取同频率地区组成法推求牟山水库受高崖水库调蓄影响的设计洪水。选定高崖—牟山区间出现的与牟山水库同频率的洪量,高崖水库以上相应洪量总数按水量平衡原则推求。根据高崖水库除险加固后的泄流能力,推求高崖水库的下泄洪水过程线,与区间洪水过程线进行组合,求得牟山水库的设计洪水过程线。

7.5.1.3　峡山—牟山—辉村区间

峡山—牟山—辉村区间流域面积为 740 km^2,区间与牟山水库下垫面条件相近,且流域面积相差不大,本次区间洪水计算采用水文比拟法。

7.5.1.4　辉村断面设计洪水成果

采用同频率洪水组成法计算各控制段设计洪水,考虑上游水库调蓄作用后经河道洪水演算,采用错时段叠加组合,从而得出各控制断面的设计洪峰流量。

1. 水库洪水调算

(1)墙夼水库洪水调算原则。墙夼水库设 5 孔 10 m×4.4 m(宽×高)溢洪闸,以汛中限制水位 98 m 作为起调水位;水位-库容-泄量关系采用加固后成果;20 年一遇、50 年一遇分别采用 786 m^3/s、1 000 m^3/s 作为安全泄量进行调算。

(2)峡山水库洪水调算原则。起调水位为汛中限制水位 37.4 m,根据《2019 年峡山水库汛期调度运用计划》,峡山水库按二级控泄,库水位不超过 38.69 m 时,控泄 3 000 m^3/s,水位上涨不超过 39.52 m 时,控泄 3 500 m^3/s,之后敞泄。

(3)高崖水库洪水调算原则。汛中限制水位已抬高至兴利水位,按照起调水位为汛中限制水位 153.00 m,20 年一遇水库控泄流量为 371 m^3/s,当水库水位超过 20 年一遇防洪高水位 154.90 m 时,正常溢洪道闸门全部开启敞泄。

(4)牟山水库洪水调算原则。起调水位为汛中限制水位 75.0 m,根据《牟山水库 2020 年汛期调度运用计划》,牟山水库按一级控泄,库水位不超过 76.78 m 时,控泄 1 600 m^3/s,水位超过 76.78 m 并继续上涨时,闸门全开,开始敞泄。

2. 设计洪水成果

1999 年《山东半岛防洪规划报告》对潍河全流域 50 年一遇洪水进行了分析计算,成果为 5 700 m^3/s,本次复核计算成果 6 078 m^3/s,与《山东半岛防洪规划报告》成果差别不大,《山东半岛防洪规划报告》洪水成果已经主管部门审查、批复。本次潍河 50 年一遇设计洪峰仍采用《山东半岛防洪规划报告》中的成果,100 年一遇、200 年一遇、300 年一遇洪水成果采用本次新计算成果,见表 7-7。

表 7-7　辉村断面设计洪水成果

项目	P/%			
	2	1	0.5	0.33
Q_m/(m^3/s)	5 700	15 261	17 543	18 324
$W_{24\ h}$/亿 m^3	4.68	8.15	11.27	12.92
$W_{3\ d}$/亿 m^3	10.99	15.36	18.50	20.80
$W_{7\ d}$/亿 m^3	12.52	17.60	20.73	22.68

7.5.2　弥河流域

为合理确定弥河设计洪水，本次采用实测流量资料对弥河设计洪水进行了对比计算分析。主要计算谭家坊水文站 50 年一遇设计洪水，并与由暴雨资料计算的设计洪水成果进行对比分析，论证采用暴雨资料计算的弥河 50 年一遇设计洪水成果的合理性。

弥河流域谭家坊建有大型水库 1 座（冶源水库）、中型水库 2 座（嵩山水库、黑虎山水库），冶源水库建有水文站，嵩山水库、黑虎山水库没有水文站，亦没有水文资料，本次只考虑冶源水库的调蓄作用。采用谭家坊与冶源水库—谭家坊区间同频、冶源水库相应，谭家坊与冶源水库同频、冶源水库—谭家坊区间相应两种分配方式，同频率方法放大典型洪水过程，考虑冶源水库的调洪作用与区间洪水过程错时段叠加后得到谭家坊设计洪水过程。

寒桥站 1951 年设立，控制流域面积为 2 263 km^2，1976 年 1 月上迁至谭家坊站，控制流域面积为 2 153 km^2。谭家坊洪水采用谭家坊站实测资料分析计算，寒桥水文站系列控制流域面积按水文比拟法统一到 2 153 km^2。

由于流域内陆续修建的一些水利工程造成洪水系列的不一致，因此需对谭家坊水文站样本系列进行还原计算，经过还原计算得到 1962—2019 年天然流量。根据水文统计学原理，初步估算系列统计参数，采用 P-Ⅲ型频率曲线进行适线，以理论频率曲线与经验点据拟合较好为原则，确定统计参数计算成果，并计算相应频率下各断面的设计洪量。选择对防洪不利的 1963 年 7 月 20 日洪水作为设计典型洪水，采用同频率放大法推求设计洪水过程线。

经计算，谭家坊与冶源水库—谭家坊区间同频、冶源水库相应时，谭家坊设计洪峰流量为 3 764 m^3/s；谭家坊与冶源水库同频、冶源水库—谭家坊区间相应时，谭家坊设计洪峰流量为 3 141 m^3/s。从偏安全性考虑，谭家坊（寒桥断面以上）设计洪峰流量取两者大值，为 3 764 m^3/s。

7.6　由暴雨资料推求设计洪水

弥河分别采用由暴雨资料和实测流量资料推求设计洪水，本节介绍由暴雨资料推求弥河流域设计洪水。

7.6.1　计算方法

7.6.1.1　弥河流域

1. 基础资料及计算方法

弥河流域设计洪水计算,采用冶源水库、安家庄、临朐、王坟、百沟、宫家庄、益都、谭家坊、寒桥、张家北楼、大家洼、昌乐等雨量站,1951—2019 年共 69 年的实测暴雨资料。

采用流域内基本雨量站实测降雨资料,推求设计面雨量,采用降雨径流相关图法查算设计净雨,采用瞬时单位线法计算设计洪水。采用同频率洪水组成法计算各控制段设计洪水,考虑上游水库调蓄作用后经河道洪水演算,采用错时段叠加组合,从而得出各控制断面的设计洪峰流量。

冶源水库、黑虎山水库、荆山水库设计雨量根据弥河流域一般降雨规律分配。

2. 水库调节计算

1) 冶源水库洪水调节原则

(1) 洪水调节基本原则。

起调水位为汛中限制水位 137.72 m。

(2) 下游河道安全泄量。

2018 年《潍坊市弥河防洪治理工程初步设计报告》弥河设计洪水成果中,冶源水库采用二级控泄方式:当水库水位低于 20 年一遇洪水位时,按控制泄量 1 200 m^3/s 泄流;当水库水位高于 20 年一遇洪水位,低于 50 年一遇洪水位时,按二级控制泄量 2 000 m^3/s 泄流;当水库水位高于 50 年一遇洪水位时,闸门全开自由泄流,以确保大坝安全。

2) 黑虎山水库洪水调节原则

(1) 洪水调节基本原则。

起调水位为汛中限制水位 163.00 m。

(2) 下游河道安全泄量。

当水库水位低于 20 年一遇洪水位时,按控制泄量 556 m^3/s 泄流;当水库水位高于 20 年一遇洪水位时,闸门全开自由泄流,以确保大坝安全。

3) 荆山水库洪水调节原则

(1) 洪水调节基本原则。

起调水位为汛中限制水位 148.00 m。

(2) 下游河道安全泄量。

当水库水位低于 20 年一遇洪水位时,按控制泄量 72.5 m^3/s 泄流;当水库水位高于 20 年一遇洪水位时,闸门全开自由泄流,以确保大坝安全。

7.6.1.2　白浪河流域

1. 基础资料及计算方法

白浪河流域雨量(水文)观测站有 9 处,分别为王家河南、乔官、马宋、田家楼、白浪河水库、冯家花园、昌乐、西贾庄、央子等雨量水文站,有 1951—2014 年共 64 年的实测暴雨资料。

采用流域内基本雨量站实测降雨资料,推求设计面雨量,采用降雨径流相关图法查算设计净雨,采用瞬时单位线法计算设计洪水。采用同频率洪水组成法计算各控制段设计洪水,考虑上游水库调蓄作用后经河道洪水演算,采用错时段叠加组合,从而得出各控制断面的设计洪峰流量。

白浪河水库、符山水库设计雨量根据白浪河流域一般降雨规律分配。

2. 水库调节计算

1) 白浪河水库洪水调节原则

(1)洪水调节基本原则。

起调水位为汛中限制水位 57.0 m。

(2)下游河道安全泄量。

根据《白浪河水库 2021 年汛期调度运用计划》,白浪河水库采用三级控泄:当水库水位低于 20 年一遇洪水位时,闸门均匀等高开启 1.72 m,控制泄流量不大于第一安全流量 400 m^3/s;当水库水位高于 20 年一遇洪水位、低于 50 年一遇洪水位时,将闸门开度加大至 2.61 m,最大控制下泄流量不超过第二安全流量 600 m^3/s;当水库水位高于 50 年一遇洪水位低于 100 年一遇洪水位时,将闸门开度继续加大至 2.79 m,最大控制下泄流量不超过第三安全流量 700 m^3/s;当水库水位高于 100 年一遇洪水位时,闸门全开自由泄流,以确保大坝安全。

3. 符山水库洪水调节原则

(1)洪水调节基本原则。

起调水位为汛中限制水位 54.7 m。

(2)下游河道安全泄量。

符山水库采用一级控泄:当水库水位低于 20 年一遇洪水位时,控制泄量 200 m^3/s;当水库水位高于 20 年一遇洪水位时,敞开闸门自由泄流,以确保水库大坝安全。

7.6.1.3　**虞河流域**

虞河流域内设有雨量基本站 4 座,分别为西清池雨量站、双台雨量站、固堤雨量站、潍北农场雨量站,雨量站分布较为均匀,资料系列为 1961—2014 年共 54 年连续观测资料,均为国家正式整编资料,代表性、可靠性均较高,经审查,资料满足《水利水电工程设计洪水计算规范》(SL 44—2006)要求。

采用流域内基本雨量站实测降雨资料,推求设计面雨量,采用降雨径流相关图法查算设计净雨,采用瞬时单位线法计算设计洪水。

7.6.2　设计雨期的选定

根据设计流域的暴雨洪水特性及干流河道洪水传播时间、河槽等情况,确定设计雨期为 3 d,计算时段为 24 h、3 d。

7.6.3　设计面雨量的计算

采用年最大值法从历年流域平均面雨量资料中选取年最大 24 h、3 d 暴雨量,对流域内只有一个雨量站的暴雨资料,进行了点面关系转换,进行频率计算,用矩法公式初估统计参数 H、C_v,采用皮尔逊-Ⅲ型曲线,取偏态系数 $C_s=3.5C_v$ 进行适线,求得各计算单元各时段不同设计标准的设计面雨量(见表 7-8)。

表 7-8　弥河流域、白浪河流域、虞河流域设计面雨量计算成果

计算单元		控制面积/km²	时段	统计参数		设计面雨量/mm			
				均值/mm	C_v	2%	1%	0.5%	0.33%
弥河(系列 1951—2019 年)	冶源水库上	786	24 h	87.9	0.62	248.8	289.2	328.7	352.5
			3 d	111.5	0.56	292.1	335.6	378.0	402.5
	石臼河口上	1 662.2	24 h	85.8	0.62	243.4	282.3	320.9	344.1
			3 d	109.4	0.56	287.0	329.3	370.9	394.9
	弥河分洪道口上	2 327	24 h	77.6	0.62	220.1	255.3	290.2	311.2
			3 d	101	0.56	265.0	304.0	342.4	364.6
	丹河、崔家河口下	3 989	24 h	77.6	0.62	220.1	255.3	290.2	311.2
			3 d	101	0.56	265.0	304.0	342.4	364.6
白浪河(系列 1951—2014 年)	白浪河水库上	353	24 h	82.7	0.60	228.3	264.6	299.4	320.0
			3 d	105.4	0.55	271.9	312.0	352.0	374.2
	支流—大圩河	253	24 h	77	0.53	193.7	221.0	247.9	263.3
			3 d	96.3	0.50	233.0	263.9	294.7	312.0
	大圩河口下	703	24 h	78.5	0.56	205.7	236.3	266.1	283.4
			3 d	98.4	0.52	244.0	278.5	310.9	330.6
	支流—淮河	376	24 h	71.1	0.50	172.1	194.8	217.6	230.4
			3 d	91.4	0.46	208.4	234.0	259.6	274.2
	淮河河口下	1 147.6	24 h	70.5	0.53	177.3	202.3	227.0	241.1
			3 d	91.4	0.48	214.8	242.2	268.7	285.2
虞河(系列 1951—2014 年)	支流—浞河	138	24 h	82.7	0.52	205.1	234.0	261.3	277.9
			3 d	96.6	0.50	233.8	264.7	295.6	313.0
	浞河口下	371	24 h	82.6	0.56	216.4	248.6	280.0	298.2
			3 d	101	0.53	254.0	289.9	325.2	345.4
	支流—丰产河	338	24 h	82.6	0.56	216.4	248.6	280.0	298.2
			3 d	101	0.53	254.0	289.9	325.2	345.4
	丰产河口下	887	24 h	82.6	0.56	216.4	248.6	280.0	298.2
			3 d	101	0.53	254.0	289.9	325.2	345.4

7.6.4　设计雨型

弥河、白浪河、虞河位于泰沂山北区,设计雨型采用《山东省大中型水库防洪安全复核

洪水计算办法》(鲁水勘字第 12 号)中的泰沂山北区 1 h 设计雨型。$H_{1d}=0.35\times(H_{3\ d总}-H_{24\ h})$,$H_{2\ h}=0.65\times(H_{3\ d总}-H_{24\ h})$,$H_{3\ d}=H_{24\ h}$。

7.6.5 设计净雨计算

设计净雨分析计算采用降雨径流相关图法,采用山东省降雨-径流关系线查算。山丘区计算单元面积在 300 km² 以内,采用降雨-径流关系 6 号线,Pa 取 40 mm;计算单元面积为 300~1 000 km²,采用降雨-径流关系 8 号线,Pa 取 45 mm;计算单元面积大于 1 000 km²,采用降雨-径流关系 10 号线,Pa 取 45 mm。平原区采用降雨-径流关系 14 号线,Pa 取 50 mm。

对于山丘、平原混合区,分别查山丘区和平原区降雨关系求得净雨 $R_{山}$ 和 $R_{平}$,然后按面积比例求该区各计算单元设计净雨量 $R_{混}$。

7.6.6 设计洪水过程

采用山东省综合瞬时单位线法进行各计算单元的汇流计算。区间设计洪水过程采用控制段以上天然洪水过程减去上游水库单元相应洪水过程线而得。

山丘区及山丘平原混合区瞬时单位线参数 m_1、m_2 计算公式如下:

$$m_1 = KF^{0.33}J^{-0.27}R^{-0.20}t_c^{\ 0.17}$$

$$m_2 = 0.34m_1^{\ -0.12}$$

平原地区瞬时单位线参数 m_1、m_2 计算公式如下:

$$m_1 = 1.34F^{0.463}$$

$$m_2 = 0.59m_1^{\ -0.14}$$

式中 F——流域面积, km²;

J——主河道比降;

R——设计净雨深,mm;

t_c——净雨历时,h;

K——综合参数。

根据求得的 m_1、m_2 值查《山东省水文图集》中单位线附表,求出对应的单位线,再根据流域不同频率时段净雨深可求得相应的洪水流量过程。

考虑到流域内河槽、洼地、坡面、城区的调蓄、滞蓄、超渗等产流条件不同,对各计算单元分别进行了调蓄演算;根据城区产、汇流特性,按照小汇流面积概化过程线推求设计洪水过程,然后与上游设计洪水过程错时段叠加,加基流后即为流域不同设计频率的设计洪水过程,基流的大小按照流域面积每 100 km² 加 1.0 m³/s 计算。

7.6.7 设计洪水计算成果

弥河、白浪河、虞河流域设计洪水计算成果如表 7-9~表 7-11 所示。

表 7-9　弥河流域设计洪水计算成果

河道	控制段(断面)	控制面积/km²	P/%			
			2	1	0.5	0.33
弥河	冶源水库	786	4 048	5 110	6 215	6 862
	大石河河口下	1 662.2	5 435	6 869	7 944	9 184
	寒桥断面以上	2 263	5 980	8 468	10 200	11 355
	弥河分洪道口上	2 327	6 033	8 621	10 417	11 563
	弥河分洪道		2 300	2 300	2 300	2 300
	丹河、崔家河上	3 106	3 879	6 346	8 146	9 305
	弥河支流—丹河	770	1 716	2 076	2 381	2 618
	丹河、崔家河下	3 989	5 121	7 279	9 147	10 470

表 7-10　白浪河流域设计洪水计算成果

河道	控制段(断面)	控制面积/km²	P/%			
			2	1	0.5	0.33
白浪河	白浪河水库上	353	1 872	2 219	2 569	2 804
	大圩河口下	703	1 825	2 122	2 514	2 700
	白浪河支流-浞河	376	743	904	1 120	1 206
	浞河河口下	1 147.6	2 507	2 952	3 539	3 687

表 7-11　虞河流域设计洪水计算成果

河道	控制段(断面)	控制面积/km²	P(%)			
			2	1	0.5	0.33
虞河	虞河支流—浞河	138	347	413	477	512
	浞河口下	371	676	805	926	996
	虞河支流—丰产河	338	807	961	1 109	1 191
	丰产河口下	887	937	1 117	1 287	1 382

7.7 设计成果合理性分析及选定

7.7.1 潍河流域

潍河流域设计洪水计算采用实测流量资料法,采用 1951—2013 年连续 63 年实测洪水,并加入四次历史洪水,符合规范对系列长度的要求,计算所依据的基础资料较为可靠、全面,资料系列满足可靠性、代表性、一致性的要求。采用同频率洪水组成法计算各控制段设计洪水,考虑上游水库调蓄作用后经河道洪水演算,采用错时段叠加组合计算各控制断面的设计洪峰流量。各计算步骤均符合现行设计洪水规范的要求。

7.7.2 弥河流域

本次弥河流域设计洪水分析计算,根据《水利水电工程设计洪水计算规范》(SL 44—2006)的有关规定,结合流域内现有水文资料的实际情况,采用实测流量资料和暴雨资料两种不同的方法推求设计洪水。

实测暴雨法采用了弥河流域 1951—2019 年连续 69 年实测暴雨资料,所有测站实测暴雨资料系列均在 30 年以上,符合规范对系列长度的要求。计算所依据的基础资料较为可靠、全面,分析计算结果的合理性、安全性、代表性较好。产流计算采用降雨径流关系线,汇流计算采用山东省综合瞬时单位线法。洪水组合中考虑了冶源水库、黑虎山水库、荆山水库的调蓄作用,较为符合实际。各计算步骤均符合现行设计洪水规范的要求。

实测流量法,由于上游嵩山水库、黑虎山水库无实测流量资料,冶源水库—谭家坊区间及谭家坊水文站天然年时段洪量分析计算时,无法考虑两水库调蓄影响,只能将嵩山水库、黑虎山水库作为冶源水库—谭家坊区间单元考虑;设计洪水过程线推求时,亦无法考虑嵩山水库、黑虎山水库调蓄影响。

实测暴雨法推求的谭家坊(寒桥断面以上)50 年一遇洪峰流量为 5 980 m^3/s,实测流量法推求的谭家坊(寒桥断面以上)50 年一遇洪峰流量为 3 764 m^3/s。在满足防洪安全的前提下,充分考虑成果的合理性、可靠性及符合河道客观情况等因素,本次设计洪水推荐采用由暴雨资料计算的成果。

7.7.3 白浪河流域

实测暴雨法采用了白浪河流域 1951—2014 年连续 64 年实测暴雨资料,所有测站实测暴雨资料系列均在 30 年以上,符合规范对系列长度的要求。计算所依据的基础资料较为可靠、全面,分析计算结果的合理性、安全性、代表性较好。产流计算采用降雨径流关系线,汇流计算采用山东省综合瞬时单位线法。洪水组合中考虑了白浪河水库、符山水库的调蓄作用,较为符合实际。各计算步骤均符合现行设计洪水规范的要求。

7.7.4 虞河流域

实测暴雨法采用了虞河流域 1961—2014 年连续 54 年实测暴雨资料,所有测站实测暴雨资料系列均在 30 年以上,符合规范对系列长度的要求。计算所依据的基础资料较为可靠、全面,分析计算结果的合理性、安全性、代表性较好。产流计算采用降雨径流关系线,汇流计算采用山东省综合瞬时单位线法。各计算步骤均符合现行设计洪水规范的要求。

7.8　与已有计算成果对比

7.8.1　潍河

7.8.1.1　历次设计成果

1.《山东半岛防洪规划报告》(山东省水利厅,1999 年 12 月)

山东省水利厅 1999 年 12 月编制的《山东半岛防洪规划报告》曾进行过分析,设计洪水计算方法为实测暴雨法,采用系列为 1956—1997 年,将整个流域干流分为 4 个控制河段(墙夼水库以上、扶淇河口以下、峡山水库以上、辉村以上)及 21 个计算单元。

2.《山东半岛流域综合规划》(山东省发展和改革委员会、山东省水利厅,2013 年 11 月)

《山东半岛流域综合规划》采用系列 1956—2005 年对《山东半岛防洪规划报告》洪水计算成果进行了复核,仍推荐采用防洪规划成果。

3.《潍坊市潍河流域防洪规划》(潍坊市水利局,2018 年 12 月)

《潍坊市潍河流域防洪规划》仍采用《山东半岛防洪规划报告》批复的潍河设计洪水成果。

7.8.1.2　与以往设计洪水成果的对比分析

2018 年、2013 年设计洪水成果与 1999 年相同,本次潍河流域设计洪水成果主要与 2018 年设计洪水成果进行对比。对比结果:2%来水频率下,峡山水库以上,本次核算比 2018 年成果小 3.69%。本次 2%来水频率下,潍河峡山水库断面来水采用《山东省潍坊市峡山水库增容工程可行性研究报告》中成果,考虑到峡山水库增容设计报告已经山东省发展和改革委员会正式批复。潍河流域设计洪水成果均采用本次核算值(见表 7-12)。

表 7-12　潍河流域设计洪水成果比较　单位:m^3/s

项目	控制段(断面)	控制面积/km^2	P/%			
			2	1	0.5	0.33
本次核算(1951—1999 年)(实测流量法)	峡山水库	4 210	11 842	15 062	19 588	22 139
	辉村橡胶坝	6 212	5 700	15 261	17 543	18 324
2018 年(系列 1956—1997 年)(实测暴雨法)	峡山水库	4 210	12 296	—	—	—
	辉村橡胶坝	6 212	5 700	—	—	—
本次与 2018 年成果对比	峡山水库	4 210	-3.69%	—	—	—
	辉村橡胶坝	6 212	—	—	—	—

7.8.2 弥河

7.8.2.1 历次洪水成果

2008 年《潍坊市流域综合规划设计洪水复核分析计算报告》、2013 年《山东半岛流域综合规划》、2018 年《潍坊市弥河防洪治理工程初步设计报告》中弥河设计洪水成果如下。

1.《潍坊市流域综合规划设计洪水复核分析计算报告》(潍坊市水文水资源勘测局, 2008 年 9 月)

2008 年 9 月潍坊市水文水资源勘测局编制完成了《潍坊市流域综合规划设计洪水复核分析计算报告》,对弥河进行了设计洪水复核,报告分别采用由暴雨资料和流量资料推求的设计洪水,推荐采用由暴雨资料计算的设计洪水成果,系列至 2005 年。

2.《山东半岛流域综合规划》(山东省发展和改革委员会、山东省水利厅,2013 年 11 月)

《山东半岛流域综合规划》设计洪水成果同 2008 年《潍坊市流域综合规划设计洪水复核分析计算报告》。

3.《潍坊市弥河防洪治理工程初步设计报告》(山东省水利勘测设计院、潍坊市水利建筑设计研究院,2018 年 12 月)

《潍坊市弥河防洪治理工程初步设计报告》将水文资料系列延长至 2015 年,采用由暴雨资料和流量资料推求的弥河设计洪水,并与 2013 年设计洪水成果进行了对比分析,最终采用 2013 年《山东半岛流域综合规划》成果。

7.8.2.2 与以往设计洪水成果的对比分析

2018 年、2013 年设计洪水成果与 2008 年相同,本次弥河流域设计洪水成果主要与 2018 年设计洪水成果进行对比,2%频率下,大石河口下、弥河分洪道口上断面计算成果相差 1%左右。鉴于历次设计成果中未计算 1%、0.5%、0.33%等频率,本次弥河流域设计洪水均采用本次核算成果(见表 7-13)。

表 7-13 弥河流域设计洪水成果比较(实测暴雨法)

项目	控制段(断面)	控制面积/km^2	P/%			
			2	1	0.5	0.33
本次核算(系列 1951—2019 年)	冶源水库	786	4 048	5 110	6 215	6 862
	大石河口下	1 662.2	5 435	6 869	7 944	9 184
	弥河分洪道口上	2 327	6 033	8 621	10 417	11 563
	丹河、崔家河上	3 106	3 879	6 346	8 146	9 305
	弥河支流—丹河	770	1 716	2 076	2 381	2 618
	丹河、崔家河下	3 989	5 121	7 279	9 147	10 470

续表 7-13

项目	控制段（断面）	控制面积/km^2	P(%)			
			2	1	0.5	0.33
2008 年（系列 1951—2005 年）	冶源水库	785	3 840	4 360	—	—
	大石河口下	1 629.3	4 043	4 492	—	—
	弥河分洪道口上	—	4 930	5 533	—	—
	大丹河流域	939	1 563	1 877	—	—
	入海口	3 863	4 593	5 310	—	—
2018 年（系列 1951—2019 年）	大石河口下	1 662.2	5 380	—	—	—
	弥河分洪道口上	2 263	5 980	—	—	—
	入海口	4 008	4 593	5 310	—	—
本次与 2018 年对比	大石河口下	1 662.2	1.02			
	弥河分洪道口上	2 263	0.89			

7.8.3　白浪河

潍坊市水文水资源勘测局 2008 年 9 月编制了《潍坊市流域综合规划设计洪水复核分析计算报告》，其中白浪河采用实测暴雨和实测流量法分别进行了计算，最终推荐实测暴雨法计算成果。

本次白浪河流域设计洪水成果主要与 2008 年设计洪水成果进行对比。2%、1%频率下相差不大。鉴于历次设计成果中未计算 0.5%、0.33%等频率，本次白浪河流域设计洪水均采用本次核算成果（见表 7-14）。

表 7-14　白浪河流域设计洪水成果比较（实测暴雨法）

项目	控制段（断面）	控制面积/km^2	P/%			
			2	1	0.5	0.33
本次核算（系列 1951—2014 年）	白浪河水库上	353	1 872	2 219	2 569	2 804
	大圩河口下	703	1 825	2 122	2 514	2 700
	白浪河支流—涨河	376	743	904	1 120	1 206
	涨河河口下	1 147.6	2 507	2 952	3 539	3 687

续表 7-14

项目	控制段(断面)	控制面积/km²	P/%			
			2	1	0.5	0.33
2008 年(系列 1951—2005 年)	白浪河水库上	353	1 890	2 240	—	—
	大圩河口下	703	1 735	1 947	—	—
	白浪河支流—涨河	376	720	850	—	—
	涨河河口下	1 147.6	2 509	2 889	—	—
本次与 2008 年成果对比	白浪河水库上	353	-0.95	-0.94	—	—
	大圩河口下	703	5.19	8.99	—	—
	白浪河支流—涨河	376	3.19	6.35	—	—
	涨河河口下	1 147.6	-0.08	2.18	—	—

7.8.4 虞河

潍坊市水文水资源勘测局 2008 年 9 月编制了《潍坊市流域综合规划设计洪水复核分析计算报告》,其中虞河采用实测暴雨和实测流量法分别进行了计算,最终推荐实测暴雨法计算成果。

本次虞河流域设计洪水成果主要与 2008 年设计洪水成果进行对比。2%、1%频率下相差 10%以内。鉴于历次设计成果中未计算 0.5%、0.33%频率洪水,本次虞河流域设计洪水均采用本次核算成果(见表 7-15)。

表 7-15 虞河流域设计洪水成果比较(实测暴雨法)

项目	控制段(断面)	控制面积/km²	P/%			
			2	1	0.5	0.33
本次核算(系列 1951—2014 年)	虞河支流—浞河	138	347	413	477	512
	浞河口下	371	676	805	926	996
	虞河支流—丰产河	338	807	961	1 109	1 191
	丰产河口下	887	937	1 117	1 287	1 382
2008 年(系列 1951—2005 年)	虞河支流—浞河	138	—	—	—	—
	浞河口下	371	652	769	—	—
	虞河支流—丰产河	338	—	—	—	—
	丰产河口下	887	859	1 030	—	—
本次与 2008 年成果对比	浞河口下	371	3.68%	4.68%	—	—
	丰产河口下	887	9.08%	8.45%	—	—

7.9　设计洪水成果采用

7.9.1　潍河

潍河流域设计洪水成果见表 7-16。

表 7-16　潍河流域设计洪水成果

河道	断面	项 目	P/%			
			2	1	0.5	0.33
潍河	辉村以上	Q_m/(m^3/s)	5 700	15 261	17 543	18 324
		$W_{24\ h}$/亿 m^3	4.68	8.15	11.27	12.92
		$W_{3\ d}$/亿 m^3	10.99	15.36	18.50	20.80
		$W_{7\ d}$/亿 m^3	12.52	17.60	20.73	22.68

7.9.2　弥河流域

弥河流域设计洪水成果见表 7-17。

表 7-17　弥河流域设计洪水成果

河道	控制段(断面)	项 目	P/%			
			2	1	0.5	0.33
弥河	寒桥断面以上	Q_m/(m^3/s)	5 980	8 468	10 200	11 355
		$W_{24\ h}$/亿 m^3	2.75	3.62	4.67	5.07
		$W_{3\ d}$/亿 m^3	3.60	4.33	5.57	6.04
		洪水总量/亿 m^3	3.81	4.53	5.80	6.28
	丹河、崔家河上	Q_m/(m^3/s)	3 879	6 346	8 146	9 305
		$W_{24\ h}$/亿 m^3	1.92	2.31	3.22	3.52
		$W_{3\ d}$/亿 m^3	2.84	3.04	4.15	4.39
		洪水总量/亿 m^3	3.07	3.24	4.38	4.63
	丹河、崔家河下	Q_m/(m^3/s)	5 121	7 279	9 147	10 470
		$W_{24\ h}$/亿 m^3	2.62	3.16	4.20	4.61
		$W_{3\ d}$/亿 m^3	3.62	3.99	5.25	5.59
		洪水总量/亿 m^3	3.86	4.21	5.50	5.84

7.9.3 白浪河流域

白浪河流域设计洪水计算成果见表 7-18。

表 7-18 白浪河流域设计洪水计算成果

河道	控制段(断面)	项 目	P/%			
			2	1	0.5	0.33
白浪河	大圩河口下	Q_m/(m^3/s)	1 825	2 122	2 514	2 700
		$W_{24\ h}$/万 m^3	8 452	9 808	11 136	11 576
		$W_{3\ d}$/万 m^3	11 248	13 597	15 668	17 283
		洪水总量/万 m^3	11 423	13 792	15 975	17 612
	潍河河口下	Q_m(m^3/s)	2 507	2 952	3 539	3 687
		$W_{24\ h}$/万 m^3	10 652	12 501	14 573	14 747
		$W_{3\ d}$/万 m^3	14 121	17 064	20 096	21 328
		洪水总量/万 m^3	14 321	17 287	20 447	21 713

7.9.4 虞河流域

虞河流域设计洪水计算成果见表 7-19。

表 7-19 虞河流域设计洪水计算成果

河道	控制段(断面)	项 目	P/%			
			2	1	0.5	0.33
虞河	浞河口下	Q_m/(m^3/s)	676	805	926	996
		$W_{24\ h}$/万 m^3	3 575	4 261	4 905	5 270
		$W_{3\ d}$/万 m^3	3 960	4 720	5 431	5 835
		洪水总量/万 m^3	4 144	4 928	5 644	6 056
	丰产河	Q_m/(m^3/s)	807	961	1 109	1 191
		$W_{24\ h}$/万 m^3	3 442	4 100	4 726	5 075
		$W_{3\ d}$/万 m^3	3 608	4 297	4 952	5 317
		洪水总量/万 m^3	3 739	4 441	5 091	5 462
	丰产河口下	Q_m/(m^3/s)	937	1 117	1 287	1 382
		$W_{24\ h}$/万 m^3	5 841	6 956	8 011	8 601
		$W_{3\ d}$/万 m^3	8 108	9 656	11 117	11 938
		洪水总量/万 m^3	9 855	11 721	13 428	14 407

第 8 章　潍坊沿海潮位分析计算

莱州湾沿海是我国北方风暴潮的多发地区之一,风暴潮的发生一种情况是当台风过境时,另一种情况是发生在春秋季冷暖气团活动最频繁的季节,北方南下的冷空气和向东北移动加深的低压对峙,形成渤海海面区域性的大风,从而诱发严重的增水现象。渤海是我国的内海,平均水深约 18 m,由渤海海峡与黄海相连,渤海一年四季均有风暴潮发生,其中渤海湾和莱州湾沿岸是我国风暴潮灾害频发且严重的区域,历史上曾发生多次强风暴潮灾害。据资料记载自明代初年至中华人民共和国成立前夕的 582 年间,莱州湾东岸以西的渤海沿岸发生风暴潮灾难 60 次,平均约 10 年一次。根据相关文献记载仅莱州湾夏营潮水文站在 1960—1978 年间观测到 53 次明显的温带风暴潮资料,年均 2. 8 次。1969 年 4 月 23 日 16 时记录到羊角沟最高潮位值曾达到 3. 83 m,超过当地平均海平面 3. 66 m,3 m 以上的增水持续了 8 h,1m 以上增水持续了 38 h,这次风暴潮 2～3 h 就冲破了黄河三角洲 70 km 长的海岸线,向陆地推进了 30～40 km,酿成了黄河三角洲自中华人民共和国成立以来最严重的一次风暴潮灾害。

8. 1　潮位观测资料

潍坊北部骨干河道入海口周边潮位观测站有羊角沟站、下营站和辛安庄站等 3 个观测站,均为山东省水文总站设立。

辛安庄站位于辛安庄防潮蓄水闸附近,设立于 1950 年 1 月,1976 年被撤销,具有 1951—1975 年 25 年潮位观测资料。

羊角沟站位于寿光市羊口镇羊角沟村小清河入海口,具有 1951—2021 年 71 年潮位观测资料。

下营站位于昌邑市下营镇潍河入海口处,具有 1976—1997 年 22 年潮位观测资料。

由于辛安庄站于 1976 年已撤站,下营站资料系列较短,距离海口较远,潮位观测资料受河道洪水影响较大,而羊角沟站实测潮位资料系列较长,站址处河口开阔,直接受潮水位影响,资料代表性、一致性较好,因此本次潮位分析采用羊角沟站实测潮位资料。

8. 2　设计潮位分析

最高潮位频率分析一般采用皮尔逊-Ⅲ型曲线及耿贝尔型曲线(也称极值Ⅰ型分布曲线)。根据我国滨海或感潮河段 37 个站潮水位的分析,皮尔逊-Ⅲ型曲线能较好地拟合大多数较长潮水位系列,因此本次最高潮位频率分析采用皮尔逊-Ⅲ型曲线。

根据羊角沟站的冻结基面高程及测站冻结基面高程系统将历年实测最高潮位资料统一换算为 1985 国家高程基准,采用皮尔逊-Ⅲ型曲线进行最高潮位频率分析。以理论频率曲线与经验点据拟合较好为原则,确定统计参数(C_v = 0.21,C_s/C_v = 15.0)。本次对年最高潮位、汛期最高潮位分别按上述方法进行频率计算,计算结果见表 8-1。

表 8-1　潍坊北部沿海潮汐特征水位计算

单位:m

类别	均值	C_v	最大值	最小值	20%	5%	2%
最高潮位	2.45	0.21	3.83	2.24	2.65	3.47	4.08
汛期最高潮位	2.03	0.21	3.54	1.53	2.19	2.87	3.38

根据以上分析,潍坊北部沿海 5 年一遇最高潮位为 2.65 m、汛期最高潮位为 2.19 m;20 年一遇最高潮位为 3.47 m、汛期最高潮位为 2.87 m;50 年一遇最高潮位为 4.08 m、汛期最高潮位为 3.38 m。多年最高潮位均值为 2.45 m,多年汛期最高潮位均值为 2.03 m。

第 9 章　骨干河道超标准洪水与潮位组合分析

9.1　超标准洪水的界定

9.1.1　超标准洪水

根据山东省水利厅《山东省大型骨干河道防御洪水方案编制大纲(试行)》的相关规定,超标准洪水是指河道洪水超过保证指标。平原河道超保证水位、山区河道超保证流量即为超标准洪水。

9.1.2　超标准洪水量级的界定

为便于量化分析洪水风险,应明确超标准洪水的具体量级,即重现期及控制断面可能的水位、流量。《山东省大型骨干河道防御洪水方案编制大纲(试行)》规定,超标准洪水量级确定可参照以下方式:

一是设计洪水达不到历史最大洪水的,以历史最大洪水为超标准洪水;二是河道上、下游防洪标准不统一的,以最大防洪标准为超标准洪水;三是河道上、下游防洪标准统一的,以设计防洪标准的上一个量级洪水作为超标准洪水。山东省骨干河道超标准洪水的重现期不宜低于 50 年一遇。

9.2　骨干河道超标准洪水的界定

9.2.1　潍河超标准洪水界定

根据《潍坊市潍河流域防洪规划(2018 年)》,潍河规划防洪标准为全河段 50 年一遇。

潍河下游段(峡山水库以下—入海口)现状情况:河道两岸堤防较为完整,堤防上树木密布,人为及自然侵蚀现象严重,局部无堤段两岸多为高地,河道淤积现场突出,除峡山溢洪闸以下 1.9 km 溢洪道满足 100 年一遇标准,其余段基本能满足 50 年一遇防洪标准。

鉴于上述情况,本预案将潍河 100 年一遇洪水作为超标准洪水,同时为了增加预案的预见性和可操作性,做好防大汛、抗大灾的充分准备,增加潍河 200 年一遇两种频率洪水作为超标准洪水。

为增加预案的可操作性,增加了潍河干流 6 600 m^3/s 和 10 000 m^3/s 两种溃堤临界流量的洪水组合。

9.2.2 弥河超标准洪水界定

根据《潍坊市弥河流域防洪规划(2019 年修编)》,近期弥河冶源水库以上段达到 20 年一遇防洪标准,冶源水库以下段达到 50 年一遇防洪标准,弥河分流防洪能力达到 50 年一遇防洪标准。

鉴于上述情况,本预案将弥河 100 年一遇洪水作为超标准洪水。

为与其他骨干河道进行对比分析,增加了 50 年一遇洪水的淹没分析。

9.2.3 白浪河超标准洪水界定

白浪河寒亭段按照 20 年一遇进行了治理,滨海段按照 100 年一遇进行了治理。根据《潍坊市白浪河防御洪水方案》,白浪河主要控制断面防洪指标如下。

(1)警戒水位及流量。

北宫桥断面流量为 681 m^3/s,参考水位为 18.95 m。

崔家央子断面流量为 1 126 m^3/s,参考水位为 3.79 m。

(2)保证水位及流量。

北宫桥控制断面流量为 899 m^3/s,参考水位为 19.64 m。

崔家央子控制断面流量为 2 002 m^3/s,参考水位为 5.77 m。

河道洪水超过保证指标(北宫桥断面流量>899 m^3/s,崔家央子断面流量>2 002 m^3/s),即界定为超标准洪水。

综合白浪河全河段考虑,将 100 年一遇洪水作为白浪河的超标准洪水。同时增加白浪河 50 年一遇计算成果作为对比。

为增加预案的可操作性,本书增加了白浪河挡潮闸起作用时的洪水组合。

9.2.4 虞河超标准洪水界定

根据《潍坊市虞河防御洪水方案》,虞河主要控制断面防洪指标如下。

(1)警戒水位及流量。东小营断面警戒水位为 18.1 m,参考流量为 423 m^3/s。

(2)保证水位及流量。东小营断面保证水位为 18.7 m,参考流量为 572 m^3/s。

虞河中游段(崇文街以北—寒亭滨海界段):虞河中游段主要位于市区,现状防洪能力已达 50 年一遇洪水标准,防洪减灾体系基本形成。

虞河下游段(寒亭滨海界以北段):现状河道大部分河段行洪能力能满足 20 年一遇行洪要求。

综合虞河全河段考虑,将 50 年一遇洪水作为超标准洪水。

综上所述,潍坊北部 4 条骨干河道,本次均以 50 年一遇、100 年一遇 2 种频率洪水进行预案的编制。

超标准洪水下的人员转移安置方案对潍河、弥河、白浪河、虞河分别考虑 100 年一遇、100 年一遇、100 年一遇、50 年一遇作为控制条件。

9.3　超标准洪水与潮位组合

河道超标准洪水与海潮潮位的起因不同,发生时间不同,但有时又有关联,特别是遭遇台风期间。综合考虑概率组合,本书将骨干河道的 2 种设计频率的洪水(50 年一遇、100 年一遇)分别与三种频率的潮位(5 年一遇、20 年一遇、50 年一遇)进行组合,以满足抗洪抢险与排涝的需要。不同频率洪潮组合情况见表 9-1。

表 9-1　不同频率洪潮组合

潮位频率	洪水频率		说明
	2%	1%	
20%	+	+	
5%	+	+	
2%	+	+	

注:“+”表示潮位与洪水组合。

第 10 章 洪水淹没风险图

根据河道不同计算断面的水面线和河道断面尺寸、险工险段分布情况，再根据沿河地形图，利用 Mike 系列软件模拟沿河风险淹没区，辅助绘制淹没风险图，以此作为超标准洪水处置的参考依据。

洪水风险图作为直观反映洪水可能淹没区域洪水风险要素空间分布特征或洪水风险管理信息的地图，力求实用性。在绘制过程中，重点明确以下洪水风险要素：洪水重现期（量级）、淹没范围、淹没水深、洪水流速、淹没历时、前锋到达时间、受洪水影响人口、资产和洪水损失等反映洪水风险特征的指标。同时，为便于抢险救灾和人员转移安置，在风险图上还将重点标注工程险工险段位置、防汛抢险物料存放位置和种类数量，淹没区的人口分布，转移撤退路线、交通工具和安置点位置等要素，安置点务必就近和安全。

洪水水动力学的模拟研究主要是通过构建相关物理或数学模型，物理模型的概念性强且直观，但其实验周期较长、实验花费较大及通用性差，数学模型弥补了其缺点。数学模型可分为一维、二维和三维，一维模型主要应用于水系、渠道和河道中洪水演进过程中沿程各断面水位和水量的变化。二维数学模型主要研究忽略垂直方向加速度，垂直方向以平均速度变化的水力要素，主要用于宽浅河流以及湖泊的流场分布。

目前水动力学数值模拟是研究河道水动力学特性的重要手段，应用浅水方程离散求解不同时间各水力要素的空间变化规律。19 世纪末，一维非恒定流方程的提出使水动力学在浅水动力学方面取得飞跃性的发展，Saint-Venant 通过应用水槽进行试验研究，分析构建了圣维南方程组，为之后洪水数值模拟方面研究提供了理论支撑。在 20 世纪，应用马斯京根法、非恒定流理论进行洪水演进数学模型研究，并且对扩散波方程进行研究，提高了扩散波方程对常见水流条件的适用性，McCarthy 通过槽蓄方程推求出河道的洪水要素，构建了马斯京根洪水演进数学模型；Hayzmi 以水深为变量并结合紊动扩散系数，得出对流扩散方程；Cunge 以流量为变量，应用扩散理论进行河道洪水模拟，对马斯京根洪水演进数学模型进行理论上改进；Tingsanchali 等以水位为变量，以水位过程线为上下游边界条件进行河道洪水模拟。在 2003 年，Caleffi 等采用二维浅水运动方程模拟了意大利托赛河的洪水演进过程。

对于非线性微分方程组，求解的主要方法有有限体积法和有限差分法，有限差分法在非线性微分方程组求解方面取得飞快发展，是目前解决流体力学问题的主要方法。20 世纪初，国外学者 Courant 等首次提议将有限差分法在计算机上的应用，但是由于当时计算机技术问题并未推广及应用。后来随着计算机技术的发展，水流运动方程求解可应用数值方法计算，加快了水动力学的研究，开发的软件主要有 Mike Flood、Fluent、HEC-RAS、Delft3d、Sms 等。DHI Mike 是丹麦研发的洪水模拟组件，其中包括一维模型 Mike11、二维模型 Mike21、三维模型 Mike31 等，其中 Mike21 用于构建二维洪水演进模型，主要用于区域性水系的论证、跨流域调水模拟以及模拟水流运动过程等。Fluent 是 CFD（Computational Fluid Dynamics）中的一款软件，主要进行微观水流水动力学研究，适用于水轮机、风机和泵等机械水流的运动过程和模拟河流污染物的扩散过程等领域。Delft3d 是荷兰研发的二维、三维非恒定流水动力与水质模拟软件，其应用有限差分法对方程进行离散和应用 ADI 法进行求解，主要适用于水流运动过程、水动力、河流中泥沙和污染物的运动扩散过程。Sms 由美国陆军工程兵团和美国伯明翰大学联合开发，用于模拟二维和三维的地表水体流场和浓度场，其对渐变网格剖分功能较强。

洪水淹没分析就是结合相应的洪水模拟算法和工程软件等对研究区的洪水灾害进行预测和评估，以避免或减轻洪水灾害对人类社会造成的影响和损失。

洪水灾害风险模拟及预测分析的发展，至今已有几百年的历史，早期进行洪水灾害淹没分析，主要是通过野外人工测量之后进行洪水风险图的绘制。近年来，随着 GIS 技术的日趋成熟，GIS 方法在洪水灾害淹没分析方面得到了广泛应用。国内外专家对 GIS 技术运用于洪水淹没领域这一热点进行了深入的研究与探讨。

国外学者中，1980 年 Amol Daxikar 等在海岸线的防洪预测工作中运用 GIS 技术绘制了海岸线的洪水灾害风险图。1988 年 Islam、M. D. Monirul 制作洪水风险图时结合了 RS 技术，利用遥感卫星影像进行了判读，分析出灾害的严重度与淹没区域的水深、淹没时长以及地质情况有一定的联系，并结合 GIS 技术对研究区各种地理要素进行叠加分析，模拟出了洪水灾害的淹没情况并分析了灾情严重程度，其成果获学术界的高度认可。从 2000 年开始，遥感卫星影像开始提供 DEM 数据的下载，DEM 数据逐渐遍布在各个研究领域中，有专家开始利用 GIS 技术和 DEM 数据相结合进行洪水灾害的实时预报工作，将水动力学模型和 DEM 中的地形地貌的属性特征结合，对洪水灾害发生后洪水淹没的具体位置和灾情走势进行分析和预测。

国内学者中，2001 年，丁志雄等在分析了前人进行洪水灾害分析的优缺点后，提出了以研究区的 DEM 为数据基础，考虑在某一水位下研究区地形的连通性，结合格网数据模型运用 GIS 技术的空间查询分析功能，模拟出了研究区在给定水位下的淹没范围和水深分布情况。针对洪水模拟算法的研究，提出了两种情形下的洪水算法模型：一是给定水位情况下的洪水淹没分析模型，二是给定洪水量情况下的洪水淹没分析模型。2001 年，葛小平等利用研究区的 DEM 数据，将 GIS 技术与水动力学模型相结合，对浙江省奉化江域进行了洪水淹没范围和淹没水深的模拟，其主要的研究路线是：首先将研究区内的空间信息数据进行统一化处理，接着利用水动力学模型将研究区的降雨情况进行模拟，最终模拟计算出研究区内的洪水淹没范围和淹没水深等情况。2001 年，刘仁义、刘南等在利用 GIS 技术探究洪水灾害模拟方案时，发现当时除了对专业知识要求较高且复杂的水动力学模型，多数情况下都没有更为简单适用的洪水淹没算法。因此，针对丁志雄提出的两种情形下的洪水算法模型，提出了结合 DEM 数据进行洪水淹没分析的两种模型：无源淹没和有源淹没，其中无源淹没相当于研究区内大面积等比率降雨，在给定的洪水水位下，只要是高程小于洪水水位的区域都会被淹没。有源淹没分析需要考虑地域的连通性和坡度的大小。即洪水的流向是顺着相邻的区域进行蔓延，坡度越陡则越容易先淹没。2006 年，张新华等建立了基于有限差分格式的二维浅水波洪水计算模型，高精度地模拟了洪水淹没水深、淹没面积等洪水风险信息，为洪水风险分析提供了可靠依据。2010 年，王韶玉在前人的基础上，运用 ArcGIS 进行二次开发，在考虑地形连通性的情况下，找到了一种高效模拟荆江水域洪水淹没面积和淹没水深的方式，获得了较好的效果。2012 年，姜晓明等基于黎曼近似解理论建立了溃堤洪水一维、二维耦合数学模型，较为精确地模拟了溃堤洪水的演进过程，对淹没范围和淹没水深等洪水风险要素做了重点分析。2013 年，王晓磊应用 Mike Flood 模块建立宁晋泊和大陆泽蓄滞洪区一维、二维耦合数值计算模型，模拟洪水演进过程并提取洪水淹没范围和淹没历时等风险信息，开展了洪水风险研究。2013 年，魏凯等选用 Mike21 模型模拟了蒙洼蓄滞洪区分洪洪水演进过程，计算洪水淹没要素并评估淹没风险，从而有效指导了防洪救灾工作。2014 年，金玲等运用推理公式分区组合方法，结合 Mike11 模型，模拟了河道洪水演进过程，在中小河流洪水风险分析方面起到了指导作用。2017 年，周健等基于研究区 DEM 数据，分别分析了前人给出的两种洪水淹没情形：给定水位下和给定降水量下，各自对应的不同淹没分析算法，结合 ArcGIS 二次开发技术开发出了针对洪水灾害分析的一套预测系统，实现了研究区洪水淹没分析在计算机上更加直观地表达和模拟。

10.1　洪水分析

10.1.1　洪水分析

10.1.1.1　基本要求

（1）无防洪排涝工程的编制区域，宜选取重现期为 5 年一遇、10 年一遇、20 年一遇、50 年一遇和 100 年一遇洪水（暴雨、风暴潮）。有防洪排涝工程的编制区域，宜选取现状、规划防洪标准和超规划防洪标准所对应的洪水量级，若超规划防洪标准所对应的洪水量级小于 100 年一遇，应逐次选取更高量级的洪水直至 100 年一遇洪水。必要时，可选取历史典型洪水作为洪水量级之一。

（2）洪水分析包括洪水分析方法选择、计算范围确定、资料收集与处理、计算方案设定、洪水分析模型构建、模型参数率定与模型验证、洪水计算和洪水计算结果合理性分析等内容。

（3）洪水分析方法应科学、实用，洪水分析模型应选择经类似区域实践检验可靠，并被有关部门认可，能够分析得到必要洪水风险要素指标的模型。

（4）应充分论证、合理选取模型计算参数，计算范围内有实测和（或）调查洪水资料的，应进行模型参数率定和模型验证。

（5）对于按照相关规范推求的或经复核需更改的设计洪水、设计暴雨或设计潮位，应经审查认定。

（6）对洪水分析成果应进行多方面分析，检验论证其合理性。

（7）应根据编制区域自然地理和洪水特征，以及现有资料情况合理确定洪水分析方法。

（8）河道洪水编制区域上游无水文站或水文站实测资料系列长度不足时，应按照《水利水电工程设计洪水计算规范》(SL 44—2006)的相关规定,选用合理方法推求上游入流边界的设计洪水。

(9)风暴潮洪水编制范围无设计潮位时,应按照《海堤工程设计规范》(GB/T 51015—2014)的相关规定,选用合理方法推求设计潮位。

10.1.1.2　洪水分析方法的选择要求

根据《洪水风险图编制技术细则(试行)》(2013 年),洪水风险图编制所采用的洪水分析方法为水文学法、水力学法和实际水灾法。

水文学法即运用水量平衡原理确定小面积计算单元的淹没范围和平均淹没水深;水力学法一般用于具有侧向水流交换或者河道内有影响或控制行洪的工程(桥、堰、闸、坝等)的河道水流计算与需要计算面上各点的洪水水位(水深)过程、流速、洪水到达时间、淹没历时等要素的情况;实际水灾法适用于典型历史洪水淹没实况图绘制,以及在河道或区域内可能影响洪水运动特性的工程以及下垫面情况基本无明显变化情况下,历史洪水再现时的淹没范围和水深分布分析。

洪水分析方法的选择应遵循以下原则:

(1)尽量采用水力学法。

(2)资料条件不能满足水力学法计算要求,且能够满足洪水风险图编制要求时可采用水文学法,如小面积封闭区域的洪水分析。

(3)对于确定设计标准洪水比较困难的地区或需分析典型年历史洪水淹没情况的,可采用实际水灾法。

潍坊北部区域弥河、白浪河、虞河、维河流域洪水风险图编制需要对编制区域内的暴雨洪水、海水顶托风险进行分析计算。

编制区域的洪水风险分析中需要研究区域洪水演进过程,对洪水的淹没范围、流速分布、淹没水深等要素进行计算,在计算过程中要考虑高于路面 0.5 m 以上的线状物、桥、涵、闸等要素的影响,水文学法与实际水灾法不能满足编制要求,此次洪水风险图编制采用水力学法。其中,编制区域内的 4 条河道采用一维水力学河道洪水演进模型,编制区域采用二维水动力学模型,并进行一维、二维耦合的洪水分析计算。

在考虑一维洪水模型计算时,应考虑模型是否能够处理急流、缓流和混合流等流态,并具备侧向水流交换(例如侧向分洪闸、堰、溃口、泵站、沿程入流等)的计算功能和处理河道内影响或控制行洪的工程(桥、堰、闸、坝等)的功能;能够记录所有断面(在有溃口或分洪的情况下,还应记录溃口或分洪口门处)的水位和流量的计算过程,能够提取水位、流量的最大值和整时刻的水位和流量值。在选择二维水动力学模型时,考虑其是否具有一维模型联算的功能、水量平衡检验功能,能够记录所有网格的水位(水深)过程、流速等计算结果,提取网格水位(水深)、最大流速和模拟时间内网格的水位(水深)值。

根据编制区域特点及模型选取原则,本次在《重点地区洪水风险图编制项目软件名录》中选取 DHI 公司开发的 Mike 系列软件进行编制区域洪水分析计算。

Mike11 适用于河道稳定和非稳定流一维水动力学模型,其功能强大,可进行各种涉水建筑物(如桥梁、涵洞、防洪堤、堰、水库、块状阻水建筑物等)的水面线分析计算;Mike21 采用无结构不规则网格,划分网格时可以较好地适应地形,能够计算河道、河堤、闸的影响,不规则网格对复杂地形的适应性好,网格边可以沿挡水建筑(堤防)、导水建筑(河流)或者边界走,使地形概化更接近实际;并且通过 Mike Flood 将 Mike11 与 Mike21 连接进行耦合计算。

结合编制区域特点及软件优点,本次选用 Mike 系列软件中的 Mike11 建立编制区域各计算河道一维水动力学河道洪水演进模型,对水库下泄过程进行分析计算;选用 Mike21 建立编制区域二维非恒定流模型,进行编制区域漫堤洪水风险分析计算。

10.1.2 计算范围确定

河道洪水的计算范围包括含编制区域在内的可确定所有来水及出流的区域。由编制区域计算范围、河道计算范围和区间来水计算范围组成,如图 10-1 所示。

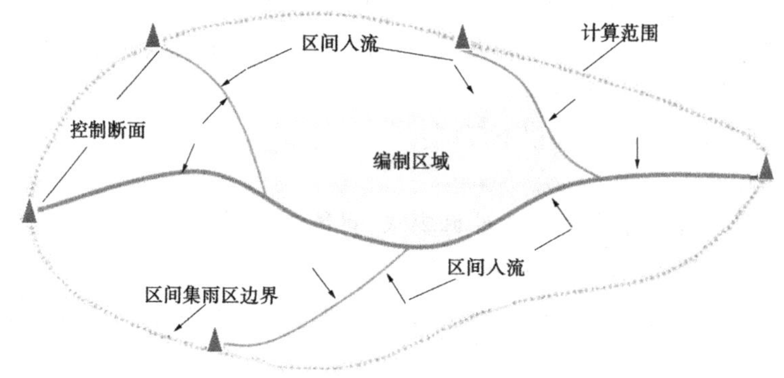

图 10-1 河道洪水计算范围示意图

(1)编制区域计算范围的确定方法:

①有堤防且堤防顶高程高于最大量级洪水水位的河道,根据编制区域周边堤防及高出最大量级洪水水位的地形确定,如图 10-2(a)所示。若河道周边地形低于河道洪水位,可采用较小比例尺(宜为 1∶50 000 比例尺)地形图和较大计算网格尺寸(宜不大于 0.5 km^2),运用选定的洪水分析模型粗略计算最大量级洪水下各溃口淹没范围,以此为依据确定计算范围。

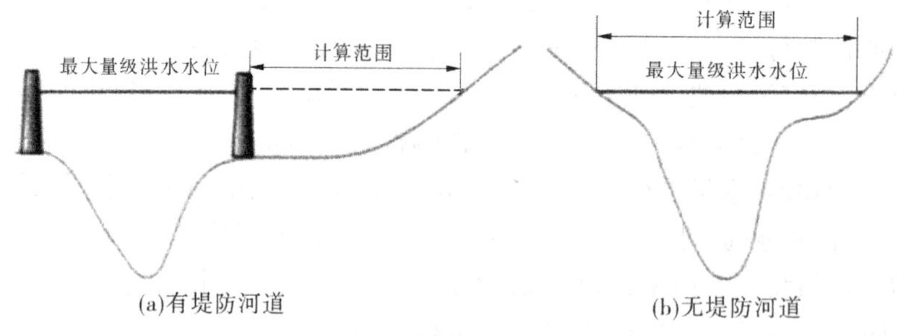

图 10-2 河道洪水编制区域计算范围示意图

②无堤防或堤顶高程低于最大量级洪水水位的河道,以最大量级洪水沿程水位与沿

程地形比较,确定计算范围,如图 10-2(b)所示。若河道沿程地形有低于最高水位的,可采用①项所述粗算方法确定计算范围。

③最大量级洪水水位可采用恒定非均匀流方法计算确定。

(2)河道计算范围的确定方法:

①选择与编制区域洪水分析相关的干支流河道上游水文控制站作为河道计算范围上边界,上游无水文控制站时,应选择可确定设计洪水过程的控制断面作为河道计算范围上边界。选取的河道上边界至编制区域计算范围上游端的距离应超过河道宽度的 10 倍。

②选择下游水文控制站、控制性水工建筑物或水库、湖泊、海域等大水体作为河道计算范围下边界,无上述条件的河道,可采用近似方法确定下边界条件。当采用曼宁公式近似确定下边界条件时,河道下游最后一个实测断面应位于顺直河段且距编制区域计算范围下游端的距离超过河道宽度的 10 倍,以最后一个实测断面形状和最后两个实测断面的漫滩流量恒定流状况下的水面比降为基准,将最后一个河道断面向下游延伸 5 倍河道宽度以上,作为河道计算范围的下边界。

(3)河道计算范围两侧的集雨区为区间计算范围,采用水力学方法计算产流,汇入相应河道和(或)编制区域。

10.1.3　风暴潮洪水计算范围的确定方法

本海域属于有设计潮位过程的风暴潮洪水计算范围为最大量级风暴潮最高潮位沿海岸线向内陆水平延伸至陆地边界所覆盖的区域,如图 10-3 所示。

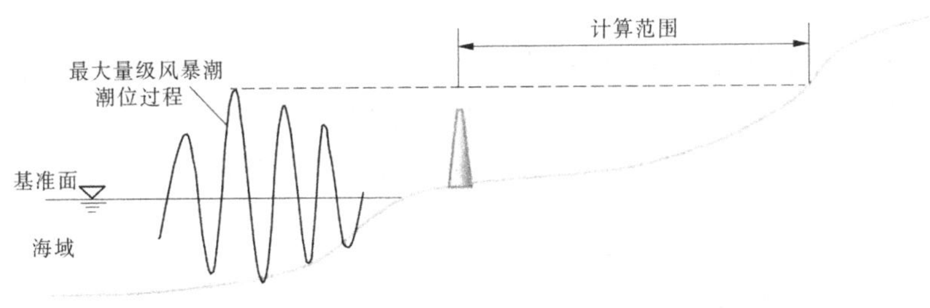

图 10-3　风暴潮洪水计算范围示意图

10.2　资料收集与处理

洪水分析所需的资料包括基础地理信息、水文与洪水、防洪排涝(水)工程及构筑物、洪水调度方案及工程调度规则、土地利用、历史洪水等资料,要求如下。

10.2.1　资料的收集

(1)基础地理信息资料包括计算范围内最近生成或更新的地形地貌、河流水系、河道断面、水下地形、行政区划、居民地分布、交通道路等矢量信息和高程数据。城市编制区域的基础底图的比例尺不小于 1∶2 000,其他编制区域的基础底图的比例尺不小于 1∶10 000,河道断面和河道水下地形图比例尺不小于 1∶2 000,深海区海图比例尺不小于

1:25 000,浅海区海图比例尺不小于 1:10 000。基础地理信息应满足时效性、现实性要求。

(2)水文与洪水资料包括降雨、水位、流量、潮汐等实测资料,设计暴雨、设计洪水、设计潮位等设计资料,水文控制站水位-泄量关系、水位-面积-容积关系等反映河道、湖泊、水库、蓄滞洪区蓄泄特征的资料,排涝(水)分区相关资料,相关水文站、水位站、潮位站和雨量站的空间位置信息等。水文资料应满足可靠性、一致性和代表性要求。

(3)防洪排涝(水)工程及构筑物资料包括水库、堤防、闸坝、泵站、排水管网、桥涵、地下设施等工程以及高出地面 0.5 m 以上的线状地物的特征参数和空间位置信息等。工程及构筑物资料应满足现实性、时效性和准确性要求。

(4)洪水调度方案及工程调度规则包括各级防洪预案,洪水调度方案,防御洪水方案,水库、滞洪区等的调度运用规则等。洪水调度方案及工程调度规则应满足时效性和权威性等要求。

(5)土地利用资料包括土地利用、遥感影像、洪水期间作物种类及其分布等。土地利用图的比例尺不小于 1:10 000,遥感影像的分辨率不低于 2 m。土地利用资料应满足现实性和时效性等要求。

(6)历史洪水资料包括历史洪水(集雨、风暴潮、溃坝等)水文特征(测站洪水过程、河道沿程及淹没区实测水位或洪痕、淹没范围、淹没历时、洪水到达时间等)、堤坝溃决(漫溢)情况、洪水发生当时的工程和工程调度等资料。历史洪水资料应满足可靠性要求。

10.2.2 资料的处理

(1)当基础地理信息、构筑物、线状地物、河道断面、土地利用等资料不能满足洪水计算要求时,应在遥感影像判读和现场查勘的基础上进行补充测量。

(2)对于分幅形式的基础底图,应按相关标准规定进行拼接。

(3)基础底图的坐标系、高程系、投影方式不一致时,应进行一致性转换。

(4)收集或补充测量的断面、构筑物、线状地物、土地利用等资料的空间信息与基础地理信息图的坐标系、高程系,投影不一致时,应进行坐标和高程转换,并加工形成独立图层。

(5)基础地理信息和其他空间信息资料为纸质图件时,应分层进行数字化,加工形成矢量电子地图。

10.2.3 资料合理性和完备性检查要求

(1)根据高程数据绘制三维地形图,检查地形的合理性,对可能的异常点进行实地复核;将基础地理信息矢量图、土地利用图与最新遥感影像进行套绘比较,检查信息是否完备并反映现状;将防洪排涝工程及涉水构筑物矢量图层与水系图层进行套绘比较,检查数据及空间位置的合理性;建立水系及地下管网拓扑关系图,检查水系及地下管网数据的完备性及合理性。

(2)绘制实测洪水(暴雨、潮位)过程、水位-泄量关系、水位-面积-容积曲线、河道横断面图、河道深泓线、排涝(排水)分区图、堤防和线状地物顶部高程连线、实际洪水河道沿程洪痕连线,以及实际洪水淹没范围图并在其中标注实测或调查淹没水位(水深)等,检查分析数据的合理性,并对异常数据进行复核。

10.3　洪水计算方案

(1)河道洪水计算方案应包含下列要素。

①有堤防的河道洪水计算方案为分析对象河道的洪水量级,其他来源洪水的组合(量级与过程)方式,溃口(分洪)位置、口门尺寸、溃决(分洪)阈值、溃口发展过程,相关工程调度规则等因素的组合。

②无堤防或仅考虑堤防漫溢的河道洪水计算方案为分析对象河道的洪水量级、其他来源洪水的组合(量级与过程)方式、相关工程调度规则等因素的组合。

③有堤防的山丘区河流,当计算量级洪水超过堤防现状标准一个等级时,可不考虑堤防的影响,视为无堤防河道进行洪水计算方案设置。

(2)暴雨内涝计算方案为暴雨量级、其他来源洪水的组合(量级与过程)方式、相关工程调度规则等因素的组合。

(3)风暴潮洪水计算方案应包含下列要素。

①有海堤的风暴潮洪水计算方案为风暴潮量级、海堤溃口位置、口门尺寸、溃决阈值和溃口发展过程,其他来源洪水的组合(量级与过程)方式,相关工程调度规则等因素的组合。

②无海堤或仅考虑海堤漫溢的风暴潮洪水计算方案为风暴潮量级、其他来源洪水的组合(量级与过程)方式、相关工程调度规则等因素的组合。

(4)各洪水来源的组合(量级与过程)方式的确定原则如下:

①编制区域各洪水来源在有关部门已批准的规划、方案或设计中有明确的组合方式,可直接采用。

②无明确洪水组合方式的编制区域,应基于实测水文资料,分析编制对象洪水与其他来源洪水的相关性,合理确定其组合方式。

③当某一来源洪水与分析对象洪水之间无明显相关性时,则该洪水来源应按下列方式与分析对象洪水组合:

a. 河道洪水取年最大流量或年最高水位的多年平均值。

b. 潮位取年最高天文潮位对应的完整潮型的多年平均值,当分析对象洪(涝)水过程历时大于该潮位过程时,将潮位过程反复使用。

c. 当地降雨使编制区域水体处于年最高水位的多年平均值。

(5)堤防溃口数量及其位置的沿程分布应以计算淹没范围能覆盖可能的淹没范围为原则确定;有固定分洪口门的,分洪位置和分洪方式根据相应防洪调度方案确定,仅考虑堤防漫溢的,漫堤位置根据堤防高程确定,堤防溃口尺寸根据本堤段或其他类似堤防的历史溃口情况、洪水过程等因素以及专家经验综合分析确定;溃口发展过程宜按均匀发展考虑。

(6)对于河道泛滥洪水,当淹没区下渗影响显著时,应按不考虑下渗和考虑下渗两种情景,分别设置洪水计算方案。

10.4　模型构建

10.4.1　模型构建要求

（1）河道洪水计算的上边界条件取设计或实测流量过程，下边界条件宜为出流控制断面的水位-泄量关系或下游控制性工程的出流计算公式。当下游有大水体，且其水位基本不受计算对象河道入流影响时，下边界条件可取为该大水体年最高水位（或年最高天文潮位对应的完整潮型）的多年平均值，对于无本条前述下边界条件的河道，可采取近似方法计算得到下边界条件。

（2）暴雨内涝计算的上边界条件为设计或实测暴雨过程，下边界条件除外排河道出流控制断面的水位-流量关系外，还包括其他排水设施的出流过程。当承泄区（江河、湖海等）的水位基本不受排涝影响时，则下边界条件可取为承泄区年最高水位（或年最高天文潮位对应的完整潮型）的多年平均值。

（3）风暴潮洪水计算的边界条件应为设计或实测风暴潮潮位过程，无设计和实测风暴潮潮位过程的，计算边界条件应为风暴潮分析模型计算范围海域的台风风场、压力场。

（4）溃堤或漫堤流量过程采用堰流公式计算，对于与水流方向不垂直的堤防，采用侧堰出流公式计算溃决流量。

（5）对于计算范围内的桥梁、堰坝、涵洞、闸门等建筑物，应确定其过流计算方法和相关计算参数。

（6）对于计算范围内高于地面的线状地物（道路、堤防等），当泛滥洪水达到其顶高程时，应按漫溢方式，采用堰流公式进行计算。

（7）对于计算范围内的河渠、低于两侧地面的道路，应根据实际情况，在河道（或风暴潮）泛滥洪水和暴雨内涝分析模型中分别进行合理概化，反映其导流、输水特性和行洪、排涝能力。

（8）对于洪水期间进行人为调度运用的工程，应模拟其调度运用规则或实际调度运用情况。

（9）河道一维洪水模拟的实测断面间距应与河宽相当。河道形态变化不大的顺直河段或人工河渠，实测断面间距可适当加大，并根据计算需要插值加密计算断面；河道形态沿程变化显著或城镇所在的河段应适当加密实测断面，跨河建筑物上下游应设置实测断面，河道汇流、分流处应设置相应的实测断面。

（10）河道洪水、农田内涝和风暴潮洪水的二维计算网格面积应不大于 0.05 km^2，城市内涝二维计算网格面积应不大于 0.01 km^2，城市干道的网格边长应不大于道路宽度，并沿道路走向布置。

（11）对于耦合模型，应根据耦合边界的水流交换形态，确定耦合方式和水流交换计算方法。

（12）河道糙率应根据河道形态、河床质组成、滩地形态和植被情况选取。有滩地的河道，应分别选取主槽和滩地糙率。

(13)对于河道外的区域,应根据土地利用情况、洪水发生期间作物类型和分布,洪水发生期间遥感影像判读和现场调查,合理选取计算网格的糙率,对于包含多种土地利用类型的网格,应明确其综合糙率计算方法。

10.4.2　模型构建

10.4.2.1　模型简介

本次计算采用 DHI Mike 软件的 Mike Flood 平台耦合 Mike11 和 Mike21 进行模拟计算。其中,河道洪水采用 Mike11 进行计算,淹没洪水在城镇和河道两岸的淹没漫流情况采用 Mike21 进行模拟。在分别建立好 Mike11 和 Mike21 模型后利用 Mike Flood 进行耦合处理。

10.4.2.2　Mike11 一维河道水动力学模型

Mike11 HD 主要用于洪水预报及水库联合调度、河渠灌溉系统的设计调度,以及河口风暴潮的研究,是目前世界上应用最为广泛的商业软件,具有计算稳定、精度高、可靠性强等特点。

Mike11 水动力计算模型是基于垂向积分的物质和动量守恒方程,即一维非恒定流 Saint-Venant 方程组来模拟河流或河口的水流状态。一维非恒定流 Saint-Venant 方程组为

$$\frac{\partial A}{\partial t}+\frac{\partial Q}{\partial x}=q$$

$$\frac{\partial Q}{\partial t}+\frac{\partial\left(\alpha\frac{Q^2}{A}\right)}{\partial x}g+gA\frac{\partial h}{\partial x}+\frac{gn^2Q\left|Q\right|}{AR^{\frac{4}{3}}}=q$$

式中:x、t 分别为计算点空间和时间的坐标;A 为过水断面面积;Q 为过流流量;h 为水位;q 为旁侧入流流量;R 为水力半径;α 为动量校正系数;g 为重力加速度。

方程组利用 Abbott-Ionescu 六点隐式有限差分格式求解,如图 10-4 所示。该格式在每一个网格点不同时计算水位和流量,而是按顺序交替计算水位或流量,分别称为 h 点和 Q 点。Abbott-Ionescu 格式具有稳定性好、计算精度高的特点。离散后的线形方程组用追赶法求解。

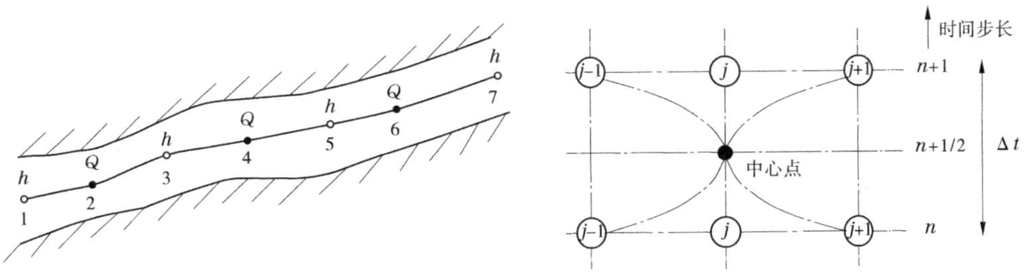

图 10-4　Abbott 格式水位点、流量点交替布置图

1. 连续性方程求解

对每一个 h 点求解连续性方程(见图 10-5),h 点处过流宽度 b_s 可以描述为

$$\frac{\partial A}{\partial t}=b_s\frac{\partial h}{\partial t}$$

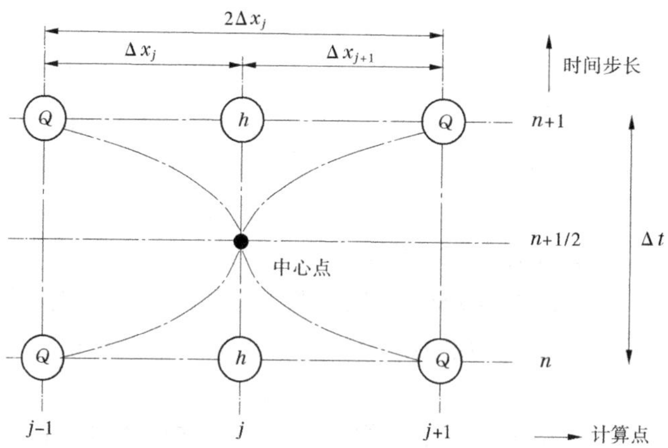

图 10-5　六点 Abbott 格式求解连续性方程

则连续方程可以写为

$$\frac{\partial Q}{\partial x}+b_s\frac{\partial h}{\partial t}=q$$

这里空间步长上,只有对 Q 求导,则在时间步长 $n+1/2$ 时,空间步长对 Q 的导数为

$$\frac{\partial Q}{\partial x}=\frac{\dfrac{Q_{j+1}^{n+1}+Q_{j+1}^{n}}{2}-\dfrac{Q_{j-1}^{n+1}+Q_{j-1}^{n}}{2}}{2\Delta x_j}$$

$$\frac{\partial h}{\partial t}=\frac{h_j^{n+1}-Q_j^{n}}{\Delta t}$$

而 b_s 又可以写为

$$b_s=\frac{A_{o,j}-A_{o,j+1}}{\Delta 2x_j}$$

式中:$A_{o,j}$ 为计算点 $j-1$ 和 j 之间的面积;$A_{o,j+1}$ 为计算点 j 和 $j+1$ 之间的面积;$2\Delta x_j$ 为计算点 $j-1$ 和 $j+1$ 之间的空间步长。将以上各式代入连续性方程得出

$$\alpha_j Q_{j-1}^{n+1}+\beta_j h_j^{n+1}+\gamma_j Q_{j+1}^{n+1}=\delta_j$$

式中:α、β、γ 是 b 和 δ 的函数,并随 n 时刻 Q 和 h 及 $n+1/2$ 时刻 Q 的大小而变化。

2. 动量方程的求解

对每一个 q 点求解动量方程,如图 10-6 所示。

通过数值变换,动量方程可以写为:

$$\alpha_j h_{j-1}^{n+1}+\beta_j Q_j^{n+1}+\gamma_j h_{j+1}^{n+1}=\delta_j$$

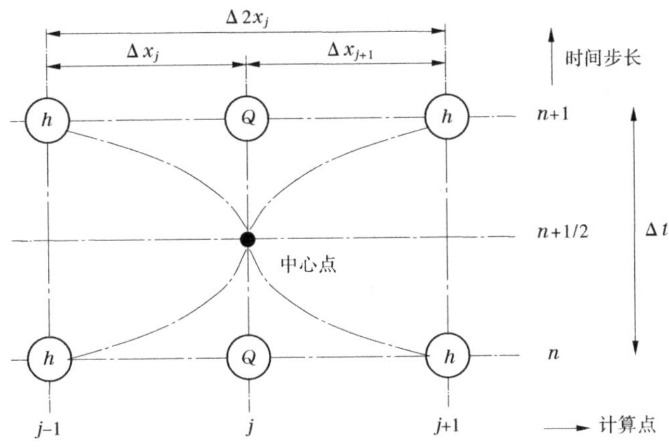

图 10-6　六点 Abbott 格式求解动量方程

$$\alpha_j = f(A)$$

$$\beta_j = f(Q_j^n, \Delta t, \Delta x, C, A, R)$$

$$\gamma_j = f(A)$$

$$\delta_j = f(A, \Delta x, \Delta t, \alpha, q, v, \theta, h_{j-1}^n, Q_{j-1}^{n+\frac{1}{2}}, Q_j^n, h_{j+1}^n, Q_{j+1}^{n+\frac{1}{2}})$$

式中各参数符号意义同前。

10.4.2.3　Mike21 二维模型

Mike21 为洪水计算、海岸管理及规划提供了完备、有效的设计环境。高级图形用户界面与高效的计算引擎的结合使得 Mike21 在世界范围内成为一个洪水管理、河口海岸工程技术人员不可缺少的工具。

Mike21 系统包括了以下几个模拟引擎。

1. 单一网格

这是一种传统的矩形模型，是将研究区域划分成同一大小的矩形网格，网格的大小（分辨率）由模拟区域大小及具体应用决定，网格越小计算精度越高，但耗时越长。

2. 嵌套网格

这也是一种矩形模型，只是在同一模型中可以有多种网格大小。在大网格模型中可以嵌套小网格模型。

3. 曲线网格

网格呈四边形或近似矩形，主要适用于蜿蜒河段的水动力学计算和河床演变分析。

4. 有限元网格

这是一种三角形网格，采用有限元解法。该网格能够很好地模拟弯道或水上结构物周围区域的流场。

本书采用有限元三角形网格进行计算。

Mike21 水动力学模块计算原理依据的是描述水流运动的二维非恒定流方程组，共包括三个方程：水流连续性方程、水流沿 x 方向的动量方程及水流沿 y 方向的动量方程，形式如下

$$\begin{cases}\dfrac{\partial z}{\partial t}+\dfrac{\partial(uh)}{\partial x}+\dfrac{\partial(vh)}{\partial y}=0\\ \dfrac{\partial u}{\partial t}+u\dfrac{\partial u}{\partial x}+v\dfrac{\partial u}{\partial y}+g\dfrac{\partial z}{\partial x}+g\dfrac{n^2u\sqrt{u^2+v^2}}{h^{4/3}}=0\\ \dfrac{\partial v}{\partial t}+u\dfrac{\partial v}{\partial x}+v\dfrac{\partial v}{\partial y}+g\dfrac{\partial z}{\partial y}+g\dfrac{n^2v\sqrt{u^2+v^2}}{h^{4/3}}=0\end{cases}$$

式中:t 为时间,s;n 为曼宁糙率系数;x,y 为直角坐标系的横纵坐标,m;u、v 为 x、y 方向的流速分量,m/s;z,h 为(x,y)处的水位和水深,m; $g\dfrac{n^2u\sqrt{u^2+v^2}}{h^{4/3}}$、$g\dfrac{n^2v\sqrt{u^2+v^2}}{h^{4/3}}$ 为 x、y 方向的水流运动阻力。

根据以上方程组,利用迭代法求解即可得到每一时刻在(x,y)处的水位 z、水深 h 以及 x、y 方向的流速 u、v。

10.4.2.4 Mike Flood 模拟平台

Mike Flood 集成了三个独立的软件模块:一维的 Mike Urban CS 城市排水管网建模软件,一维的 Mike11 河道建模软件和二维的 Mike21 地表漫流建模软件,根据不同的应用情境将其中的 Mike Urban CS 或者 Mike11 与 Mike21 进行连接,以弥补各个模块单独模拟时的不足。

本次利用 Mike Flood 平台耦合 Mike11 和 Mike21 进行计算。通过对它们的耦合能够拓展模拟环境,发挥各自优势的同时形成互补。根据不同的组合和链接设置,Mike Flood 可以应用于不同的模拟情境。本书主要用到一维河道与二维漫流模型的侧向链接,相关链接介绍如下:

1. 标准链接应用

此应用将 Mike21 中的某个或某些单元与 Mike11 中的河段末端链接在一起。如此,Mike11 模拟整个河网,而 Mike21 模拟河网中需要更详细分析展示的部分。

2. 侧向链接应用

侧向链接允许 Mike21 的网格从侧面链接到 Mike11 的部分河道,甚至是整个河道。利用结构物流量公式来计算通过侧向链接的水流,用侧向链接来模拟水从河道漫流到洪泛区的运动是非常有效的。

3. 结构物链接应用

这种结构物链接方式是把 Mike11 结构物中的水流项直接加到 Mike21 动量方程中,这种方法完全是隐式的,不会对 Mike21 计算的时间步长产生影响。这种链接方式对 Mike21 中存在结构物的模拟非常有效。这种链接方式由 Mike11 的三点河道(上游断面、结构物、下游断面)组成,其中河道的水流项和 Mike21 的网格单元相联系,如图 10-7 所示。

10.4.2.5 模型建立

1. 一维模型

一维河道水动力学模型采用 Mike11 软件构建,建模流程为:

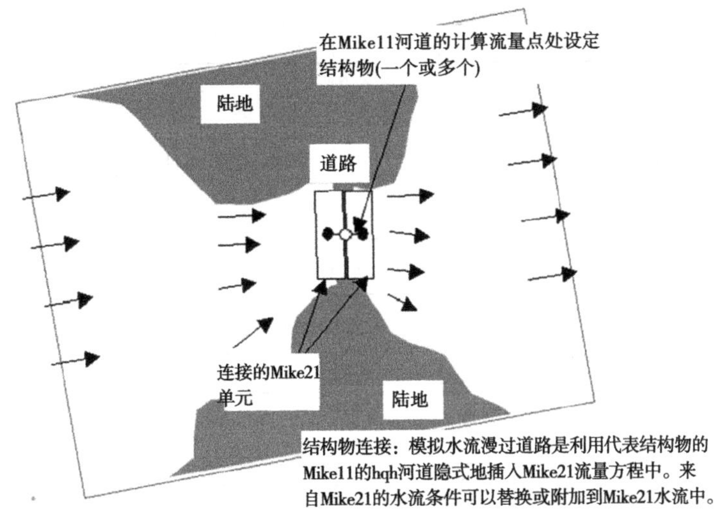

图 10-7　结构物链接的应用

(1)构建河网文件(文件扩展名：*.nwk11)。

(2)构建断面文件(文件扩展名：*.xns11)。

(3)设置边界条件,构建边界文件(文件扩展名：*.bnd11)。

(4)根据水文计算成果,构建时间序列文件(文件扩展名：*.dfs0)。

(5)设置初始条件,构建参数文件(文件扩展名：*.hd11)。

(6)设置计算时间步长,构建模拟文件(文件扩展名：*.sim11)。

通过建立上述 6 个文件实现一维河道模型,从而模拟外河漫堤洪水演进情况。建模流程见图 10-8。

2. 二维模型

Mike21 水动力学模块的主要建模内容包括:网格剖分、地形高程文件生成、定义边界条件、布置公路铁路等阻水建筑物、设置计算参数,包括起止时间及步长、淹没区糙率、输出结果等。

本书基本地形数据采用最新测量成果 2.5 m 网格 DEM 点云数据,地形高程精度高于 0.2 m。

1)网格划分

根据不同应用要求,Mike21 可以将计算区域划分为矩形网格或者不规则三角形网格。三角形网格对于不规则边界区域拟合效果好且方便于重要区域的局部加密。本次采用 Mike21 三角网格进行计算,应用 Mike 的 mesh generator 工具对计算区域的网格进行剖分,建模边界内侧(河道两岸)边界三角形网格边长在 20~50 m;研究区域外侧(非河道岸线一侧)边界三角形网格边长在 1 000 m 以内,对城区局部可能淹没的重要区域以及支流、道路进行加密处理,网格边长约 30 m,计算区域网格数量共计 57 263 个。网格的全局图以及局部放大情况见图 10-9、图 10-10。

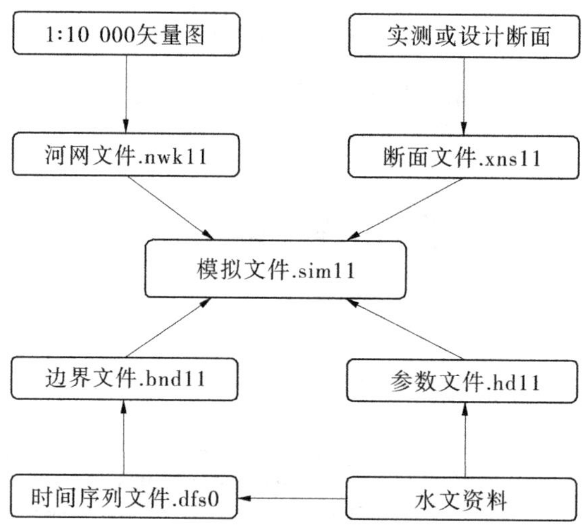

图 10-8 Mike11 一维河道建模流程图

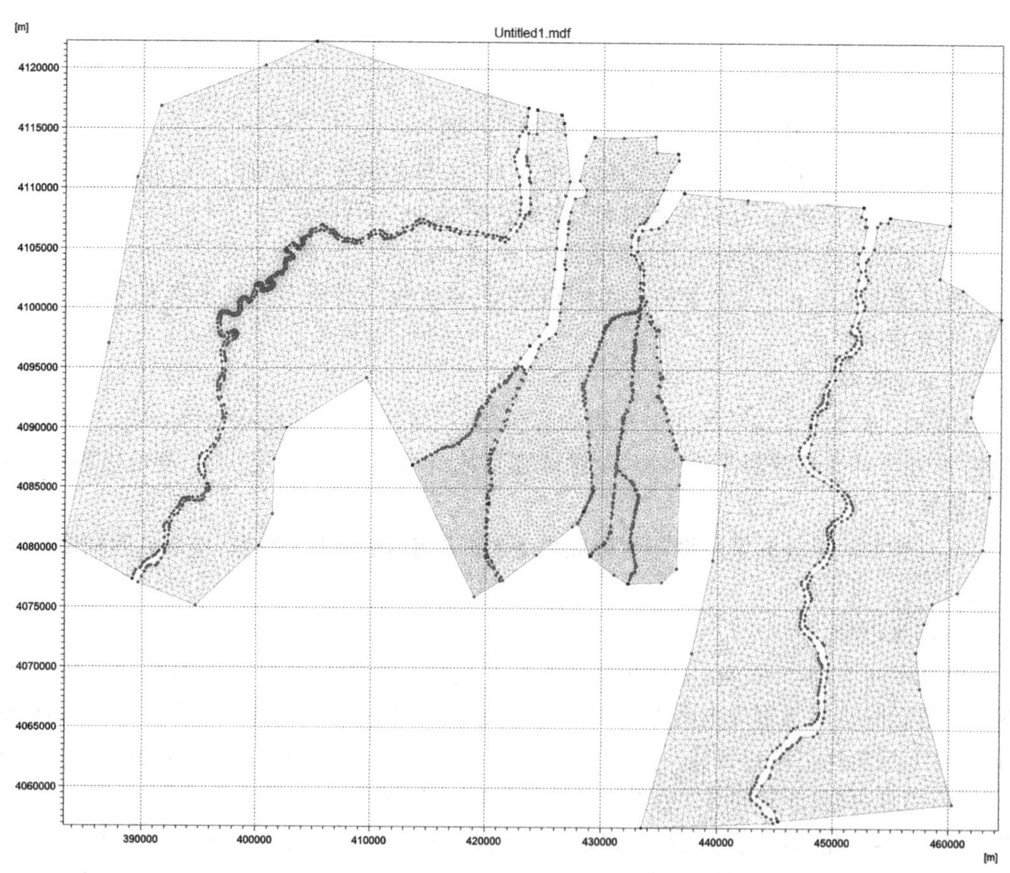

图 10-9 网格剖分成果

图 10-10　网格剖分成果(局部放大区域)

2) 网格划分与地形高程文件生成

将收集到的 1:10 000DEM 高程数据导入 mesh generator 中,对网格高程进行插值,得到 Mike21 三角形网格数字地形文件。

3) 糙率处理

糙率(n)是水力学计算的关键参数,在 Mike21 计算过程中将糙率用曼宁值(糙率的倒数)来表示。根据收集到的土地利用地图结合遥感图像制作糙率文件(dfsu)。不同土地类型的糙率按表 10-1 确定。

表 10-1　洪水风险区域糙率

土地利用	村庄	树丛	旱田	水田	道路	河道	草地	建制镇	公路
糙率/n	0.07	0.065	0.06	0.05	0.035	0.025~0.035	0.04	0.07	0.035

在 ArcGIS 平台中将不同土地利用类型按照糙率表中推荐的初始糙率值进行赋值,矢量图层转换成糙率栅格图,将糙率栅格的网格宽设定为 10 m,再在 Mike mesh generator 中进行差值计算,制作糙率 dfsu 文件(和制作 mesh 文件完全相同)。

4) 其他处理

Mike21 模型作为洪水演进模块计算,洪水过程来自一维模型的侧向连接,因此 Mike21 不需设置边界。

Mike Flood 连接是在 Mike11 和 Mike21 模块分别建立完成之后进行的。分别将建立好的一维模型和二维模型导入 Mike Flood,然后建立相关连接,主要包括弥河、白浪河、虞河、潍河及其支流建立一维河道与二维网格的侧向连接。

10.5 模型率定验证

(1)计算范围内有实测或调查洪水资料的,应进行参数率定和模型验证。

(2)用于模型参数率定和模型验证的实际洪水资料包括相关测站或观测点的实测水位过程、流量过程、降雨过程,计算范围内的洪痕,洪水淹没范围,特征点的淹没水深、洪水到达时间、洪水淹没历时,溃口形态和溃口发展过程,实际防洪排涝调度方式,出流(退水)位置、方式和形态等。

(3)对于河道一维洪水分析模型,应采用实测洪水资料进行率定与验证;对于河道一维、二维耦合洪水分析模型,应先采用未泛滥的实测洪水资料,进行其中一维模型的率定与验证,再采用实测泛滥洪水资料,进行一维、二维耦合模型的率定和验证;对于包含河道和编制区域的整体二维模型,应先采用未泛滥的实测洪水资料,进行河道部分二维模型的率定与验证,再采用实测泛滥洪水资料,进行整体二维模型的率定与验证。

(4)对于内涝分析模型,应采用实测暴雨内涝资料进行率定与验证。

(5)模型验证的精度应符合下列要求:

①对于河道洪水,河段内部测站实测最高水位及沿程洪痕与计算最高水位之差不大于 20 cm,实测与计算最大流量的相对误差(实测流量与计算流量之差/实测流量)不大于 10%,最大 1 d、3 d 和 7 d 洪量的相对误差(实测洪量与计算洪量之差/实测洪量)不大于 5%,实测水位过程和流量过程与计算水位过程和流量过程的相位差不大于 1 h。

②对丁河道或风暴潮洪水,淹没区 70%以上的实测点或调查点水位与相应位置计算水位之差不大于 20 cm,实测与计算淹没范围的相对误差(实测淹没面积与计算淹没面积之差/实测淹没面积)不大于 5%。

③对于暴雨内涝,70%以上实测积水点的最大积水深与相应位置最大计算积水深之差不大于 20 cm,且实测与计算最大水深的相对误差(实测水深与计算水深之差/实测水深)不大于 20%。

10.6 洪水计算与计算结果合理性分析

(1)采用经验证合格的模型进行各方案的洪水计算,计算过程中若水位、流量、流速等洪水要素指标出现异常或计算结果不合理,则检查计算时间步长选取、计算断面或网格划分、有关概化处理方法、边界条件设置、计算参数选择等是否适当,必要时重新进行模型构建、参数率定和模型验证。

(2)河道洪水计算的河道水流初始条件可采用恒定流计算获得,恒定流计算流量值应取设计或实测洪水过程最初时刻雨量值;河道洪水、暴雨内涝和风暴潮洪水计算范围内其他水体的初始水位宜取年最高水位的多年平均值;有汛限水位的水体,初始水位应取汛限水位值。

(3)对于河道堤防溃决洪水,宜针对完整的溃决流量过程(溃口处不再出流)进行计算,计算结束时间应按照以下原则确定:

①编制区域为封闭区域时,以区内所有计算网格流速小于 0.05 m/s 作为判别计算结束的阈值;采用水量平衡方法计算淹没情况时,以河道水位降至溃口底高程为判别计算结束的阈值。

②对于开敞区域,以流速大于 0.05 m/s 的所有计算网格的水深均小于 0.1 m 作为判别计算结束的阈值。

③当河道为悬河,溃口流量不能归零时,根据抢险经验或抢险能力,设置可实施堵口的溃口流量值,当溃口流量降至该值时,人为假定溃决口门被封堵,流量归零,按照上述两款的原则,判别计算结束时间。

(4)对于风暴潮,应以模拟 5 个完整的潮位过程作为计算时间。

(5)对于内涝,应以所有计算网格的流速小于 0.05 m/s 作为计算结束时间的判别阈值。

(6)计算输出应包含以下成果:

①河道计算断面水位、流量过程,计算网格水深、流速过程、洪水到达时间,淹没区特征,网格洪水淹没要素过程,淹没区洪水演进过程,并绘制相应图形。

②溃口、分洪或溢流流量过程,溃口或分洪口门上下游水位(水头)过程,并绘制相应过程线。

③淹没区各线状地物沿程所有桥涵总体流量过程,各主要桥涵流量过程,各线状地物溢流流量过程,并绘制相应过程线。

④排涝、排水设施(泵站、涵闸、管道等)或退水口门(或开敞计算边界、河道出流断面)总体出流流量过程,各主要排水设施或退水口门出流流量过程及其上下游水位(水头)过程,并绘制相应过程线。

⑤淹没水深大于 0.15 m 的主要道路及淹没里程,城市区域特征横断面淹没水深,并绘制相应平面及横断面图。

(7)洪水计算结果的合理性通过以下几个方面进行分析和判断:

①计算过程中流入和流出计算范围的水量差等于计算范围内的蓄水量,两者的相对误差[(入流水量-出流水量)/蓄水量]小于 1×10^{-6}。

②计算的水位过程和流量过程是否出现振荡。

③河道流量与溃口流量之比是否合理。

④河道水面线是否出现异常。

⑤溃口流量过程是否合理。

⑥洪水淹没范围是否有中断情况。

⑦洪水到达时间分布是否合理。

⑧流场分布是否出现异常。

⑨计算过程中是否出现负水深。

⑩是否能合理反映编制区域内桥涵过水、线状地物阻水、内部河渠导水行洪等特征。

⑪淹没范围及水深分布是否合理,洪水(内涝)淹没特征与相近量级历史洪水(内涝)淹没特征是否相似。

10.7 制图要素提取

(1)对于采用二维模型或水量平衡方法计算得到的河道或风暴潮洪水淹没成果,应提取淹没水深大于 0.05 m 的所有网格得到淹没范围,所有网格的最大水深值(大于 0.05 m)的集合形成最大水深分布。连接相同水深值得到水深等值线,统计各网格开始进水时刻与积水退至 0.05 m 的时刻,得到淹没历时分布,统计同一时刻所有淹没水深大于 0.05 m 的被淹网格及其水深值,得到某一时刻洪水淹没范围和淹没水深分布。

(2)对于采用一维模型计算得到的河道洪水淹没成果,应先提取所有断面的最高水位值,连接各最高水位,得到沿程最高水位线;将该水位线分别向两岸平推至与陆地相交,得到洪水淹没水面与淹没范围;计算水面高程与水下地形高程之差,得到淹没水深分布,统计水面下淹没区各位置洪水淹没时间间隔,得到淹没历时分布。

(3)对于农田内涝,应根据绘制区域种植结构,确定作物耐涝水深和耐涝时间,以此作为水深和淹没历时下限阈值,提取内涝计算结果中大于该阈值的水深和淹没历时,得到淹没水深和淹没历时分布;对于城市内涝,应按照《室外排水设计标准》(GB 50014—2021)对城市内涝水深阈值的界定,提取计算结果中大于 0.15 m 的所有网格的水深值,得到内涝积水水深分布。

(4)对于堤防(大坝)溃决洪水或依照调度原则分洪的洪水,某一位置的洪水到达时间应为从溃决时刻或分洪运用时刻开始,随着洪水演进,洪水前锋抵达该位置所需时间。提取所有网格的洪水到达时间,得到洪水前锋到达时间分布。

(5)若两个及以上洪水来源的同频率洪水淹没范围有重叠时,应取其中最危险值反映重叠部分的洪水淹没特性。

10.8 洪水影响分析与损失评估

10.8.1 评估内容及资料要求

(1)洪水影响分析是对洪水淹没范围和各洪水淹没要素(淹没水深、淹没历时、洪水流速、前锋到达时间等)及区域内社会经济指标进行的统计分析,洪水损失评估是对各量级洪水可能造成的直接经济损失进行的评估分析。洪水影响分析与损失评估以不同级别的行政区域为统计单元进行。

(2)洪水影响分析与损失评估内容包括基础资料收集、社会经济数据空间展布、淹没区受影响社会经济指标统计、洪水损失率确定及洪水损失评估等。

(3)洪水影响分析与损失评估所需的基础资料包括行政区界和土地利用等地图数据、社会经济统计资料、计算得到的或历史(实测或调查的)场次洪水淹没要素值及其空间分布数据、历史场次洪水灾害分类资产损失统计数据、洪水保险理赔数据等,与季节相关的资产应选用洪水发生期间的资产数据。

(4)社会经济统计资料主要指反映编制范围内各级行政区的人口、资产状况及经济活动等的统计数据,来源于各行政区最新或历史洪水发生当年的相关统计年鉴、经济普查资料等。社会经济统计资料的统计单元应不大于乡镇(街道)。

(5)土地利用数据包括矢量图层、遥感影像或标准的土地利用数据产品等,应明确表征编制范围的土地利用/覆盖类型及分布。土地利用数据的比例尺应不小于1:10 000,坐标系应与洪水分析所需地图数据的坐标系一致。

(6)应收集相关资料或通过调查、测量等方式确定房屋底板高程或与周边自然地面的高差,以及道路路面高程分布。

(7)应收集相关资料或调查分析确定淹没区洪水发生期间作物结构及其空间分布、作物单产量及产值。

(8)社会经济统计数据与土地利用数据应满足可靠性和时间一致性的要求。社会经济统计数据与土地利用数据应是同一年份的数据,当两者年份不一致时,应根据社会经济数据所对应年份的遥感影像、相关表征土地利用状况的专题地图等对土地利用数据进行修正。

10.8.2　洪水影响分析

(1)洪水经济影响通过受淹面积、受淹耕地面积、受淹居民地面积、受淹交通道路长度、受淹重点防洪对象(医院、学校、危险化学品企业、城市地下空间等)的数量等统计值反映;洪水社会影响通过淹没区人口的统计值反映。

(2)通过空间展布建立社会经济统计数据与行政区划及土地利用数据的空间关联,以保证社会经济数据在空间分布上的合理性。

(3)将洪水淹没要素分布图层与社会经济指标分布图层以及行政区界图层进行空间叠加运算,获取洪水淹没范围内各级洪水淹没要素等级下不同级别行政区的各类社会经济指标统计值。行政区界图层中的行政单元应与社会经济统计数据的行政单元级别一致。

(4)各类受淹房屋数量和面积的统计通过房屋或居民地图层与洪水淹没水深分布图层叠加运算得到。应根据房屋底板高程与计算网格水位判断房屋是否进水,并确定淹没水深。

(5)受淹交通道路长度的统计通过交通道路矢量图层与洪水淹没水深分布图层叠加运算得到。应根据路面高程与计算网格水位判断道路是否受淹,并确定淹没水深。

(6)受淹地下设施的统计通过地下设施矢量图层与洪水淹没水深分布图层叠加运算得到。应根据地下设施进出口高程与计算网格水位判断地下设施是否受淹。

(7)对于人口分布相对均匀的行政区,其淹没区人口可通过行政区域的受淹面积与该行政区的平均人口密度相乘得到;对于人口分布不均匀的行政区,淹没区人口的统计可通过行政区域的受淹居民地面积与相应居民地的人口密度相乘得到。

10.8.3　洪水损失评估

(1)洪水直接经济损失是指因洪水直接设施造成的房屋及室内财产、农林畜牧业、工业信息交通运输业、商贸服务业、水利设施和其他资产的损失。应在技术影响分析的基础上通过不同淹没等级下的各项资产值与其对应的洪灾损失率计算得到。

(2)应结合当地资产和经济活动类型与特征、社会经济资料情况以及历史场次洪水损失调查统计、洪水保险理赔资料等合理确定需进行损失评估的资产类型、相应的洪水致灾特性及其损失率与洪水淹没要素之间的关系。

(3)有分类资产历史场次洪水损失调查资料或保险理赔数据的区域,应采用历史场次洪水发生当年的社会经济统计数据和土地利用数据进行损失率的率定和损失评估模型的验证。

(4)无率定或验证资料的区域,可在类比分析的基础上,参考选用类似区域的损失率。

(5)对于损失率和损失计算结果,应基于淹没区资产耐淹特性、相当量级历史洪水的损失统计数据、资产当前价值、当地或类似地区历史洪水单位面积综合损失值等进行合理性分析。

10.8.4 避洪转移分析

10.8.4.1 分析内容及资料要求

(1)避洪转移分析包括危险区与避洪单元确定、资料收集和现场调查、避洪转移人口分析、避洪方式选择、安置区划定、转移方向或路线确定、转移批次确定、检验核实等内容。

(2)避洪转移分析应符合有关防御洪水方案、防洪预案和蓄滞洪区运用预案的要求,应注重实用性和可操作性。避洪转移分析所需要的基础资料类型及要求如下:

①洪水淹没要素,包括洪水淹没水深、洪水流速、前锋到达时间等。

②基础地理数据,包括县(市、区)、乡(镇)行政区界数据,居民点分布数据和人口统计数据,道路资料(道路等级、高程、桥梁分布等)。基础地理数据的比例尺不应小于1:5 000。

③安全设施资料,主要包括安全区、避水台、避水楼、安全台等避洪设施的分布、容量等信息。

④经批准的防御洪水方案、最新防洪预案、蓄滞洪区运用预案等。

⑤潜在危险点分布资料,包括可能发生滑坡、泥石流的危险点,洪水期间可能中断的桥梁、地下通道等。

⑥历史避洪转移资料等。

对于曾发生洪水淹没的编制区域,应调查了解当时的实际避洪转移情况。

10.8.4.2 危险区与避洪单元确定

(1)危险区宜根据洪水分析中最大量级洪水可能淹没的范围确定。有堤防保护且堤防可能溃决的区域,可针对最大量级洪水下,堤防不同位置溃决淹没情境,确定相应的危险区。

(2)有多个洪水来源的编制区域,危险区范围应针对不同洪水来源分别确定。

(3)蓄滞洪区、洪泛区、城镇的避洪单元应不大于行政村(街道),大面积防洪保护区和溃坝洪水淹没区,避洪单元应不大于乡(镇)。

(4)避洪方式分为就地安置和转移安置两类。对于水深大于1.0 m、流速大于0.5 m/s

的避洪单元,宜采取转移安置方式。

(5)采取转移安置和就地安置的人口数量及分布,可通过避洪单元空间分布数据、避洪单元人口统计数据和危险区内洪水淹没要素分布数据分析确定。

10.8.4.3　安置区选择

(1)无安置预案的区域,应根据转移人口数量,按照安全、就近和充分容纳转移人口的原则,并兼顾行政隶属关系选择安置区。

(2)有安置预案的区域,应利用预案设定的安置区,预案设定的安置区位于危险区内或容量不足时,则调整或增加安置区。

(3)根据避洪单元分布、避洪单元人口、安置区分布和安置区容纳能力,分析确定避洪单元与安置区对应关系。

10.8.4.4　转移方向或路线确定

(1)根据避洪单元、安置区和道路分布,分析确定转移方向。

(2)路网数据完备但不具备道路通量信息时,可按照最短路径原则确定转移路线;路网数据完备且具备道路通量信息时,可按照时间最短原则建立路径分析模型,分析确定转移路线。

(3)蓄滞洪区应确定转移路线,并明确避洪单元、转移路线和安置区之间的对应关系,其他区域可仅标识转移方向。

10.8.4.5　分批转移

(1)对于洪水前锋演进时间较长、转移人数较多、危险区范围较大的溃堤或溃坝洪水,可采取分批转移方式。

(2)转移批次分区按照洪水到达时间划分,宜取洪水到达时间小于 12 h 的区域为第一批转移区,12~24 h 的为第二批转移区,大于 24 h 的为第三批转移区。

10.8.4.6　合理性检查核实

(1)通过现场踏勘、核查、走访、讨论等方式检查避洪转移分析结果的合理性和可行性。

(2)有历史洪水避洪转移实践的区域,应参照当地行之有效的避洪方式,对避洪转移分析结果进行合理化调整。

10.9　成图格式

10.9.1　命名规则

(1)基本洪水风险图包括淹没范围图、淹没水深图、到达时间图、淹没历时图、洪水流速图等。

其命名规则为:流域或行政区名称+编制区域名称+洪水计算方案概要+基本图类型。

(2)避洪转移图命名规则为:流域或行政区名称+编制区域名称+避洪转移图。

10.9.2　信息要求

(1)基本洪水风险图应包含基础地理信息、水利工程信息、洪水风险要素及其他相关信息。具体要求如下：

①基础地理信息包括行政区界、居民地、主要河流、湖泊、主要交通道路、桥梁、医院、学校以及洪水、供气、输变电等基础设施。

②水利工程信息包括水文测站、水库、堤防、跨河工程、水闸、泵站等工程信息。

③洪水风险要素包括淹没范围、淹没水深、洪水流速、到达时间、淹没历时、洪水损失等。

④其他相关信息包括方案说明、洪水淹没区内的人口和资产、土地利用等社会经济特征的空间分布信息，以及反映防洪措施特征或与洪水风险的产生、计算、管理相关的延伸信息。

⑤图中应避免出现与洪水风险要素信息解读无关的信息。

（2）避洪转移图应包含基础地理信息、洪水淹没特征信息、避洪转移信息、安全设施信息、重要水利工程信息及有关辅助信息，具体要求如下：

①基础地理信息主要包括行政区界、居民地、主要河流、湖泊、主要交通道路、桥梁、医院、学校及可辟为临时避难场所的公园、运动场等。

②洪水淹没特征信息包括洪水淹没范围及淹没水深、溃决或分洪口门分布等。

③避洪转移信息包括危险区范围、避洪单元、点状安置区、面状安置区、转移方向或路线、转移批次，以及滑坡、泥石流、中断桥梁、积水点等沿途危险点等。

④安全设施信息包括安全区、庄台、安全台、避水楼等。

⑤水利工程信息包括堤防、相关水库、蓄滞洪区等。

⑥辅助信息包括转移安置对应关系附表、转移安置统计信息和转移安置说明等。转移安置对应关系附表内容包括避洪单元名称、所属乡（镇）、转移人数、安置区名称、安置人数等，对于蓄滞洪区应有转移路线；转移安置统计信息包括避洪单元个数、转移人数、最大转移距离、安置区个数、就地安置人数等；转移安置说明根据实际情况填写洪水量级、洪水淹没范围面积、转移安置要点等。

（3）地图数学基础要求如下：

①坐标系采用中国大地坐标系统 2000（CGC2000）。

②1∶5 000、1∶10 000、1∶25 000 至 1∶500 000 比例尺地图，采用高斯-克吕格投影，3°分带。

③高程采用 1985 国家高程基准。

（4）洪水风险图图件应包括矢量电子地图、电子图片和纸图。洪水风险图电子图片是在矢量电子洪水风险图基础上添加非图形信息（如洪水方案说明、洪水影响分析及损失评估统计表、测站流量过程线、避洪转移安置信息等），按一定要求配置版面的全景图或分幅图；纸图是电子图片的纸质表现形式，两者的内容应保持一致。

10.9.3 图式格式

（1）基础地理要素图式应符合对应比例尺范围的国家地形图图式标准。

（2）水利工程要素图式如下：

①制图比例尺接近 1∶50 000 时，水利工程专题要素应符合《防汛抗旱用图图式》（SL

73.7—2013)的规定。

②其他情况下,可根据制图比例尺对符号大小进行适当调整,宜保留符号的形状、颜色等属性,符号尺寸的设置应显示清晰,大小适度、整体协调。

(3)洪水淹没要素图式要求如下:

①河道洪水、风暴潮淹没水深图的水深等级宜取“0.1~0.5 m、0.5~1.0 m、1.0~2.0 m、2.0~3.0 m 和>3.0 m”,农田内涝淹没水深图的水深等级宜取“农田内涝起始水深值 0.1~0.5 m、0.5~1.0 m、1.0~2.0 m、2.0~3.0 m 和>3.0 m”,城市暴雨内涝淹没水深图的水深等级宜取“0.15~0.3 m、0.3~0.5 m、0.5~1.0 m、1.0~2.0 m 和>2.0 m”。用浅蓝偏紫至深蓝偏紫色系面状充填表示不同等级洪水水深。可在水深图中添加到达时间与最大流速信息,到达时间以橙色等值线方式表现,流速以特征点数值标注方式表现。

②淹没历时图的淹没历时等级宜取“<12 h、12~24 h、1~3 d、3~7 d 和>7 d”。城市暴雨内涝的淹没历时等级宜取“<1 h、1~3 h、3~6 h、6~12 h 和>12 h”。用浅棕至深棕色系面状充填表示不同等级淹没历时。

③到达时间图的到达时间等级宜取“<3 h、3~6 h、6~24 h、24 h~2 d 和>2 d”。用浅橙红色至饱和橙红系面状充填表示不同等级到达时间。

④淹没范围图中,用深蓝至浅蓝色系面状充填表示从小到大不同量级洪水淹没范围。

⑤各地可根据实际应用需要调整各专题要素的等级划分区间,但等级数及各等级要素的充填色系应与以上要求一致。

(4)避洪转移要素图式要求如下:

①依地图比例尺及数据情况,参照《防汛抗旱用图图式》(SL 73.7—2013),将行政区界、居民地、主要河流、湖泊、主要交通道路、桥梁等基础地理要素作为辅助背景图层,以浅灰色系简化标示。

②以淹没水深分布表示危险区范围,淹没水深等级取“<0.5 m、0.5~1.5 m 和>1.5 m”三个等级,分别对应儿童基本安全、危及儿童安全和危及成人安全的水深等级,取淹没水深图较浅的三级颜色面状充填,表示不同等级洪水水深。

③依地图比例尺及数据情况将避洪单元、安置区(包括转移安置和就地安置)分别用相应的点状符号或面状符号表示。

④转移方向和转移路线分别采用带箭头的曲线或沿道路方向的折线符号表示。

⑤转移批次划分区间为“0~12 h、12~24 h 和>24 h”。各转移批次范围内包含居民点数据时,可按照普通居民点符号标出,并标注居民点名称。

⑥沿程危险点根据实际情况添加,并用文字说明危险类型。

⑦转移安置对应关系附表在图中空白区域添加,图面空间不够时则附于图幅背面。

当其他图形要素的符号或注记影响到避洪转移主体符号或注记的表达时,应采取避让或弱化等调整手段,确保避洪转移信息清晰、突出表现。

10.9.4　地图版面布局

(1)洪水淹没要素图形对象设置时,按照美观、简洁、和谐的原则设置,可通过符号大小、颜色、文字标注等突出相关水利工程和重点保护对象。

(2)图中应明确标示风险图图名、指北针、图例、比例尺、风险图编制单位、风险图编制日期等辅助信息以及与风险图编制相关的洪水方案说明、洪水计算条件、洪水风险信息统计等相关图表或文字性说明,文字或表格应简洁、准确、突出重点。

(3)风险图图名应遵循命名规则,图名置于图框上边界之外。

(4)指北针应为黑白色,形态简明朴素,置于图幅右上角,大小可根据图面尺寸确定。

(5)洪水方案说明应以文字方式对当前洪水计算方案下的洪水量级、暴雨量级、溃口信息、分洪信息、整体淹没情况等进行描述,置于指北针正下方。

(6)洪水风险信息统计宜以文字形式对洪水造成的总体影响和损失予以表现,置于方案说明正下方。

(7)图例宜置于图幅右下角,布置顺序从左至右,自上而下依次为点状图例、线状图例、面状图例。

(8)风险图编制单位、编制日期等辅助信息应以文字方式表现,置于图框下边界之上。

(9)应以流量过程线、暴雨过程线或潮位过程线和水位-流量关系或水位(潮)过程线等插图形式对洪水计算的边界条件、溃口处或特征点的模拟结果进行表现,将插图置于图框内不影响地图信息表达的部位。

(10)对应于图件表现的洪水风险要素,应以附表形式表现该风险要素不同等级区间的洪水影响分析和损失评估结果,将附表置于图框内不影响地图信息表达的部位。

(11)基本洪水风险图图幅宜采用 A0、A3、1∶50 000 标准分幅三种规格。1∶50 000 标准分幅图面配置参用 1∶50 000 地形图图面配置。避洪转移图图幅以 A0 图幅为主,A3 图幅为辅。

第 11 章　应急组织体系

当预报潍坊北部入海的 4 条骨干河道中的 1 条或者数条发生超标准洪水,并同时遭遇渤海湾大潮顶托时,潍坊市人民政府防汛抗旱指挥部立即成立“潍坊市北部沿海防汛与防风暴潮应急抢险救灾指挥部”,寿光、寒亭、昌邑、滨海新区则根据受灾情况成立“县(区)级防汛与防风暴潮应急抢险救灾指挥部”,在市防汛与防风暴潮应急抢险救灾指挥部统一指挥下开展好辖区内防汛抢险与救灾工作。各河道管理单位成立险情处置机构,在市、县(区)防汛与防风暴潮应急抢险救灾指挥部的统一指挥下开展工作,做好所辖河道工程的应急调度与抢险工作。

11.1　潍坊市防汛与防风暴潮应急抢险救灾指挥部

市防汛与防风暴潮应急抢险救灾指挥部由指挥长、副指挥长及必要的工作组构成,参与工作组的单位、部门相应的职责分工与同级《防汛抗旱应急预案》中职责分工相一致。

指挥部设指挥 1 名,由市长担任;设副指挥若干名,分别由市政府、军分区、市应急局、市水利局等有关单位的领导担任;设成员若干名,分别由沿河区、县政府主要领导担任;设立 15 个工作组,分别是:综合协调组、抢险专家组、工程抢险组、水情测报组、转移救济组、电力保障组、通信保障组、道路保障组、物资保障组、生活保障组、治安保卫组、医疗卫生组、新闻宣传组、经费保障组、纪律督察组。

11.2　县、区防汛与防风暴潮应急抢险救灾指挥部

县、区防汛与防风暴潮应急抢险救灾指挥部的机构设置和人员组成参考潍坊市防汛与防风暴潮应急抢险救灾指挥部。

11.3　各有关河道管理单位险情处置机构

各县(市、区)河道管理单位设险情处置小组,责任分工如下:

组长:负责与县(市、区)水利局、防汛抗旱指挥部及时沟通,汇报险情信息,负责水利系统人员调配,落实上级部署,处置轻微险情。

副组长:汇总各类险情信息,并分析整理,辅助组长工作,负责具体任务分配与落实。

成员:负责险情现场监测,及时发现险情发展情况;负责落实洪水调度方案,执行闸坝管理部门闸门启闭指令;负责防汛物资、车辆及交通的协调准备;配合抢险常备队抢险工作;负责提供险情点的相关技术资料;负责险情信息汇总、分析及整理上报。

11.4 职责分工

市防汛与防风暴潮应急抢险救灾指挥部及县、区防汛与防风暴潮应急抢险救灾指挥部的职责分工如下：

(1)指挥。全权负责现场抢险救灾工作。根据专家组建议，制订抢险救灾方案，调用抢险队伍、调运抢险物资、组织群众转移、落实后勤保障、落实部门分工等。在本地人力或物资不能满足抢险需要的情况下，可以向当地驻军及上级防汛抗旱指挥部提出支援请求。

(2)副指挥。领导分管工作组紧急开展工作，完成指挥指定的抢险救灾任务。

(3)综合协调组。负责传达指挥的调度令；检查各项决策落实情况；全面了解水情、工情、灾情；向上级部门汇报情况、接受上级指示；申请上级支援；筹集后备抢险队；协调解决有关部门工作中的问题。

(4)抢险专家组。针对险情提出可行的解决方案，交由指挥长决策；提出抢险人员、物资、设备建议；现场指导抢险、对险情发展进行研判。

(5)工程抢险组。实施专家组制订的抢险方案，其他有关小组必须保证工程抢险组的人力和物资要求。抢险人员一般由抢险常备队、抢险救援队、武警部队、解放军指战员等组成。

(6)水情测报组。负责河道流域内天气预报，及时准确掌握雨情、水情变化，进行雨情、水情监测预报及洪水调度，提出分洪建议。

(7)转移救济组。负责灾民的安全转移、生活安置和救灾工作；负责救灾款物的筹集和储备，负责救灾款物的安排、使用和管理；及时制订救灾款物分配方案，承担灾民的吃、穿、住和因灾引起疾病的医治等的救济工作。

(8)电力保障组。保障抢险现场及灾民安置现场的电力供应。特别要确保闸门启闭、现场办公、夜间照明的电力供应。

(9)通信保障组。保障抢险现场有线、无线通信的畅通，确保指挥指令顺畅下达；必要时调集移动通信车。

(10)道路保障组。抢修水毁公路、桥梁，保障抗洪抢险道路交通畅通。

(11)物资保障组。负责调拨、征用、运输抢险物资和设备，以满足工程抢险需要；负责外地支援物资的接收工作；抢险结束后向指挥提交调拨、征用、接收的物资和设备费用报告。

(12)生活保障组。负责保障现场指挥部和抢险队的餐饮住宿；同时安排专人协助消防救援队、武警与解放军部队做好餐食供应。

(13)治安保卫组。负责维护抢险现场秩序和治安工作；做好抢险队伍、车辆的交通疏导工作，确保有关车辆、人员优先通行；协助应急部门组织群众撤离和转移；打击盗窃抢险物资、破坏防洪工程的犯罪分子。

(14)医疗卫生组。负责组织抗洪抢险现场及群众转移安置地点的卫生防疫和医疗救护工作。组织派遣医疗防疫小分队，保障灾区与安置地点的防疫医疗以及药品的供应。

(15)新闻宣传组。负责向社会发布指挥部的有关抗洪抢险命令；报道雨情、水情、工情和灾情;宣传抗洪救灾中的先进事迹;应对网络舆情等。

(16)经费保障组。负责抢险救灾物资等应急经费的筹集、拨付,并对经费使用情况加以审查;对临时征用的群众、集体以及各类单位、企业的物资设备进行补偿;根据情况提出灾后重建计划。

(17)纪律督察组。在抗洪抢险期间,逐个检查责任单位和责任人贯彻落实指挥部命令情况,发现违反者立即给予行政处罚,触犯法律的依法处理。对抗洪抢险中涌现出的模范集体和人物依法进行大力表彰奖励。

第12章 雨水情监测预报预警

12.1 雨情水情监测

12.1.1 监测制度

市水文局要加强水文监测、预报，延长预报期，汇集流域降雨情况，将降雨、水位、流量实测数据、洪水走势及时报送市防汛抗旱指挥部、市水利局、各县(市、区)水利局。

在降雨过程中，水文部门将雨情、水情等水文实时信息及时报送市防汛抗旱指挥部、市水利局、各县(市、区)水利局。遇一般洪水时，每日8时上报1次，现状标准内洪水2 h上报1次，超标准洪水1 h上报1次，根据抢险需要，视情况加密信息报送频次。

12.1.2 洪水预报

水文部门监测雨水情，及时做好洪水预报，并根据降雨情况滚动预报，直至水情降落至一般洪水以下。

水文部门应及时将流域内的雨情、水情、洪水预报上报市防汛抗旱指挥部、市水利局、各县(市、区)水利局。

12.2 预警信息发布

12.2.1 标准内洪水的信息发布

发生现状标准内洪水时，市、县两级水利局将洪水预警即时通过传真、电话、公文系统(平台)等方式发送给防汛指挥部、河道管理单位、河道下游有关镇、街、村、企业等。同时采取短信、网站、公众号等形式对公众进行即时发布。

12.2.2 超标准洪水的信息发布

发生超标准洪水时，市、县两级水利局将洪水预警即时通过传真、电话、公文系统(平台)等方式发送给防汛抗旱指挥部、河道管理单位，河道下游有关镇、街、村、企业等。同时采取短信、网站、公众号等形式对公众进行即时发布。

第 13 章　工程巡查与险情报告

13.1　河道巡堤查险

13.1.1　原则、巡查单位与职责

河道巡堤查险应按照“谁主管,谁负责”的原则,定期开展。骨干河道干流堤防、拦河闸坝由管理单位或属地镇街组织巡查。

汛期,特别是发生暴雨、洪水、台风等恶劣天气及河道高水位行洪期间,要派专人昼夜巡视检查河道堤防。巡堤查险人员要明确责任,坚守岗位,听从指挥,严格遵守查险制度,巡查时一人堤肩走,一人堤半坡走,一人沿水边走(巡查背水坡时沿堤脚走),做到“六查”“三清”“三快”。

巡堤查险要根据水位按责任堤段分组次,采用昼夜轮流的方式查险,遇较大洪水或特殊情况,要加派巡查人员、加密巡查频次,必要时应 24 h 不间断、拉网式巡查。

13.1.1.1　**“六查”**

即查堤顶、堤迎水波、堤背水坡、堤脚、护堤地及以外一定范围,互查责任段至少 10~20 m,巡查时要特别注意堤后洼地坑塘、排灌渠道、房屋内外等容易出险又容易被忽视的地方。重点检查堤顶、堤坡、堤脚有无裂缝、冲刷、坍塌、滑坡、塌坑等险情发生,在风大流急或水位骤降时要特别注意堤坡有无崩岸现象;堤背水坡有无漏洞、渗水、管涌、裂缝、滑坡等险情;坡脚附近有无积水坑塘和冒水、涌沙、流土等现象发生;迎水坡护砌工程有无裂缝、沉降、损坏、脱坡、崩塌(特别是退水期)等问题;沿堤涵洞与堤防接合部有无裂缝、位移、滑动、漏水、不均匀沉降等迹象。对重点险情要进行复查、核实,高水位及夜间应增加巡查次数,现场做好标记,并做好巡查记录,记录中写明异常情况及采取的相应措施。

13.1.1.2　**“三清”**

即出现险情原因要查清,报告险情要说清,报警信号和规定要记清。

13.1.1.3　**“三快”**

即发现险情要快,报告险情要快,抢护险情要快。

13.1.2　堤防查险

(1)堤身外观巡检。针对堤顶、堤坡、堤脚、混凝土结构、砌石结构是否完整、变形、渗水等进行检查,堤顶高程是否达到设计防洪水位的要求,堤顶宽度是否便于通行和从事防汛活动,堤坡、堤脚是否符合边坡稳定和渗透安全要求,堤身有无雨淋沟、脱坡、裂缝、塌坑、洞穴以及害虫兽类活动痕迹。

（2）堤岸防护巡检。检查堤岸防护（包括坡式护岸、坝式护岸、墙式护岸等）是否完好、变形，填料有无流失，排水孔是否正常，堤脚有无松动变形，有无人为取土、挖窖、埋坑、开挖道口、裂缝、坍塌、滑坡、陷坑等险情发生。

（3）管理设施巡检。检查堤防交通设施情况和观测、监测、信息化及其他附属设施（含防汛物资）是否完好、运行正常。

13.1.3　穿（跨）堤建筑物巡检

检查穿（跨）堤建筑物与堤防接合部是否变形、渗水、损坏，检查穿堤、跨堤建筑物的机电设备安全运行情况。闸门应无变形，启闭灵活；机电设备要完好；混凝土表面应无磨损、剥落、冻蚀、炭化、裂缝、渗漏、钢筋锈蚀等现象。

13.1.4　河势变化

观察行洪时近岸段特别是弯道顶冲段河势变化，根据顶冲点的上提下挫，预判险情发展，做好情况报告和险情处置。

13.2　巡查人员与次数

来水量较小时，为河道正常行洪，沿河镇街按照 10 人/km 的标准组织人员巡查，每日巡查 1 次。

来水量逐渐增大时，按照 10 人/km 的标准组织人员进行巡堤查险，每日巡查 2 次；各穿堤建筑物、道口值守人员、机械按照分工全部进入 24 h 值守状态。

来水量至接近警戒流量时，沿河镇街按照 20 人/km 的标准组织人员进行巡堤查险，每 6 h 巡查 1 次；各穿堤建筑物、道口值守人员、机械按照分工全部进入 24 h 值守状态。

上游来水流量大于警戒流量、小于保证流量时，沿河镇街按照 30 人/km 的标准组织人员巡查，实行 24 h 轮岗不间断巡查，各穿堤建筑物、道口值守人员、机械按照分工全部进入 24 h 值守状态。

上游来水流量大于保证流量时，沿河镇街按照 40 人/km 的标准组织人员巡查，实行 24 h 轮岗不间断巡查，各穿堤建筑物、道口值守人员、机械按照分工全部进入 24 h 值守状态。

13.3　险情报告

根据河道出现的洪水水位等洪水要素，分别说明针对堤防、闸坝等工程设施出现险情的报告机制，包括报告单位、报告时间、内容、频次等，报告内容应包含险情发生的时间、地点、经过、当前状况、拟采取的洪水调度方案和险情处置措施等。

河道一旦发生险情，应立即报告河道主管部门、防汛指挥机构。

预计发生溃堤等特别严重险情时，应向下游受威胁地区发布预警信息，同时报告河道主管部门、防汛指挥机构。

第 14 章　险情处置

14.1　河道险情判别

按表 14-1 中方法判别河道工程险情种类。

表 14-1　河道工程险情种类表

序号	险情种类	出险部位	出险特点
1	管涌	堤防	堤防背水坡坡脚有砂土随渗水涌出地面
2	流土	堤防	堤防背水坡坡脚附近局部土体表面裂缝或土体随渗流水流失
3	渗漏	堤防	堤防背水坡渗水,有出逸点
4	漏洞	堤防	堤防背水坡漏水
5	塌坑(跌窝)	堤防	有渗漏或坍塌情况
6	裂缝	堤防	未贯穿性和贯穿性的横向裂缝、不均匀沉陷裂缝或滑坡裂缝、纵向裂缝或面积较大的龟纹裂缝
7	滑坡	堤防	浅层、深层滑坡
8	穿堤建筑物渗漏	穿堤建筑物	穿堤建筑物出现漏水、漏洞
9	穿堤建筑物破坏	穿堤建筑物	穿堤建筑物出现裂缝,发生位移、失稳、倒塌
10	拦河闸闸门及启闭机破坏	闸门、启闭机	闸门变形损坏,启闭机损坏,钢丝绳断裂不能修复,输电线路损坏,启用备用机组
11	拦河橡胶坝	充排水(气)设备	排水设备失灵,洪峰时橡胶坝塌坝高度不足,坝下游出现险情
12	崩岸	滩地	主流顶冲滩地,河岸出现崩塌
13	溃堤	堤防	各种形式的溃堤
14	漫溢	堤防	洪水漫过堤顶

14.2　险情处理程序

河道管理单位发现险情时应立即组织抢险常备队进行应急处置,同时向同级县(市、区)水利部门报告,做好抢险物资队伍准备。

水利局接到险情报告后,应立即派出专家组赶赴现场,同时视水情调度水利抢险队伍和抢险物资赴现场抢险。

当河道防洪工程险情持续发展,水利部门抢险队伍或物资不能满足抢险需求时,应立即报告当地防汛指挥部,并说明需要的人员数量及抢险物资种类与数量。

14.3　险情处置方法

当出现工程险情时,应首先进行洪水调度降低河道水位,针对工程各类险情进行抢护,方法如下。

14.3.1　漏洞

漏洞进水口较小时,一般可用软性材料堵塞,并盖压闭气;当洞口较大、堵塞不易时,可利用软帘、网兜、薄板等覆盖的办法进行堵截;当洞口较多、情况复杂,洞口一时难以寻找且水深较浅时,可在临河抢筑围堰,截断进水,或者在临水坡面用黏性土料帮坡,以起防渗作用,也可放布篷、土工膜等隔水材料堵截。在背水坡做工程导渗。

14.3.2　管涌、流土

河道沿线堤坝出现管涌、流土险情时,应采用反滤围井、反滤压(铺)盖、蓄水反压等措施进行抢险。

(1)反滤围井。在管涌出口处抢筑反滤围井,制止涌水带砂,防止险情扩大。可采用砂石反滤围井、梢料反滤围井、土工织物反滤围井。此法适用于背河地面或洼地坑塘出现数目不多和面积较小的管涌,以及数目虽多,但未连成大面积,可以分片处理的管涌群。

在抢筑时,先将拟建围井范围内杂物清除干净,并挖去软泥约 20 cm,周围用土袋排垒成围井,在预计蓄水高度上埋设排水管,蓄水高度以该处不再涌水带砂的原则确定。井内按要求铺设反滤料物(砂石、梢料或土工织物),其厚度按出水基本不带砂的原则确定。

(2)反滤压(铺)盖。对面积较大,涌水带砂成片,涌水涌砂比较严重的堤段,在大堤背水坡脚附近险情处抢修反滤压盖,可降低涌水流速,制止堤基泥沙流失,用砂石、梢料和土工织物等反滤料物做反压(铺)盖,切忌使用不透水材料。

在抢筑前,先清理铺设范围内的软泥和杂物,对其中涌水带砂较严重的管涌出口,用块石或砖块抛填,以消杀水势。在已清理好的有大片管涌群的范围内,按反滤要求铺设反滤料物做反滤层压盖。

(3)蓄水反压(俗称养水盆)。当背水堤脚附近出现分布范围较大的管涌群险情时,可在堤背出险范围外抢筑围堰,截蓄涌水,抬高水位。围堰可随水位升高而升高,直到险情稳定为止,然后设置排水管将余水排出。

14.3.3　渗水

堤坝出现渗水险情时,可采用临水截渗或背水坡反滤沟导渗的措施进行抢险。

(1)临水截渗。

①土工膜截渗。当缺少黏性土料时,若水深较浅,可采用土工膜截渗的方法,具体做法是:

先清理铺设范围内的边坡和坡脚附近地面,土工膜的宽度和沿边坡的长度可根据具体尺寸预先黏结或焊接好,以满铺渗水段边坡并深入临水坡脚以外 1 m 以上为宜。顺边坡宽度不足可以搭接,但搭接长应大于 0.5 m;将直径为 4~5 cm 的钢管固定在土工膜的下端,卷好后将上端系于堤顶木桩上,沿堤坡滚下;土工膜铺设的同时用土袋压盖,以使贴坡。

②抛黏土前戗截渗。当堤前水不太深,风浪不大,水流较缓,附近有黏性土料,且取土较易时,可采用黏土前戗截渗法。具体做法是:先将边坡上的杂草、树木等杂物尽量清除;将准备好的黏性土料,集中力量沿临水坡向水中缓慢推下,切勿向水中猛倒;一般抛土段超过渗水段两端各 3~5 m,前戗顶高出水面约 1 m。

(2)背水坡反滤沟导渗。当堤防背水坡大面积严重渗水时,可在堤背开挖导渗沟。根据沟内所填反滤料的不同,可分为砂石导渗沟、梢料导渗沟、土工织物导渗沟等几种形式。

14.3.4　裂缝

堤坝出现裂缝险情时,可采用开挖回填、横墙隔断、封堵缝口等措施进行抢险。

(1)开挖回填。开挖前,用过滤的石灰水灌入裂缝内。在开挖时,采用梯形断面,深度挖至裂缝以下 0.3~0.5 m,底宽至少 0.5 m。开挖沟槽长度应超过裂缝端部 2 m。回填土料应与原土料相同,并控制在适宜的含水量内。回填要分层夯实,每层厚度约 20 cm,顶部应高出堤顶面 3~5 cm,并做成拱形,以防雨水灌入。

(2)横墙隔断。此法适用于横向裂缝抢护,具体做法是:

①除沿裂缝开挖沟槽外,在与裂缝垂直方向每隔 3~5 m 增挖沟槽,沟槽长 2.5~3.0 m,其余开挖和回填要求均与上述开挖回填法相同。

②如裂缝前段已与临水面相通,或有连通可能时,在开挖沟槽前,应在裂缝堤段临水面先做前戗截流。在沿裂缝背水坡已有漏水时,还应同时在背水坡做好反滤导渗。但开挖施工,应从背水面开始,分段开挖回填。

③当漏水严重,险情紧急或者河水猛涨来不及全面开挖时,先沿裂缝每隔 3~5 m 挖竖井截堵,待险情缓和后,再采取其他处理措施。

(3)封堵缝口。

①灌堵缝口。对长度小于 3~4 cm,深度小于 1 m,不甚严重的纵向裂缝和不规则纵横交错的龟纹裂缝,经检查已经稳定时,可用此法。具体做法是:用干而细的砂壤土灌入缝内,再用板条或竹片捣实;灌塞后,沿裂缝修筑宽 5~10 cm、高 3~5 cm 的拱形土埂,压

住缝口，以防雨水进入。

②灌浆堵缝。对缝长较大、深度较小的裂缝，可采用自流灌浆法处理，即在缝顶开宽、深各为0.2 m的沟槽，先用清水灌下，再灌入水、土重量比为1∶0.15的稀泥浆，然后灌入水、土重量比为1∶0.25的稠泥浆。泥浆土料为壤土，灌满后封堵沟槽。如缝深大，开挖困难，可采用压力灌浆法处理。灌浆时可将缝口逐段封死，将灌浆管直接插入缝内，也可将缝口全部封死，由缝侧打眼灌浆，反复灌实。灌浆压力控制在0.12 MPa左右，避免跑浆。

14.3.5 滑坡

14.3.5.1 临水面滑坡抢护

(1)当堤脚前未出现坍塌险情，坝脚前滩地稳定时，做土石戗台。

(2)做石撑。当做土石戗台有困难时，比如滑坡段较长、土石料紧缺，应做石撑临时稳定滑坡。石撑宽度4～6 m，坡比为1∶5，撑顶高度不宜高于滑坡体的中点高度，石撑底脚边线应超出滑坡体3 m远。石撑的间隔不大于10 m。

(3)堤脚压重。在堤脚抛石块、石笼、编织袋装土石等抗冲压重材料，在极短的时间内制止崩岸与坍塌进一步发展。

(4)背水坡贴坡补强。当临水面水位较高，风浪大，做土石戗台、土撑等有困难时，应在背水坡及时贴坡补强。背水坡贴坡的长度要超过滑坡两端各3 m。

14.3.5.2 背水面滑坡抢护

(1)滤(透)水反压平台(俗称马道、滤水后戗等)。

用砂、石等透水材料做反压平台。反压平台在滑坡长度范围内应全面连续填筑，反压平台两端应长至滑坡端部3 m远。

(2)削坡减载。堤坡中下部滑坡之后，为了保持大坝稳定，对坝上部土坡削减。

(3)做滤水土撑。先将滑坡体松土清理，然后在滑坡体上顺坡至坡脚直至拟做土撑部位挖沟，沟内按反滤要求铺设反滤材料，并在其上做好覆盖保护。顺滤沟向下游挖明沟，以利渗水排出。土撑可在导渗沟完成后抓抢修，其尺寸应视险情和水情确定。一般每条土撑顺堤方向长10 m左右，顶宽5～8 m，边坡比为1∶3～1∶5，间距为8～10 m，土撑顶应高出浸润线出逸点0.5～2.0 m。土撑采用透水性较大土料，分层填筑适当夯实。

(4)滤水还坡。根据反滤方式不同，分为导渗沟滤水还坡、反滤层滤水还坡、砂土还坡。先在背水坡滑坡范围内做好导渗沟，或者反滤层，其做法与上述滤水土撑导渗沟的做法相同。在导渗沟、反滤层做完后将滑坡顶部陡立的土堤削成斜坡，并将导渗沟覆盖保护后，用砂性土修复堤坡，分层夯实。

(5)堤脚压重。和临水坡脚压重一样，在堤脚抛石块、石笼、编织袋装土石等抗冲压重材料，在极短的时间内制止崩岸与坍塌进一步发展。

14.3.6 塌坑

(1)翻填夯实。具体做法是：先将陷坑内的松土翻出，然后分层填土夯实，直到填满陷坑，恢复堤防原状为止。如陷坑出现在水下且水不太深，可修围堰，将水抽干后，再行翻筑。

（2）填塞封堵。当陷坑发生在堤身单薄、堤顶较窄的堤防临水坡时，首先沿陷坑周围开挖翻筑，加宽堤身断面，彻底清除堤身的隐患。如发现漏洞进水口，应立即按抢堵漏洞的方法进行抢修。

14.3.7　穿堤建筑物接触冲刷

14.3.7.1　临水堵截

1. 抛填黏土截渗

清理建筑物两侧临水坡面，将杂草、树木等清除，使抛填黏土与临水坡面较好结合。

2. 临水围堰

临水侧有滩地，水流流速不大，而接触冲刷险情又很严重时，可在临水侧抢筑围堰，截断进水，达到制止接触冲刷的目的。

14.3.7.2　堤背水侧导渗

具体做法：在堤防背水面做反滤排水。

第 15 章　超标准洪水处置

15.1　可能出现的险情

(1)骨干河道遭遇超标准洪水,断面流量超过保证流量,河道堤防无法按照设计工况运行,可能产生滑坡破坏、渗流失稳影响,如防守不力,可能决口成灾;无堤防河段满溢,沿河涝灾。

(2)支流入口受干流洪水顶托无法下泄,支流出现漫溢,影响其控制区域涝水向支流排泄,低洼处出现积水,危及沿岸村庄人民生命财产的安全。

(3)入海口受潮水顶托,下游段汇流速度慢,易造成北区海拔较低的区域大面积积水、城市马路行洪,地势低洼处产生严重涝灾等。

15.2　洪水预警、预报

(1)市水文局要加强水文监测、预报,延长预报期,汇集流域降雨情况,将降雨、水位、流量实测数据、洪水走势及时报送市防汛抗旱指挥部、市水利局、各县(市、区)水利局。

(2)市、县级水利局,根据预报洪水情况,及时向沿河和下游发出洪水预警,提醒下游做好抢险准备,做好群众转移准备。

(3)各镇、村汛前落实好预警措施,统一做好预警信号规定,一旦遇到汛情、险情要按规定发布预警,以便及时组织防汛抢险和群众转移。

(4)对于重大险情,相关县(市、区)防汛抗旱指挥部应在险情发生后立即将初步核实的险情基本情况和相关数据上报市防汛抗旱指挥部。

(5)当堤防遇超标准洪水可能决口时,市(县)水利部门、防汛抗旱指挥部要提前向可能淹没的区域预警,镇街、村及时组织群众转移。

15.3　应急指挥机构部署工作

当河道内洪水位超过保证水位,即发生超标准洪水时,潍坊市防汛抢险应急指挥机构立即组织指挥有关部门参加抗洪抢险工作;抢筑子堤、加强险工段防守,并对河道堤防和工程进行不间断巡视检查。立即组织超标准洪水风险区的群众转移,按照拟定的转移措施、转移路线、安置地点提前组织群众转移。

15.4　防御措施

(1)各级行政首长和有关责任人亲临一线,指挥调度。

(2)各级行政责任人、技术责任人、工程管理人员全部到岗到位,闸坝等控制建筑物责任人上岗驻守,执行调度指令。

(3)防汛常备队、抢险队、后备队全部到达洪灾现场,全力抗洪抢险。

(4)防汛物资及时运抵出险地段,保证抗洪抢险应急使用。

(5)加强河道堤防防守,干流堤防加高、培厚,及时抢筑子堤,强迫行洪。

(6)气象、水文部门加强潍河流域的暴雨、洪水预测预报工作,及时报告流域内降水和河道洪水走势。

(7)各职能部门要加强防汛值班,随时报告雨情、水情和工情,及时掌握潍河流域的汛情发展。

(8)应急指挥部组织召开紧急会商会议,分析汛情、研究对策措施,各工作组和沿河市、区按照职责分工和指挥部的安排开展抢险救灾工作。

(9)各级防汛抗旱指挥部根据抗洪抢险救灾需要按照有关规定请求军队、武警部队抢险。

(10)应急局组织紧急调运抢险物资、组织调度抢险队伍,镇街、村应做好群众安全转移运输工作。

(11)应急局确保转移群众生活供应,发动社会力量对灾区群众实施捐助救济活动。

(12)卫生防疫部门组织医疗队和防疫队赶赴抢险第一线巡回医疗,现场做好抢险人员、灾区群众的医疗、卫生防疫工作。

(13)有关部门加强洪水灾害损失控制,及时逐级报告灾情,新闻媒体及时发布最新汛情公报。

15.5　洪水调度

遇超标准洪水,河道内拦河闸(橡胶坝)全部开启、塌坝,达到最大开启高度,减小行洪阻碍。市、县两级水利局科学调度流域内水库泄洪,充分利用防洪库容,减小水库下泄流量,实施上游水库错峰下泄洪水。密切关注天气预报,及时掌握降雨形势,并结合各水库流域降雨强度不同,实时调节水库下泄流量,减轻下游河道行洪压力。必要时进行分洪滞洪措施。

15.6　骨干河道保护对象的优先级和分洪、滞洪措施

当骨干河道遭遇超标准洪水时,除要加强河道堤防防守,堤防加高、培厚,及时抢筑子堤,强迫行洪,堵复无建筑物控制的支流入口,以防洪水漫堤或倒灌等措施外,还可根据保护目标重要性的需要采取相应的分洪、滞洪措施。

15.6.1　潍河保护对象的优先级和分洪、滞洪方案

15.6.1.1　潍河保护对象的优先级

潍河峡山水库下主要保护沿河两岸村镇、工矿企业、耕地以及重要交通设施的安全。主要保护目标为:昌邑城区、潍河两岸镇、街,村庄、企业、耕地,胶济铁路、潍莱高铁,荣乌高速、青银高速、荣潍高速、济青高速等。高铁、高速公路的防洪标准远高于潍河现状防洪能力,故根据保护目标重要程度,潍河保护对象的优先级为:昌邑城区、重要村镇、重要工矿企业(含危化品企业)、重要交通干线、村庄、耕地。

15.6.1.2　分洪、滞洪方案(见图 15-1)

潍河流域面积大,影响面广。但是因为上游有墙夼、峡山、高崖、牟山 4 个大型水库控制,大型水库流域内还有多座中型水库和大量小型水库,大型水库防洪标准都比较高,潍河峡山水库下游流域面积增加不大。潍河预案本次首先考虑上游大、中型水库调节错峰调度。其次考虑在太保村以南、引黄济青倒虹吸以北开挖夹沟河分洪道,通过夹沟河分洪至下游虞河支流丰产河。还可通过下游左岸的龙河向堤河分洪(见图 15-2)。

潍河右岸可以通过河东引水干渠向漩河、五干渠、六干渠分洪(见图 15-3)。

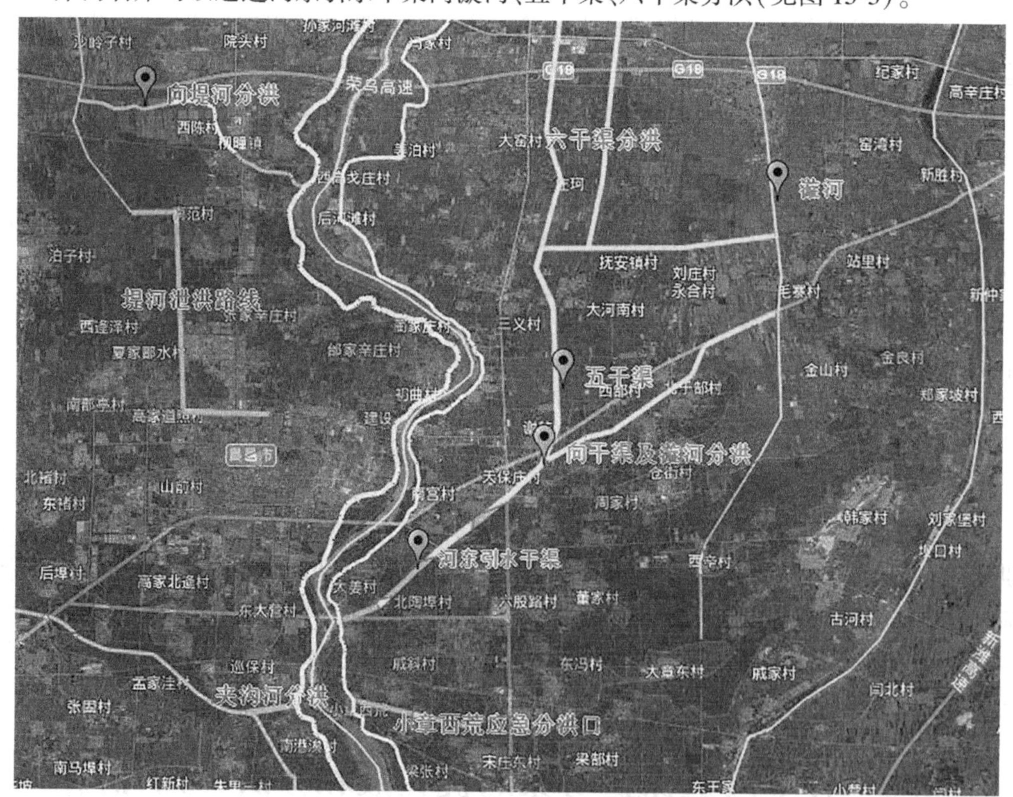

图 15-1　潍河分洪、滞洪方案布置

再次,如果洪水继续加大,为了保昌邑城区安全,则可在河东引水渠上游的小章西荒村村北(引黄济青倒虹吸北)附近扒开潍河右岸大堤向东北方向分洪,分洪洪水最后沿漩河两岸、五干渠、六干渠以及胶莱运河左岸或进入胶莱河向下游入海。

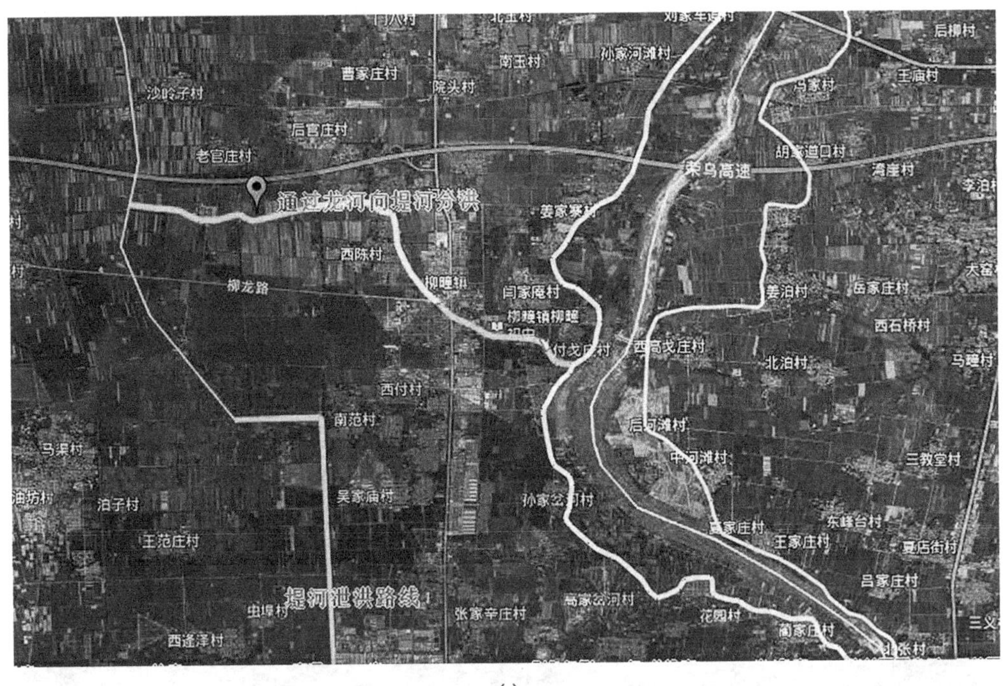

(a)

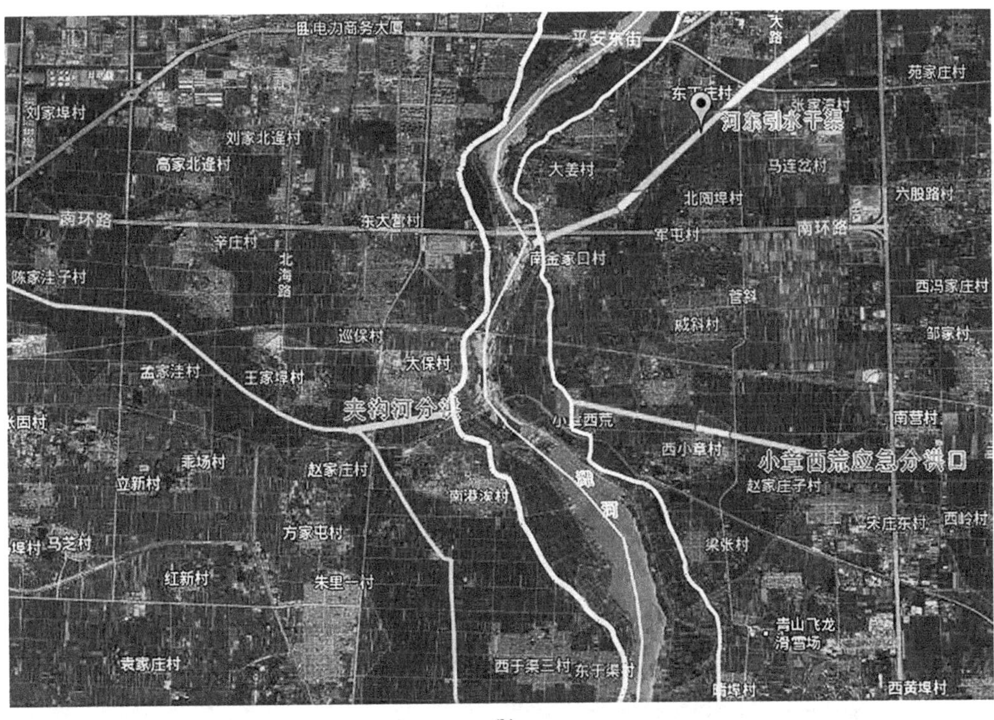

(b)

图 15-2 通过龙河向堤河分洪、扩挖堤河上游排洪通道,在太保村以南、引黄济青干渠倒虹吸以北开挖夹沟河分洪道,通过夹沟河排洪至丰产河

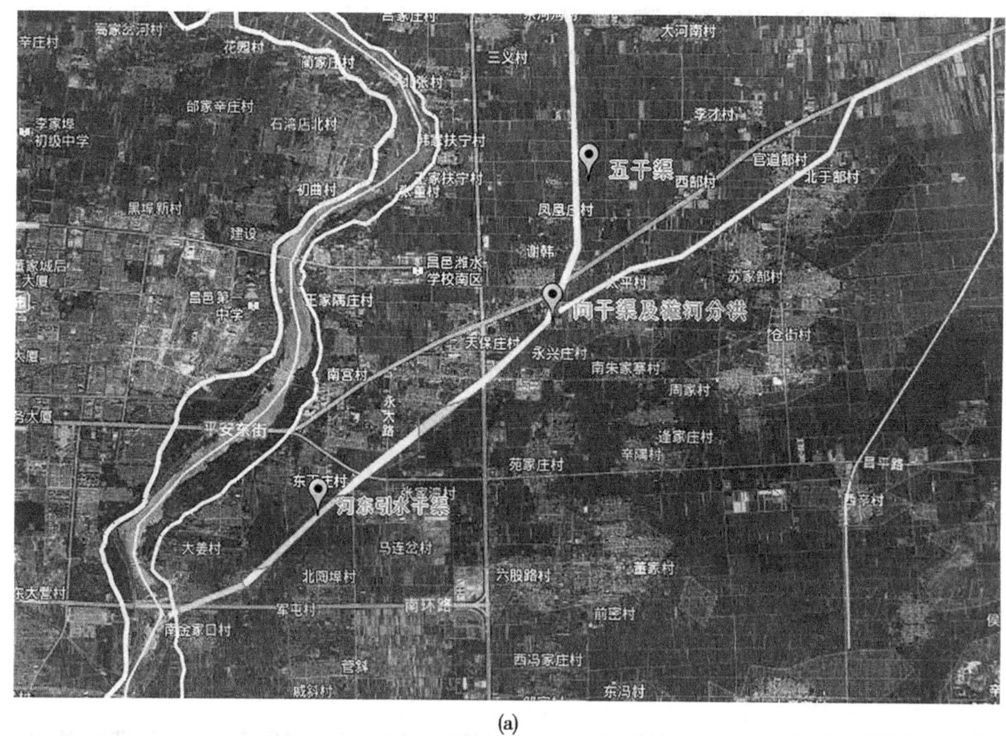

(a)

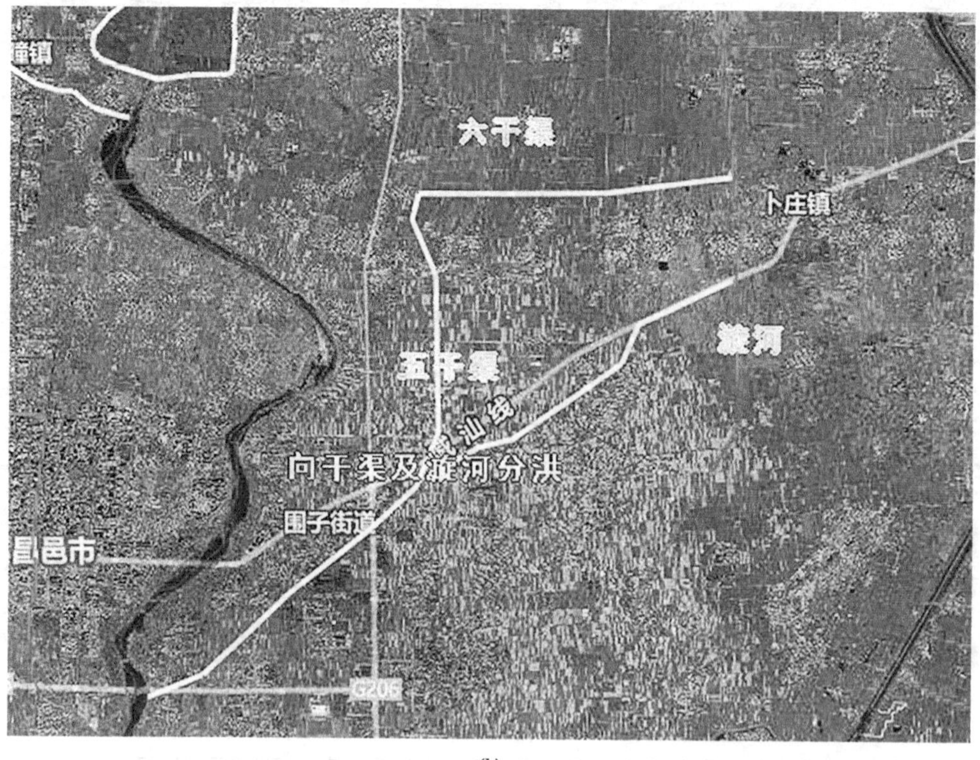

(b)

图 15-3　通过扩挖河东引水渠、河东八干，分别向漩河、五干渠、六干渠分洪

15.6.2 弥河保护对象的优先级与分洪、滞洪方案

15.6.2.1 弥河保护对象的优先级

弥河保护范围主要包括寿光、滨海城区，沿河镇、街，济青高铁、大莱龙铁路、济青高速、荣乌高速等交通干线，还有胜黄输油管线、海化集团等重要工矿企业，尤其是滨海大家洼街道的绿色化工园区集合了大量化工生产和经营企业。

弥河保护对象的优先级为：寿光、滨海城区，重要化工企业、沿河镇、街，交通干线、村庄、耕地。

15.6.2.2 弥河分洪、滞洪方案

弥河干流流经寿光市境内长度为 70 km，分流长度为 31. 5 km，滨海区境内长度约 40 km。

针对超标准洪水，为确保寿光城区等重点区域防洪安全，按照“上蓄、中分、下滞”的原则，构建弥河流域“库堤结合、分泄兼筹、以泄为主”的防洪工程体系。弥河分洪、滞洪图见图 15-4。

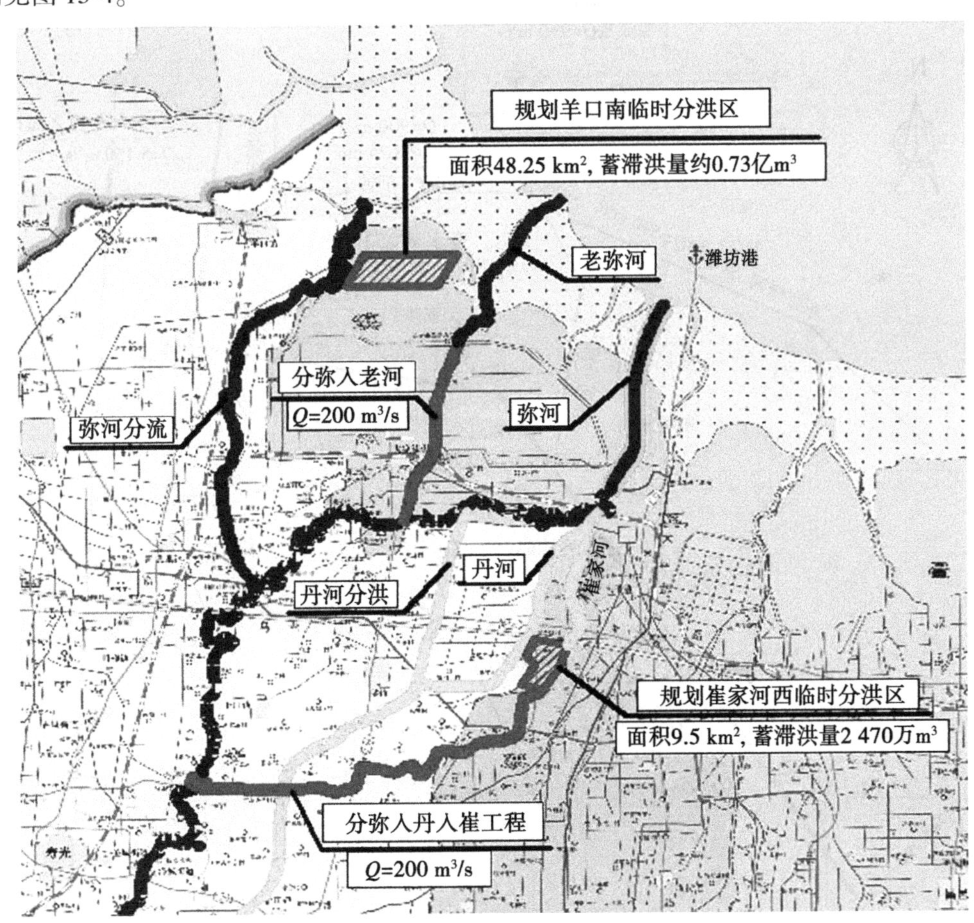

图 15-4 弥河分洪、滞洪图

(1)上蓄指上游水库蓄水工程,根据降水预报,在洪水来临前,流域内水库尽可能预留容积,接纳上游洪水;同时在保障水库安全前提下,充分发挥其拦洪、削峰、错峰作用,减轻下游防洪压力。

(2)中分指中游分水工程,当洗耳河以下弥河断面流量>5 980 m³/s(50 年一遇洪水标准)时,利用分弥入尧入丹、分弥入丹入崔工程分流洪水,减轻寿光城区防洪压力,确保寿光城区防洪安全;当弥河分流以下弥河断面流量>3 680 m³/s(50 年一遇洪水标准)时,利用分弥入老河工程分流洪水,减轻下游堤防和滨海城区防洪压力,确保滨海城区防洪安全。

(3)下滞。

①弥河分流(见图 15-5)。

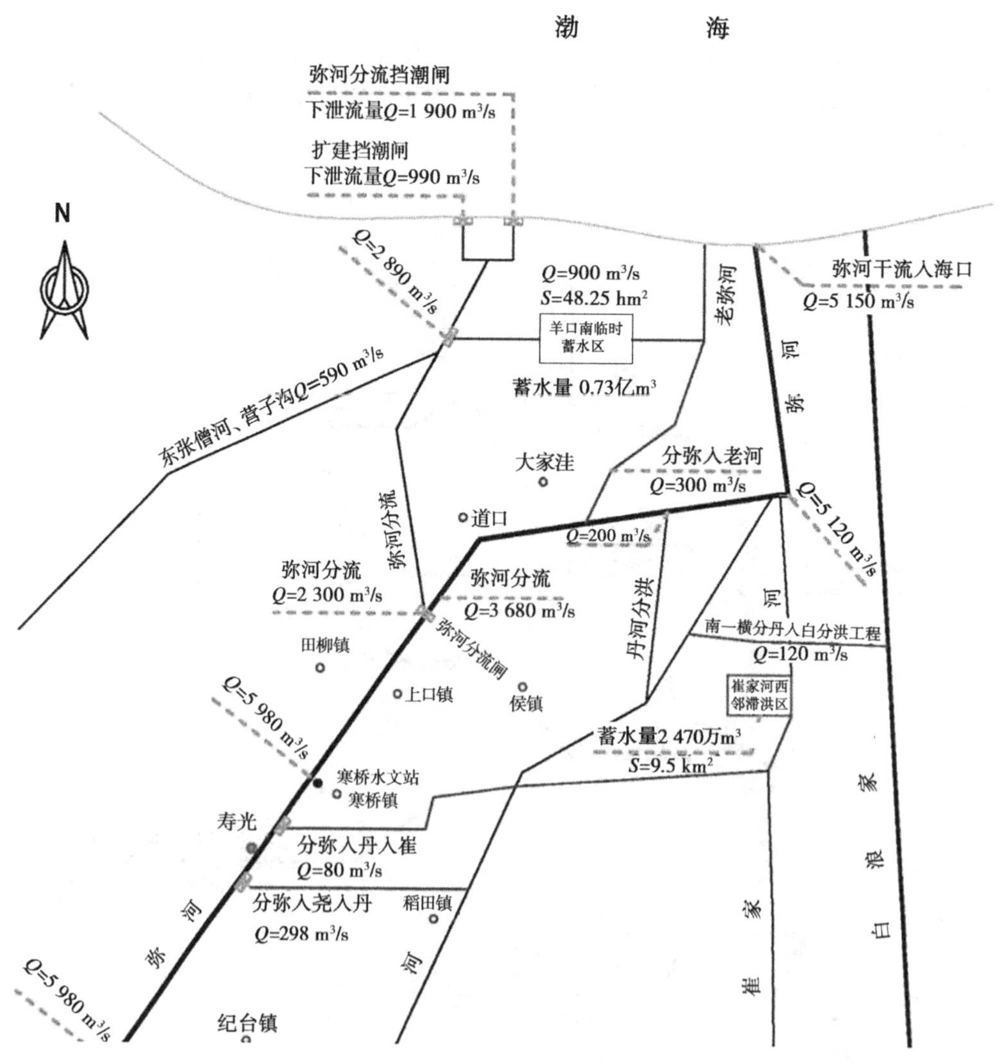

图 15-5　弥河下游分洪、滞洪图

分流口自营里镇中营村北营里、羊口镇等乡镇至羊口镇区东入海,临时分洪区位于河道桩号 27+000 处,设计河底高程为 1.215 m,50 年一遇设计水位 4.50 m,堤顶高程为 6.32 m,堤顶宽度 6 m,堤防边坡比为 1∶3。弥河分流入海口建有挡潮闸,设计标准 50 年一遇流量为 1 900 m^3/s。

②营子沟及东张僧河。

营子沟为寿光市北部主要排水干沟,接纳张僧河、西马塘沟、东马塘沟等河沟,下游入弥河分流。营子沟总流域面积为 481 km^2,主要解决张僧河水系的排水出路问题。营子沟、东张僧河入弥河分流口 50 年一遇洪峰流量为 590 m^3/s。

③临时滞洪区。

为确保分洪道下游重点工矿企业防洪安全,拟在分洪道入海处设临时滞洪区,位于大家洼镇北侧、羊口镇东侧。临时滞洪区西侧为弥河分流右堤,北侧至南环路及规划惠港二路,南至围滩河,东至老河;滞洪区面积为 48.25 km^2,滞洪区水深 1.5 m,滞洪量为 0.73 亿 m^3。

启用权限:临时滞洪区为确保分洪道下游重点工矿企业防洪安全,由潍坊防汛指挥部和寿光市防汛指挥部联合调度运用。

启用标准:当弥河分流营子沟断面流量大于 2 890 m^3/s,营子沟、东张僧河汇入洪水,超过 50 年一遇设防水位时启用临时滞洪区。

④分流规模。

当预报弥河发生 50 年一遇洪水时,弥河分流分洪流量为 2 300 m^3/s,营子沟、东张僧河入弥河分流 50 年一遇洪峰流量为 590 m^3/s,超过了弥河分流入海口挡潮闸泄流能力,需要进行分洪,拟定分洪最大规模为洪峰流量的 1/3,约为 900 m^3/s。

⑤规划分弥入丹入崔工程,规划崔家河西临时分洪区,面积为 9.5 km^2,可分洪蓄水量 2 470 万 m^3。

15.6.3　白浪河保护对象的优先级与分洪、滞洪方案

15.6.3.1　白浪河保护对象的优先级

白浪河潍坊城区下游段主要保护对象为固堤街道、央子街道、济青高铁、荣乌高速、滨海产业园区等。优先级为央子街道(含产业园区)、固堤街道、济青高铁、荣乌高速、沿河村庄、耕地等。

15.6.3.2　白浪河分洪、滞洪方案

白浪河 100 年一遇超标准洪水基本不漫堤,主要是右岸支流涨河标准较低。拟将规划的与分弥入丹入崔工程配套的崔家河西临时分洪区(面积 9.5 km^2,滞洪水量 2 470 万 m^3),作为白浪河(涨河)的临时滞洪区使用。白浪河分洪图见图 15-6。

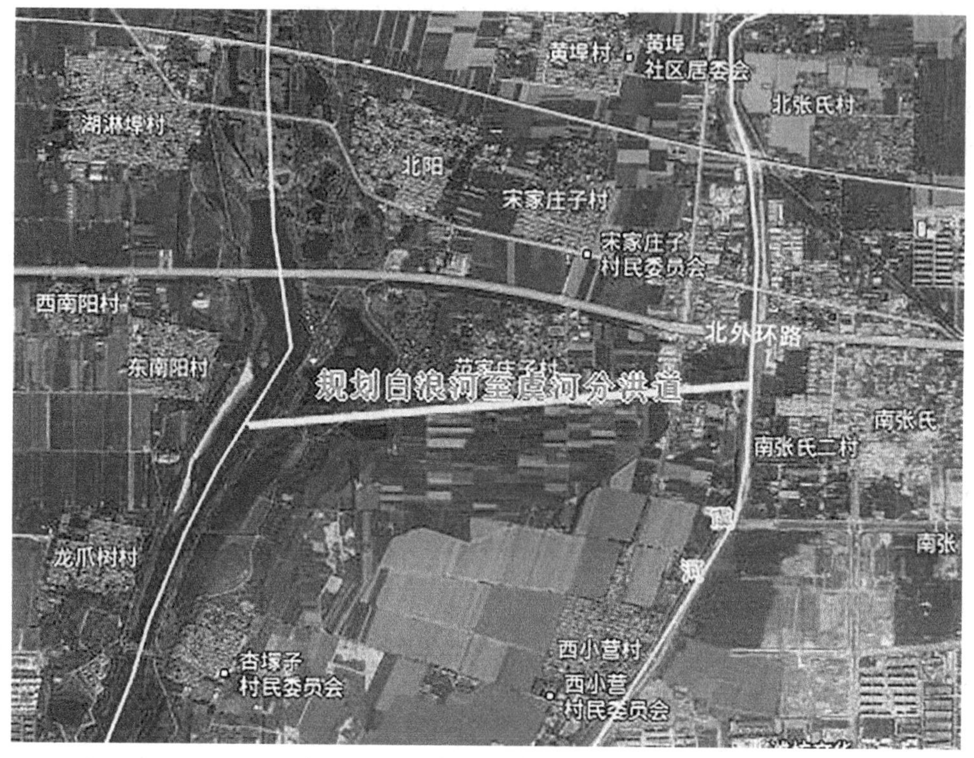

图 15-6　白浪河分洪图

白浪河主干流标准比较高。淹没区主要是支流浬河造成的。除去可以和弥河共用一个滞洪区外，建议下一步加大浬河治理力度。

另外，当白浪河发生超标准洪水，而虞河相对流量较小时，在上游北外环以南南张氏村附近规划分白入虞分洪道，规划距离仅需 2 km，相对高差约 3 m，可起到良好的分洪效果，同时还可利用虞河滞洪区滞洪。

15.6.4　虞河保护对象优先级与分洪、滞洪方案

15.6.4.1　虞河保护对象的优先级

虞河下游主要保护沿河村庄、济青高铁、荣乌高速、潍北农场及其他工矿企业。保护对象的优先级为：济青高铁、荣乌高速、沿河村庄（工矿企业）、潍北农场。

15.6.4.2　虞河分洪、滞洪方案

在荣乌高速以南、潍北农场东南、渔埠洞以北区域，虞河与丰产河之间的低洼区域规划虞河滞洪区，规划面积 50.8 km^2，蓄滞水约 1.5 m，滞洪量约 7 600 万 m^3。虞河和虞河下游分洪、滞洪图见图 15-7、图 15-8。

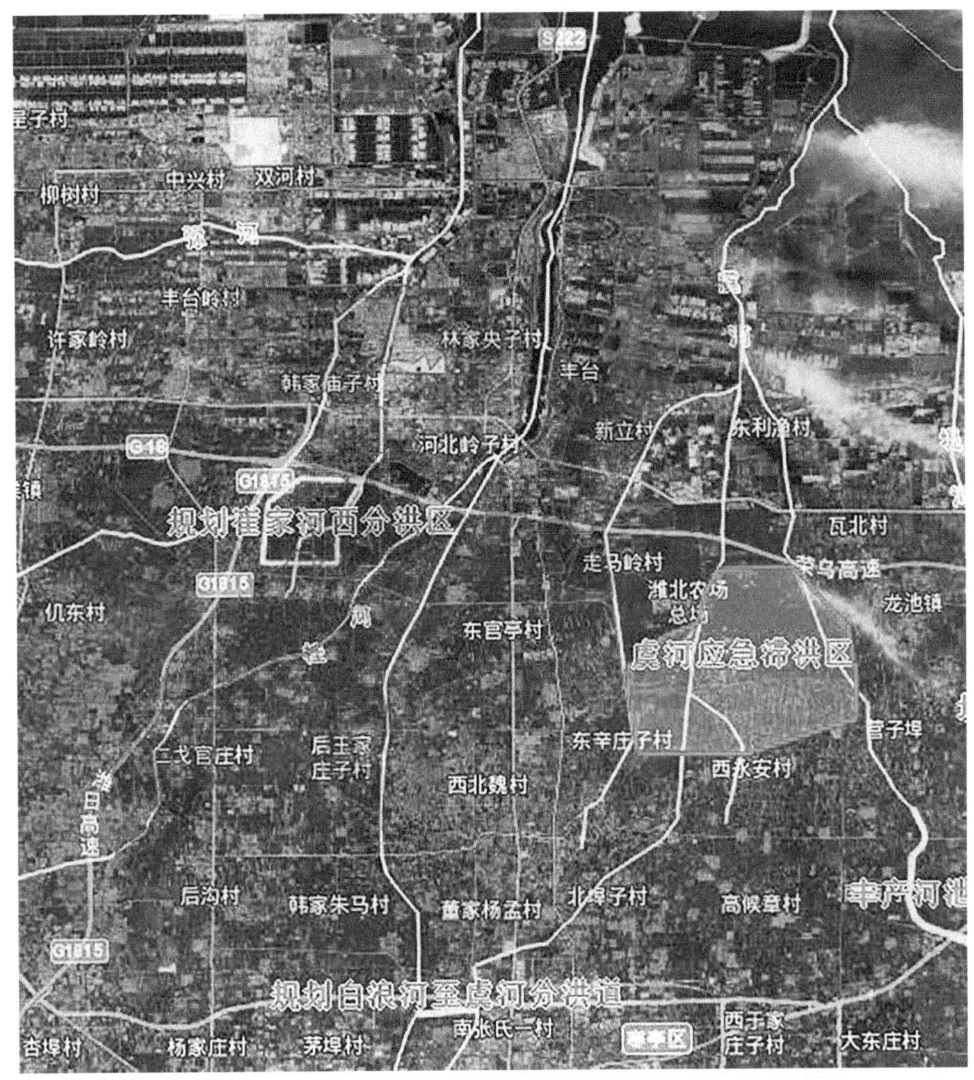

图 15-7　虞河下游分洪滞洪图

15.7　滨海绿色化工园区的防护措施

滨海绿色化工园区位于滨海大家洼街道，园区内集中了滨海经济技术开发区大量化工生产和经营企业，化工园区的大体范围包括：蓝海路—大莱龙铁路—西海路—大海路—老河以东，黄海路以西，老防潮坝以南，创新街—弥河北岸—大莱龙铁路—工业街以北的范围（见图 15-9）。

图 15-8　虞河滞洪图

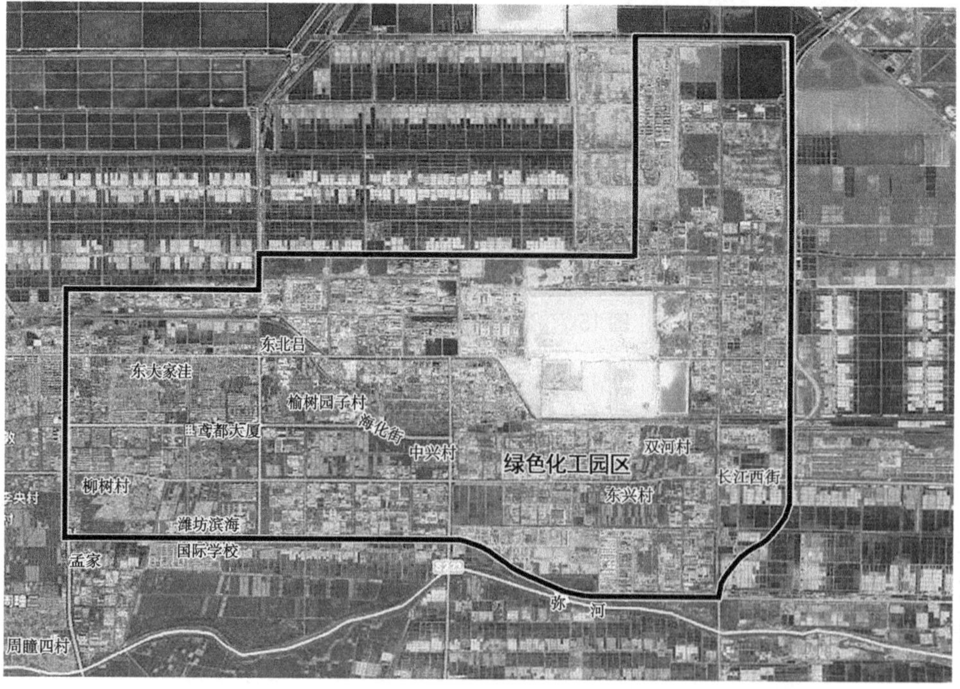

图 15-9　潍坊滨海绿色化工园区范围图

绿色化工园区地势较高,但是当弥河发生 100 年一遇洪水并遭遇渤海湾 50 年一遇大潮时,会造成园区的东北部、东南部局部淹没(见图 15-10),淹没水深一般在 0.1～1.0 m(见图 15-11、图 15-12)。为保护化工产品和周边环境安全,需要采取堆积防汛沙袋、砌筑防洪墙进行保护。相关企业应该根据该企业可能的淹没区域与淹没水深备足有关防汛物料。数量按照堆砌 1 m 高的临时防洪墙,普通防汛沙袋 30～35 条/m 准备。也可采取组装式防洪墙,根据相应的规格进行准备。

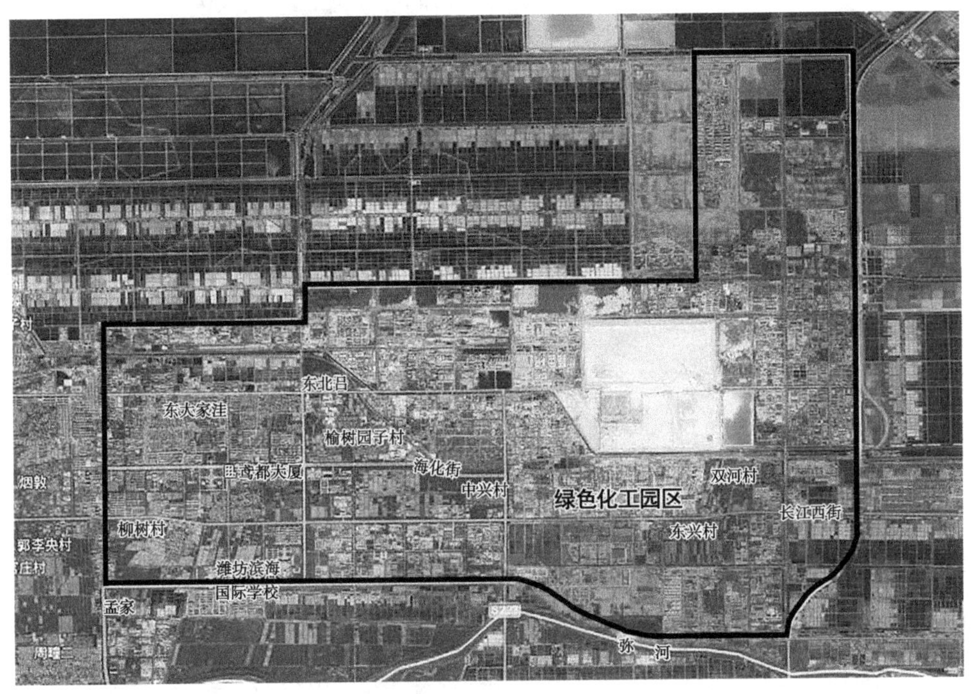

图 15-10　绿色化工园区淹没范围图(弥河 100 年一遇洪水+50 年一遇潮位 3.38 m)

15.8　工程巡查

巡堤查险要根据水位按责任堤段分组次,采用昼夜轮流的方式查险,遇较大洪水或特殊情况,要加派巡查人员、加密巡查频次,必要时应 24 h 不间断、拉网式巡查。

15.9　技术支撑

市、县两级水利局分别派出专家组赶赴沿河市区、镇街指导抗洪抢险,制订抢险方案,提出抢险意见和建议。市水利局可申请省水利厅派出专家组指导抢险救灾。

图 15-11　潍坊滨海绿色化工园区东北部范围与水深图(50 年一遇潮位)

15.10　堤防抢护

为避免或减轻遭遇超标准洪水时造成的重大灾害,采取紧急加高加固堤防、紧急保坝等措施,力争堤防不决口。

15.10.1　力保堤防不决口的防御措施

加强堤防抢护,强迫河道超泄。利用堤防的设计超高或临时抢修子堤,加大河道泄洪能力。

图 15-12　潍坊滨海绿色化工园区东南部范围与水深图(50 年一遇潮位)

15.10.2　堤防失事后的应急措施

(1)堵口复堤。为控制堤防决口造成的灾害,应根据不同情况及时采取平堵、立堵或混合堵的方法进行堵口复堤。

(2)抢筑临时防线,限制淹没范围。堤坝失事后,在可能的条件下要利用自然高地、渠堤、河堤、路基等迅速抢筑临时防线,尽最大努力控制淹没范围、减少人员伤亡和财产损失。

(3)组织居民紧急转移。镇街、村根据水利部门发布的预警,组织将被淹没区的居民和重要物资在洪水到来之前,转移到安全地区,并做好灾民安置、救济和卫生防疫工作。

15.11　团结抗洪

指挥部各成员单位(部门)按照职责分工,全力开展抗洪抢险救援工作。常备队、抢险队、预备队全部上岗到位,向省防汛抗旱总指挥部申请抢险队支援,组织全社会力量开展抢险救灾。防汛物资全部调运到位,向省防汛抗旱总指挥部申请物资支援,征集社会物资,实施全线抢险加固。

第 16 章　洪水消退

16.1　巡　查

在洪水消退过程中，对河道堤防和工程继续不放松巡视检查，防止堤防由于长时间浸泡发生工程险情。

各河道、各水文观测站，根据雨情、水情预测，做出洪水回落预报，并逐级上报到市、省水文局和市水利局、省水利厅。

当洪水开始消退时，对河道堤防和工程继续不放松巡视检查，要加强迎水坡的观察，绝不能麻痹大意，发现塌坡及时抢护，防止出现大的险情，密切注视重点堤段和险工险段的情况，防止堤防由于长时间浸泡发生工程险情。

16.2　继续加固出险工段

对河道堤防和工程的出险段，洪水消退过程中需要继续加固。

16.3　抗洪抢险队伍撤离

现场应急防汛指挥部主要领导、抢险队、常备队等根据指令，可分批逐步撤离。

当洪水退至警戒流量以下且没有其他险情发生时，洪水过程结束，各级防汛指挥部门恢复到一般汛期工作状况。

第 17 章　善后处理

17.1　调查总结评估

有关防汛部门与单位根据防汛突发事件的具体情况，对潍河河道堤防和工程的汛后状况进行调查，对防汛突发事件发生的原因、过程和损失，以及事前、事中、事后全过程的应对工作，进行全面客观的总结、分析与评估，提出改进措施，形成总结与自评估报告。上级主管部门根据具体情况，进行监督评估。

17.2　灾后救助

(1)物资和劳务的征用补偿。抢险期间，如征用了当地群众的物资，应按当地市场价格，经当地物价或审计部门核定数量，由当地人民政府给予补偿；当地政府应对参与抢险的人员给予适当补助。

(2)社会捐赠和救助管理。由市、县应急管理局统筹安排，并负责捐赠资金和物资的管理发放工作。

(3)保险。按照潍坊市巨灾保险等有关保险规定，组织开展理赔。如家庭、个人或企事业单位购买了自然灾害险商业险种，保险公司应及时按章理赔。

17.3　水毁工程修复

对洪水造成的水毁工程，应尽快落实资金，组织开展工程修复，恢复防洪能力。

对影响防汛安全和关系人民群众生活生产的工程及防汛通信设施，应尽快组织应急抢险修复。

对其他遭到毁坏的市政设施、交通、电力、通信、供油、供气、供水、排水、房屋、跨河管线、水文设施等，由相关部门负责尽快组织抢险修复，恢复功能。

水毁设施修复、河道清淤清障及城市道路(立交桥)积水点消除、防汛隐患点治理等工程项目，应根据其重要程度和损失程度，视情况列入下一年度的应急度汛工程。

17.4　抢险物资补充

对防汛抢险救灾物资消耗情况进行清点，保证抢险物资及时补充到位，对调用的省、市物资及时购买归还或支付料款。

17.5　方案修订

汛前,对预案进行修编、完善并及时公布,增强预案的针对性和可操作性;同时结合实际,开展预案演练和培训。注重与各市、区相关预案建立科学衔接机制,不留空当。

第 18 章　保障措施

18.1　物资保障

按防御洪水的需要,落实物资储备与社会物料的种类与数量。对省、市、县工程管理单位储存的防汛物资种类、数量,说明物资储备地点和保管人、责任单位和责任人,物资的调拨权限与程序等。

18.1.1　防汛物资储备

防汛抢险物资储备以政府储备和工程管理单位储备相结合的原则,按照水利部《防汛物资储备定额编制规程》要求进行足额储备。

沿河县区应分别建立防汛物资储备制度,根据当地防汛抢险特点,储备必要的救援船只、车辆、挖掘机、发电机、救生衣、橡皮舟、冲锋舟、排水机械、备用电源、照明灯具、报警装置、警示标志、土工布(膜)、编织袋、防汛绳、铁丝、木桩、柴油、汽油等应急防汛抢险物资、设备和新型抢险材料。

防汛物资仓库应建立并完善防汛物资、设备材料的登记,定期检查、核销、补充、维修保护、报告制度,并做好防火防盗工作。每年汛前要进行清仓查库、翻晒倒垛,避免霉烂、损坏,汛前检查组应对防汛物资储备情况及其质量进行检查,检查人员要签字确认,并将物资、设备储备情况报同级防汛抗旱指挥部。

18.1.2　防汛物资调度

(1)省防汛抗旱指挥部在各市储存的防汛物资,由省防汛抗旱指挥部统一调拨。在紧急防汛期,市、区各级防指,根据防汛抗洪需要,有权在管辖区内调用防汛物资、设备及交通运输工具。在本级储备物资不能满足时,可向上级防指提出调用申请。

(2)市级防汛物资调拨程序:市级防汛物资的调用,由市防汛抗旱指挥部根据需要直接调用,或向市防汛抗旱指挥部提出申请,经批准同意后,由市防办(市救灾和物资保障处)向储存单位下达调令。抢险救灾结束后,属市级直接调用的,由市防办(市救灾和物资保障处)及时办理核销手续。已消耗的市级防汛物资,属市、区、市属开发区申请调用的,由市、区、市属开发区防办(救灾和物资保障处)在规定时间内,与市防办(市救灾和物资保障处)按调出物资的规格、数量、质量进行资金结算,或重新购置返还给指定的定点仓库储备。

(3)市级其他部门物资调用程序:市防指调用市级其他部门防汛物资的,部门有专门调用程序的,按其调用程序办理。部门没有专门调用程序的,参照市级防汛物资调用程序办理。

(4)当储备物资消耗过多或储存品种有限,不能满足抢险救灾需要时,应及时启动生产流程和生产能力储备,联系有资质的厂家紧急调运、生产所需物资,必要时可向社会公开征集。

(5)社会物资的征用程序:市、区人民政府、市属开发区管委会对社会物资依法实施应急征用时,应当事先向被征用的单位和个人签发《应急处置征用通知书》,并登记造册,《应急处置征用通知书》应当包括征用单位名称、地址、联系方式、执行人员姓名、征用用途、征用时间以及征用财产的名称、数量、型号等内容。情况特别紧急时,可以依法先行征用,事后补办手续。被征用的财产使用完毕,实施征用的人民政府应当及时返还被征用人;财产被征用或者征用后损毁的,应当依法予以补偿。

(6)在险情排除后,将剩余物资收回保存,抢险消耗的料物在次年汛前要足额补全,以备汛期使用。

防汛物资运输由沿河县区政府和防汛抗旱指挥部负责委托运输部门承担。

18.2　防汛队伍保障

18.2.1　防汛队伍构成

防汛抢险队伍组成人员及任务如下:

(1)常备队。防汛抢险的技术骨干力量,由河道堤防、水库、闸坝等工程管理单位的管理人员、护堤员、养护班、护闸员等组成。平时根据管理养护掌握的情况,分析工程的抗洪能力,做好出险时抢险准备。进入汛期即投入防守岗位,密切注视汛情,加强检查观测,及时分析险情。队员要不断学习管理养护知识和防汛抢险技术,并做好专业培训和实战演习。

(2)机动队。训练有素、技术熟练、反应迅速、战斗力强的机动抢险力量,承担重大险情的紧急抢险任务。要与管理单位结合,人员相对稳定。平时结合管理养护,学习提高技术,参加培训和实践演习。机动抢险队应配备必要的交通运输和施工机械设备。

(3)抢险队。抢护工程设施脱离危险的突击性力量,主要完成急、难、险、重的抢险任务,一般由军队、武警组建,执行较大的险情抢护任务。

(4)预备队。又称防汛基干班,是群众性防汛队伍的基本组织形式,人数比较多。由沿河道堤防两岸和闸坝、水库工程周围的镇(街)、村、社区中的民兵或青壮年组成。预备队伍组织要健全,汛前登记造册编成班组,要做到思想、工具、料物、抢险技术四落实。

18.2.2　防汛队伍调度

(1)当地防汛队伍参加抢险程序。由当地人民政府和防汛抗旱指挥部根据险情情况就近、快速地负责辖区内的抢险队伍调度工作。

(2)申请调动上级防汛抗旱指挥部或部门队伍参加抢险程序。需调动上一级防汛抗旱指挥部或政府部门抢险救灾队伍的,由本级防汛抗旱指挥部向上一级防汛抗旱指挥部提出申请,上一级防汛抗旱指挥部协调调动。

(3)调动市防汛抢险机动队程序。各市、区、市属开发区需要市防汛机动大队支援时,由县、市、区防汛抗旱指挥部向市防汛抗旱指挥部提出申请,由市防汛抗旱指挥部批准。

(4)申请调动部队参加抢险程序。市政府或市防汛抗旱指挥部组织的抢险救灾需要部队参加的,由市防汛抗旱指挥部根据需要向驻潍部队提出申请,由部队根据部队有关规定办理。市、区人民政府、市属开发区管委会组织的抢险救灾需要部队参加的,应通过当地应急指挥部部队成员单位提出申请,由部队成员单位按照部队有关规定办理。

(5)申请调动部队参加抢险救灾的文件内容包括灾害种类、发生时间、受灾地域和程度、采取的救灾措施以及需要使用的兵力、装备等。

18.3　交通、通信及电力保障

18.3.1　交通保障

交通部门负责解决抢险所需的交通运输车辆和船只;组织维修、养护抢险队伍所通过的道路;用图纸和文字相结合的形式标明车辆、船只待命的地点和数量;组织车辆维修组到抢险工地抢修车辆。

18.3.2　通信保障

河道水情应急传递以网络和有线电话为主、移动电话为辅,向下游传递河道水位,向上级防汛抗旱指挥部报水情。情况紧急时启用卫星通信电话。

防汛抢险指挥采用网络和固定电话为主,移动手机、卫星电话为辅,进行抢险指挥工作;通信中断时,由通信公司负责提供应急通信装备。

18.3.3　电力保障

供电公司负责所辖电力设施的运行安全;保障防汛抢险、排涝、救灾的电力供应。

18.3.4　技术保障

市、县两级水利局成立抢险专家组,充分发挥专家库作用,提升指挥决策的科学性、时效性。

18.4　其他保障

18.4.1　资金保障

市及县(市、区)财政局根据灾害程度,安排资金,用于防汛物资购置。

18.4.2　卫生防疫

卫生防疫工作由卫生部门负责组织,并负责医务人员的组织、医疗器械、药品和设施的储备,由指挥部统一调用,同时做好灾区突发传染病的预防及治病措施。对水源水质进行检验和饮水消毒,检查饮食卫生,防止食物中毒,搞好环境卫生及防疫工作。

18.4.3　生活救助

市及县(市、区)应急局负责受灾群众的生活救助,组织安排受灾群众,做好受灾群众的临时生活安排,保证灾民有粮吃、有衣穿、有房住,切实解决受灾群众的基本生活问题。

18.4.4　安全保卫

市及县(市、区)公安局负责维护抢险区域的治安保卫工作,保障抢险队伍的交通畅通无阻。同时负责转移群众以及居民财产安全,防止哄抢、偷盗事件发生。紧急情况下,可以联系武警支队增援。

18.4.5　宣传报道

宣传报道工作具体由宣传部门负责。

18.5　宣传、培训与演练

18.5.1　宣传

应向社会公布值班电话,组织防汛宣传活动,增强公众防汛应急能力。

18.5.2　培训

潍坊市防汛抗旱指挥部、潍坊市水利局及组建的相关抢险常备队伍应加强相关技术人员日常应急培训和重要目标工作人员的应急培训和管理,要定期或不定期举办防汛应急管理和救援人员培训班,向职工提供防汛应急培训和知识讲座。

18.5.3　演练

潍坊市防汛抗旱指挥部和潍坊市水利局负责制订防汛应急工作演习方案、计划,演练要从实战角度出发,深入发动应急等相关单位干部群众参与,提高防范和处置技能,增强实战能力,同时达到普及应急知识和提高应急技能的目的。

第 19 章　附　件

19.1　潍河超标准洪水遇海水顶托淹没图与转移安置路线

潍河超标准洪水遇海水顶托淹没图与转移安置路线见图 19-1。

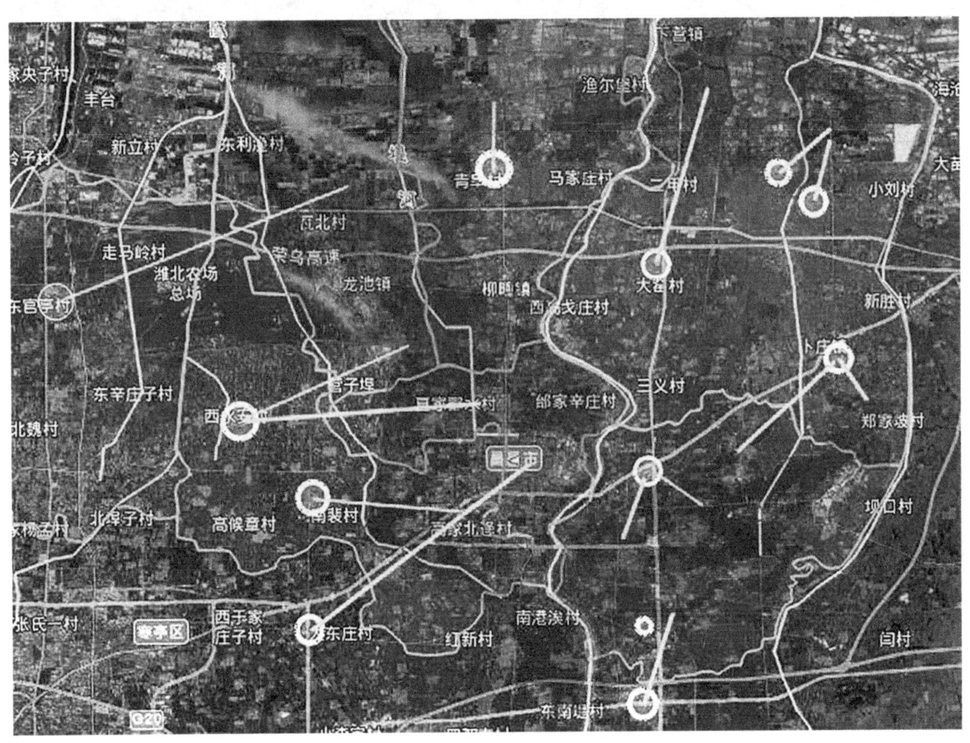

图 19-1　潍河超标准洪水遇海水顶托淹没图与转移安置路线

19.2　弥河超标准洪水遇海水顶托淹没图与转移安置路线

弥河超标准洪水遇海水顶托淹没图与转移安置路线见图 19-2。

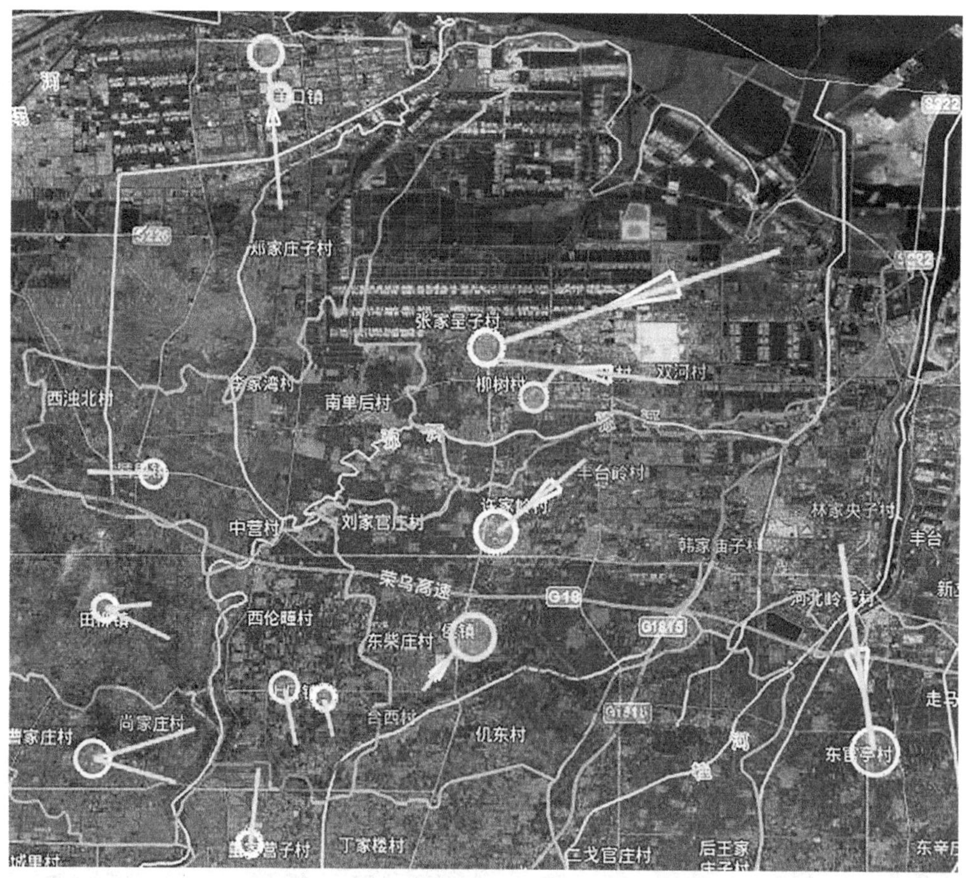

图 19-2　弥河超标准洪水遇海水顶托淹没图与转移安置路线

19.3　白浪河超标准洪水遇海水顶托淹没图与转移安置路线

白浪河超标准洪水遇海水顶托淹没图与转移安置路线见图 19-3。

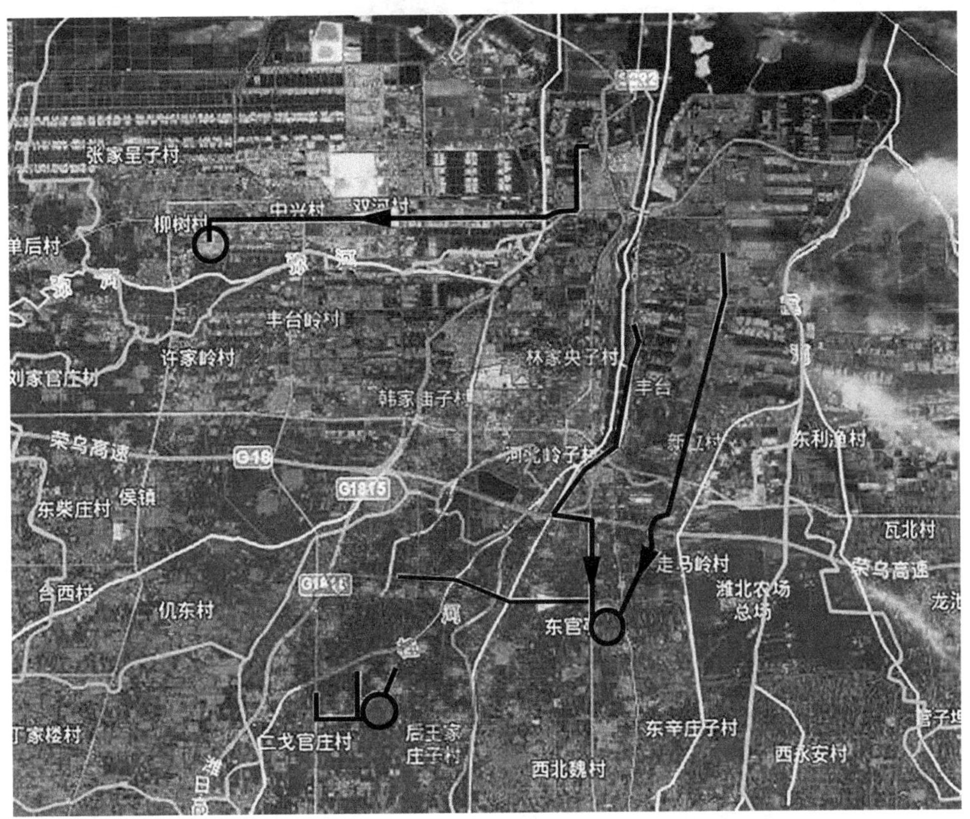

图 19-3　白浪河超标准洪水遇海水顶托淹没图与转移安置路线

19.4　虞河超标准洪水遇海水顶托淹没图与转移安置路线

虞河超标准洪水遇海水顶托淹没图与转移安置路线见19-4。

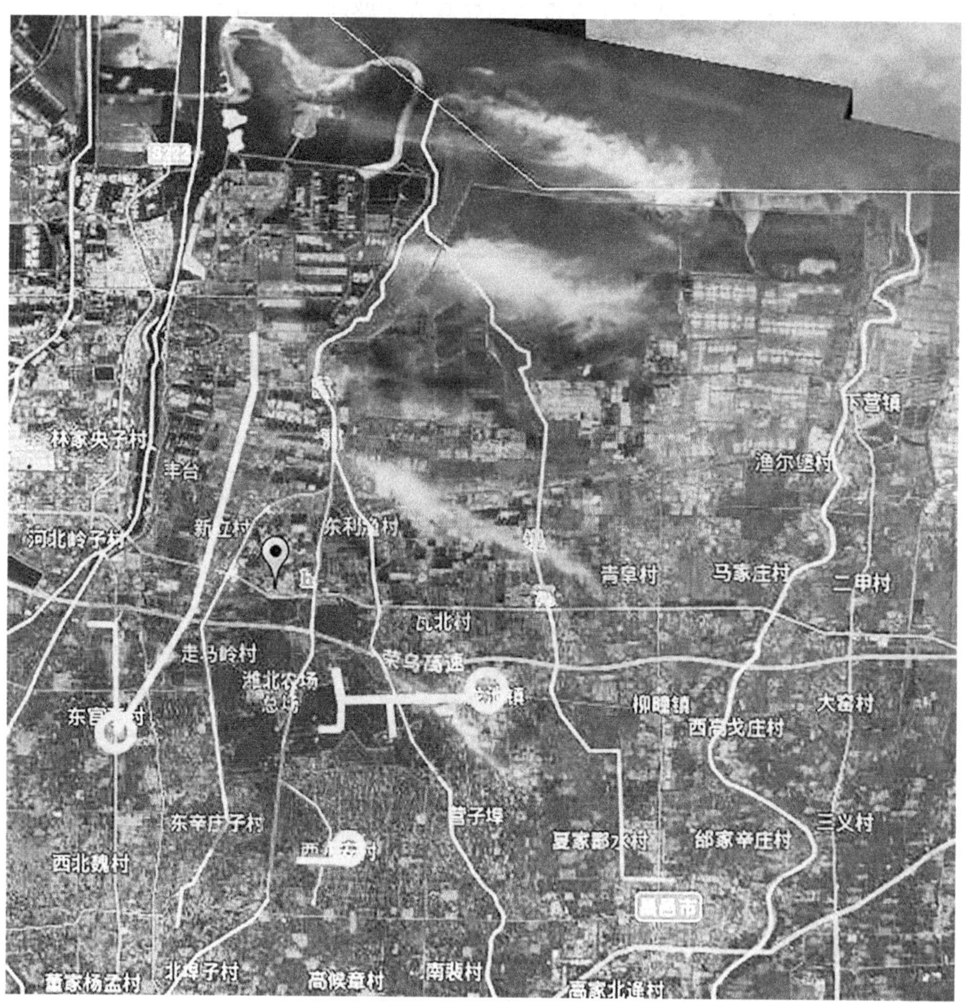

图19-4　虞河超标准洪水遇海水顶托淹没图与转移安置路线

19.5　淹没风险区人员转移安置路线

各骨干河流不同频率洪水与不同潮位组合的淹没区各镇、街转移路线和安置路线见表 19-1~表 19-4。

表 19-1　潍河不同频率设计洪水遇不同潮位淹没区转移路线

县区	乡镇街道	转移安置路线
昌邑	下营镇	西部居民经下小路向南至卜庄镇东冢初中、小学安置； 东部区域沿金晶大道向南转移至辛庄学区小学或北赵小学安置点
昌邑	柳疃街道	向南转移至：昌邑市青乡中学、小学、渤海宾馆、蓝天大酒店安置
昌邑	龙池街道	水淹一般较浅，可以就近安置，也可以转移安置：北部区域向西沿香江东街至固堤街道再向南经渤海路到达泊子中学、泊子小学安置点； 南部区域向西转移至都昌街道永安中学、泊子永安小学安置点
昌邑	奎聚街道	北部区域转移至都昌街道永安中学、永安小学安置点； 南部区域经南环路、烟汕路向西转移至寒亭区朱里镇河滩初中安置； 或者就近高楼层安置
昌邑	都昌街道	就近向西转移至双台乡中心小学安置；或就近高楼层转移
昌邑	卜庄镇	就近向东北至卜庄初中安置点
昌邑	围子街道	南部区域向南至宋庄小学安置，或经下小路至石埠镇综合高中安置；北部区域向围子三中、中心小学安置；东南区域向密埠店小学转移；东北向卜庄初中转移

表 19-2 弥河不同频率设计洪水遇不同潮位淹没区转移路线

县区	乡镇街道	转移安置路线
滨海	大家洼街道	向东转移至潍坊科技职业学院、潍坊滨海鲲城学校、潍坊滨海中学安置
滨海	央子街道	沿北海路转移至寒亭泊子中学、小学安置
寿光	羊口镇	向北转移至寿光市技工学校、羊口中学安置;化工企业提前做好危化品的处置工作
寿光	侯镇	向侯镇中学、岔河中学转移安置;化工企业提前做好危化品的处置工作
寿光	上口镇	向北转移至上口中心小学、上口一中、上口南邵小学安置
寿光	洛城街道	向南转移至洛城三中安置
寿光	田柳镇	向西转移至田柳初级中学、田柳小学安置
寿光	营里镇	向东转移至营里中学安置
寿光	古城街道	就近向西转移至寿光市里安置

表 19-3 白浪河不同频率设计洪水遇不同潮位淹没区转移路线

县区	乡镇街道	转移安置路线
滨海	央子街道	沿海汇东路、渤海路进入固堤境内安置在泊子中心学校、泊子小学、宾馆等;也可就近向高处转移安置
滨海	大家洼街道	沿黄河西街转移至潍坊滨海鲲城学校
寒亭	高里街道	就近转移至南孙中心学校
寒亭	固堤街道	向东南转移至泊子小学

表 19-4 虞河不同频率设计洪水遇不同潮位淹没区转移路线

县区	乡镇街道	转移安置路线
滨海	央子街道	沿海汇东路、渤海路进入固堤境内安置在泊子中心学校，也可就近向高处转移安置
寒亭	固堤街道	渔洞埠村，向东就近转移至永安小学；潍北农场二、三、六分场，向东转移至昌邑龙池镇初级中学；前岭子村，向东南就近转移至泊子中心学校

19.6 潍河有关附表

(1)潍河干流各控制断面水位、流量表(见表 19-5)。

(2)潍河流域内大中型水库特性指标表(见表 19-6)。

(3)潍河干流下游拦河闸坝主要技术指标表(见表 19-7)。

(4)潍河下游险工险段统计表(见表 19-8)。

(5)潍河下游堤防道口情况统计表(潍坊境内)(见表 19-9)。

(6)潍河超标准洪水现场应急指挥机构组成表(见表 19-10)。

表 19-5　潍河干流各控制断面水位、流量表

序号	控制地点	桩号	流域面积/km^2	堤顶高程/m		滩地高程/m		50 年一遇设计洪水		现状防洪能力	$Q_{现}/Q_{设}$
				左	右	左	右	水位/m	流量/(m^3/s)	流量/(m^3/s)	%
								$H_{设}$	$Q_{设}$	$Q_{现}$	
1	枳沟橡胶坝	10+000	883	74. 30	74. 86			71. 65	2 229	2 229	100
2	栗元橡胶坝	26+150	1 163	62. 28	61. 71			60. 44	3 683	3 683	100
3	密州橡胶坝	30+500	1 858	60. 17	60. 05			56. 906	6 580	6 580	100
4	道明橡胶坝	45+400	2 153	50. 90	50. 50			50. 50	7 379	7 379	100
5	古县橡胶坝	54+900	2 556	45. 16	47. 60			47. 51	8 424	6 000	71
6	辉村橡胶坝	17+025	6 502	26. 00	25. 21	20. 50	20. 50	23. 283	5 700	5 700	100
7	潍河济青李家庄橡胶坝工程	24+510		22. 10	19. 58	15. 30	15. 30	19. 316	5 700	5 700	100
8	金口橡胶坝	40+200		16. 05	17. 18	11. 00	11. 00	15. 398	5 700	5 700	100
9	城东橡胶坝	45+890		13. 66	14. 32	10. 20	10. 20	13. 45	5 700	5 700	100
10	城北橡胶坝	48+106		13. 63	13. 71	8. 53	9. 20	12. 418	5 700	5 700	100
11	柳疃橡胶坝	56+775		10. 60	11. 25	6. 84	8	9. 176	5 700	5 700	100
12	潍河防潮蓄水闸	67+754		4. 83	8. 20	3. 50	3. 80	7. 132	5 700	5 700	100

表 19-6　潍河流域内大中型水库特性指标表

序号	水库名称	汛末计划		汛中限制		允许超蓄		警戒水位/m	允许最高水位/m	死库容/万 m^3	兴利库容/万 m^3	总库容/万 m^3	历史最高	
		水位/m	蓄水量/万 m^3	水位/m	蓄水量/万 m^3	水位/m	蓄水量/万 m^3						水位/m	出现时间（年-月-日）
1	墙夼	98.5	9 793	98	8 871	98.5	9 793	103.07	107.8	1 129	9 793	38 693	103.32	1974-08-13
2	峡山	38.0	59 259	37.4	52 602	37.4	52 602	39.52	42.3	4 025	52 602	141 096	39.76	1974-08-15
3	高崖	153	7 931	153	7 931	153	7 931	155.26	159.35	1 386	6 545	15 995	155.62	1918-08-19
4	牟山	76	8 820	75	6 798	75.5	7 757	77	80.6	2 283	14 411	28 072	77.9	1970-08-29
5	学庄	187.4	1 342	187.4	1 342	187.4	1 342	189.69	191.23	289	1 053	1 932	187.9	1976-06
6	河西	114.3	987	114.3	987	114.3	987	116.19	116.47	21	966	1 887	117.8	1974-08-13
7	长城岭	164	695.9	163	588.2	163.5	642.1	165.41	166.97	4.5	691.4	1 096	165.4	1961
8	小王疃	112.34	760	112.34	760	112.34	760	114.7	114.7	135	625	1 500	114.7	1975-08-13
9	青墩子	91.2	2 076	91.00	1 972	91.20	2 076	93.43	94.82	159	2 076	4 389	92.75	1911-08-28
10	三里庄	70.22	2 639	70.15	2 588	70.15	2 588	71.58	75.31	67	2 639	9 036	71.98	1999-08-12
11	石门	129.8	669	129.8	669	129.8	669	131.16	131.87	66	669	1 002	131.45	1999-08-12
12	郭家村	94	965	94	965	94	965	95.85	96.39	72	965	1 550	94.22	1975-08-04
13	牛台山	83	399	83	399	83	399	86.22	87.83	118	281	1 104	84	1999-08-12
14	共青团	66.5	368.5	65	175	65	175	68.58	70.08	3	539	1 090	68.10	1997-08-22
15	吴家楼	84.8	471	84.8	469	84.8	471	86.18	86.97	43	469	1 089	87.8	1974-08-13
16	下株梧	114.2	978	113.45	850	113.45	850	116.11	117.26	36	978	1 634	115.83	1974-08-13
17	于家河	147.3	3 397	145.9	2 890	146.5	3 100	149.62	151.56	390	3 397	5 402	147.57	1974-08-13
18	大关	243	1 403	242.3	1 285	242.3	1 285	246.11	247.76	232.4	1 403	2 394	242	1918-08-19
19	沂山	332.8	760	332.8	760	332.8	760	334.6	336.18	70	760	1 023	334.63	1998-08-22
20	尚庄	113	1 151	113	890	113	890	115.75	117.39	132	1151	2 089	115.76	1974-08-13

表 19-7　潍河干流下游拦河闸坝主要技术指标表

序号	闸、坝名称	闸、坝位置				工程等别	主要建筑物级别	闸孔数量/孔	设计标准/年	校核标准/年	坝高/m	坝长/m	蓄水能力/万 m^3	建设时间	管理单位
		市	县（区）	乡（镇、街道）	街（村）										
1	金口橡胶坝	潍坊市	昌邑市	围子街道	北金家口村	Ⅱ	2	3	50		4.00	180	200	2006	昌邑市潍河防潮蓄水闸服务所
2	城东橡胶坝	潍坊市	昌邑市	围子街道	王家隅庄村	Ⅱ	2	3	50		3.50	190	1 000	2002	
3	城北橡胶坝	潍坊市	昌邑市	奎聚街道	初曲村	Ⅱ	2	3	50		4.50	240	600	2010	
4	柳疃橡胶坝	潍坊市	昌邑市	柳疃镇	徐家庄村	Ⅱ	2	5	50		3.20	300	1 300	2006	
5	潍河防潮蓄水闸	潍坊市	昌邑市	柳疃镇	北辛安庄村	Ⅱ	2	11	50			132	1 000	1992	

表19-8　潍河下游险工险段统计表

市区	编号	险段名称	所在位置	岸别	长度/m	现有防洪能力/(m^3/s)	存在主要问题	责任人	联系电话
寒亭区	1	潍河东干渠	东干渠	左	1 000	5 700	过量采砂深槽,注意巡查		
昌邑市	1	山阳西	山阳村西	右	499	5 700	弯道凹岸,砂质边坡,注意巡查		
	2	顾仙	顾仙村西	右	800	5 700	橡胶坝蓄水水位变动,砂质边坡,注意巡查		
	3	田家湾	林家埠村西	右	1 100	5 700	弯道凹岸,砂质边坡,注意巡查		
	4	西小章	西小章村西	右	500	5 700	弯道凹岸,注意巡查		
	5	小营口	河西分水闸	左	900	5 700	弯道凹岸,注意巡查		
	6	洪崖口	庄头村东	左	750	5 700	弯道凹岸,已护砌,注意巡查		
	7	张董至杜家庄	张董至杜家庄村	右	2 300	5 700	弯道凹岸,部分护砌,注意巡查		
	8	高戈庄	高戈庄村西	右	100	5 700	建筑物老化失修,已封,注意巡查		
	9	申明亭	70+500	左	800	5 700	弯道凹岸冲刷,已护砌,注意巡查		

表 19-9 潍河下游堤防道口情况统计表(潍坊境内)

序号	县(市、区)	镇(街道)	岸别	位置	高度/m	宽度/m	性质用途	汛前处置措施	责任人	联系电话
1	昌邑市	奎聚	左	烟汕路道口	1.8	30	公路道口	安装装配式防洪墙,备足防汛物料		
2			左	新兴街与交通街交叉口	2.6	6	公路道口			
3			左	交通街潍河大桥西	2.6	4.5	公路道口			
4			左	交通街北	1.6	2	公路道口			
5			左	交通街北	1.8	8	公路道口			
6			左	交通街北	1.6	6	公路道口			
7			左	交通街北	1.6	6	公路道口			
8			左	交通街北	1.4	2	公路道口			
9		柳疃	左	大闸路道口	1.3~3.4	157	公路道口			
10		下营	右	西下营村西	1.8	8	农业生产	备足物料,有汛情堵复		
11			右	西下营村北	1.5	7	农业生产			
12			右	棋盘地村西	1.2	6	农业生产			
13			右	刘家圈村西	1.2	6	农业生产			
14			右	大江村西南	1.2	6	农业生产			

表 19-10 潍河防御洪水现场应急指挥机构组成表

分组设置	相关人员/单位	单位/职务	联系电话
指挥		市委副书记、市长	
副指挥		市政府秘书长	
		潍坊军分区副司令员	
		市应急局局长	
		市水利局局长	
		峡山区党工委副书记、管委会主任	
		峡山区党工委委员、峡山水库管理服务中心主任	
综合协调组	组长单位	市政府办公室	
	成员单位	市应急局	
		市水利局	
		市交通局	
		市农业农村局	
		市住建局	
抢险专家组	单位	市水利局	

续表 19-10

分组设置	相关人员/单位	职务/单位	联系电话
工程抢险组	组长单位	市应急局	
	成员单位	人民解放军和武装警察部队	
		市消防救援支队	
水情测报组	组长单位	市水文局	
	成员单位	市气象局	
转移救济组	组长单位	市应急局	
	成员单位	市交通局	
		市公安局	
电力保障组	单位	市供电公司	
通信保障组	组长单位	市工信局	
	成员单位	移动、联通、电信公司	
道路保障组	组长单位	市交通局	
	成员单位	市公路局	

续表 19-10

分组设置	相关人员/单位	职务/单位	联系电话
生活、物资保障组	组长单位	市应急局	
	成员单位	市交通局	
		市发改委	
		市住建局	
治安保卫组	单位	市公安局	
医疗卫生组	组长单位	市卫健委	
	成员单位	人民解放军和武装警察部队	
新闻宣传组	组长单位	市委宣传部	
	成员单位	市委网信办	
经费保障组	组长单位	市财政局	
	成员单位	市发改委	
纪律督察组	组长单位	市公安局	
	成员单位	市市场监管局	

注：县直部门对口市直部门；潍河现场应急指挥由峡山水库暨潍河防汛指挥部负责。

19.7　弥河有关附表

弥河有关情况见表 19-11～表 19-17。

表 19-11　弥河干流防洪运用控制指标表

序号	主要断面	流域面积/km^2	警戒水位/m	警戒流量/(m^3/s)	保证水位/m	保证流量/(m^3/s)
1	黄山断面	396		770		1 963
2	谭家坊断面			2 700		5 980
3	弥河分流口断面	2 263		2 722		5 980

表 19-12　弥河流域大中型水库特性指标表

序号	水库名称	汛中限制		允许超蓄		汛末计划		水位/m		库容/万 m^3		历史最高	
		水位/m	相应库容/万 m^3	水位/m	相应库容/万 m^3	水位/m	相应库容/万 m^3	警戒水位	允许最高水位	总库容	兴利库容	水位/m	时间（年-月-日）
1	冶源	137.72	9 608	137.72	9 608	137.72	9 608	138.76	141.95	16 863	9 608	138.86	1963-07-02
2	淌水崖	314.8	594	314.8	594	314.8	594	317.4	318.03	1 013	594	316.25	1998-08-23
3	丹河	189	629	189	629	189	629	191.31	193.39	1 243	629	190.99	2019-08-11
4	嵩山	284.5	3 382	285.5	3 628	289	4 586	290.62	292.1	5 628	4 586	287.55	2019-08-11
5	黑虎山	162	2 857	162.5	2 978	163	3 103	167.79	170.32	5 561	3 352	167.84	2018-08-19
6	荆山	148	505	148.5	545	149	588	151.67	154.22	1 210	588	151.18	2018-08-19
7	南寨	116.5	818	117.2	886	117.2	886	117.42	118.27	1 036	820	—	—

表 19-13 弥河下游拦河闸坝主要技术指标表

序号	闸、坝名称	闸、坝位置			工程等别	主要建筑物级别	设计标准/年	校核标准/年	闸孔数量/孔	坝高（闸门高）/m	坝长（闸长）/m	蓄水能力/万 m^3	建设时间	管理单位
		县（区）	乡（镇）	街（村）										
1	吕家橡胶坝	寿光市	纪台镇	吕家庄一村	Ⅳ	4	20	—	2	2.5	165	64	2019	寿光市水利事业发展中心
2	纪台橡胶坝	寿光市	纪台镇	前老庄村	Ⅳ	4	20	—	2	4	211.5	67	2004	
3	东方橡胶坝	寿光市	纪台镇	东方村	Ⅳ	3	50		2	4	465	500	2022	
4	王口橡胶坝	寿光市	圣城街道	王家庄子社区	Ⅳ	4	20	—	14	4	207.2	160	2010	
5	张建桥橡胶坝	寿光市	圣城街道	张建桥村	Ⅳ	4	20		2	3.2	212	88.5	2019	
6	寒桥拦河闸	寿光市	洛城街道	寒桥东社区	Ⅱ	2	20	50	13	4.5	208	145	2002	
7	杨庄橡胶坝	寿光市	古城街道	杨家庄村	Ⅳ	4	20	—	3	4	198	125	2005	
8	张家屯橡胶坝	寿光市	上口镇	张家屯村	Ⅳ	4	20		3	3.5	120	465.7	2017	
9	半截河橡胶坝	寿光市	上口镇	南半截河村	Ⅳ	4	20	—	1	3	140	86	2008	
10	鹿家橡胶坝	寿光市	营里镇	鹿家村东	Ⅳ	3	50	—	1	3	170	62	2022	
11	东道口橡胶坝	寿光市	营里镇	东道口村	Ⅳ	3	50	—	3	2.5	171.6	125.8	2022	
12	弥河分流控制闸	寿光市	营里镇	南岔河村	Ⅱ	2	50	100	24	5	272	—	2020	
13	弥河分流郝柳橡胶坝	寿光市	营里镇	郝柳村	Ⅲ	3	50	—	3	3	210	20	2013	
14	弥河分流虾场路北橡胶坝	寿光市	羊口镇	丁家庄子村	Ⅳ	4	50	—	1	3.25	60	180	2015	
15	羊田路东橡胶坝	寿光市	羊口镇	任家村	Ⅳ	4	50		1	3	60	60	2022	
16	弥河分流挡潮闸	寿光市	羊口镇	羊口镇区	Ⅲ	3	50		9	5	150	—	2015	

表 19-14　弥河防汛责任人情况表(部分内容略)

市	行政区	行政责任人	职务	技术责任人	电话	巡查责任人	电话	责任范围
潍坊市	潍坊市		市委副书记			沿河县市区		负责辖区内干流河道、堤防、分洪道、蓄滞洪工程、有关建筑物管理、维护、调度;按照上级防汛指令,负责组织防洪抢险等工作
	临朐县		县委副书记、县长			九山镇人民政府		
						石家河生态经济区发展服务中心		
						辛寨街道办事处		
						冶源街道办事处		
						东城街道办事处		
						城关街道办事处		
						龙山新材料产业发展服务中心		
						临朐县市政公用事业服务中心		
	青州市		市委副书记			弥河镇党委副书记		
						黄楼街道人大常委会主任		
						谭坊镇副镇长		
						东夏镇党委副书记		
						弥河运行维护中心副主任		
						弥河国家湿地公园管理服务中心副书记		

续表 19-14

市	行政区	行政责任人	职务	技术责任人	电话	巡查责任人	电话	责任范围
潍坊市	寿光市		市委副书记			田柳镇人民政府		负责辖区内干流河道、堤防、分洪道、蓄滞洪工程、有关建筑物管理、维护、调度；按照上级防汛指令，负责组织防洪抢险等工作
						羊口镇人民政府		
						营里镇人民政府		
						纪台镇人民政府		
						洛城街道办事处		
						古城街道办事处		
						上口镇人民政府		
						圣城街道办事处		
						侯镇人民政府		
						孙家集街道办事处		
	滨海区		区党工委委员、区管委会副主任			大家洼街道办事处		
						海港经济区		
						先进制造产业园		
						中央城区		

表 19-15　弥河下游险工险段统计表(部分内容略)

序号	位置			险工险段				巡查责任人			镇街责任人		
	县(市、区)	镇(街道)	村	名称	是否有抢险料物	料物存放地点	是否号备机械	姓名	职务	手机号	姓名	职务	手机号
1	寿光	纪台镇	牛角—镇武庙村	牛角—镇武庙村险工	是	纪台仓库	是						
2	寿光	孙家集街道	鲍家楼村	鲍家楼村险工	是	孙家集仓库	是						
3	寿光	圣城街道	张建桥	张建桥险工	是	圣城仓库	是						
4	寿光	洛城街道	褚庄	褚庄险工	是	圣城仓库	是						
5	寿光	圣城街道	桑家仕庄	桑家仕庄险工	是	圣城仓库	是						
6	寿光	洛城街道	北亓疃-北纸房	北亓疃-北纸房险工	是	洛城仓库	是						
7	寿光	古城街道	北马范	北马范险工	是	古城仓库	是						
8	寿光	洛城街道	贤西村	贤西村险工	是	洛城仓库	是						
9	寿光	古城街道	北孙云子	北孙云子险工	是	古城仓库	是						
10	寿光	上口镇	河疃-赵王南楼村	河疃-赵王南楼村险工	是	上口仓库	是						
11	寿光	田柳镇	刘家庄子村	刘家庄子村险工	是	田柳仓库	是						

续表 19-15

序号	位置			险工险段				巡查责任人			镇街责任人		
	县(市、区)	镇(街道)	村	名称	是否有抢险料物	料物存放地点	是否号备机械	姓名	职务	手机号	姓名	职务	手机号
12	寿光	上口镇	张家北楼—西王南楼	张家北楼—西王南楼险工	是	上口仓库	是						
13	寿光	营里镇	中营村	中营村险工	是	营里仓库	是						
14	寿光	上口镇	小营村	小营村险工	是	上口仓库	是						
15	寿光	上口镇	半截河村	半截河村险工	是	上口仓库	是						
16	寿光	营里镇	南岔河	南岔河东南险工	是	营里仓库	是						
17	寿光	营里镇	鹿家庄子村	鹿家庄子村险工	是	营里仓库	是						
18	寿光	侯镇仓库	刘家官庄村	刘家官庄村险工	是	侯镇仓库	是						
19	寿光	侯镇仓库	刘家官庄村	丹河分洪险工	是	侯镇仓库	是						
20	寿光	营里镇	西道口村	西道口村险工	是	营里仓库	是						
21	寿光	营里镇	河北道口村	河北道口村险工	是	营里仓库	是						

表 19-16　弥河下游道口统计表(部分内容略)

序号	位置			道口/缺口				巡查责任人			镇街责任人		
	县(市、区)	镇(街道)	村	名称	是否有装配式防洪墙	是否配备沙袋	是否号备机械	姓名	职务	手机号	姓名	职务	手机号
1	寿光市	圣城街道	东七	海洋馆对面湿地公园道口	是	是	是						
2	寿光市	圣城街道	张建桥	弥河左岸—张建桥桥西弥河公园门口	否	是	是						
3	寿光市	圣城街道	张建桥	弥河左岸—圣城街张建桥南	否	是	是						
4	寿光市	圣城街道	蔬菜标准中心	弥河左堤—蔬菜质量标准中心入口	否	是	是						
5	寿光市	圣城街道	马范	文圣街西道口	是	是	是						
6	寿光市	洛城街道	月季园	弥河右岸—月季园东门—沙袋堵复	否	是	是						
7	寿光市	洛城街道	屯西	弥河右岸—圣城街张建桥南	否	是	是						
8	寿光市	洛城街道	屯西	弥河右岸—农圣街桥富士街临时保通道路缺口	否	是	是						
9	寿光市	洛城街道	屯西	农圣街道口	是	是	是						
10	寿光市	洛城街道	寺西	文圣街东道口	是	是	是						
11	寿光市	上口镇	张北楼	南辛路道口	是	是	是						
12	寿光市	上口镇	口子村	加油站南道口	是	是	是						
13	寿光市	上口镇	小营村	三号路东道口	是	是	是						
14	寿光市	上口镇	北半截河	道广路南道口	是	是	是						
15	寿光市	营里镇	吴家营	三号路西道口	是	是	是						

续表 19-16

序号	位置			道口/缺口				巡查责任人			镇街责任人		
	县市区	镇	村	名称	是否有装配式防洪墙	是否配备沙袋	是否号备机械	姓名	职务	手机号	姓名	职务	手机号
16	寿光市	营里镇	中营村	引黄济青道口	否	是	是						
17	寿光市	营里镇	益隆道口	道广路北道口	是	是	是						
18	寿光市	侯镇	刘官	村西道口	否	是	是						
19	寿光市	侯镇	刘官	村北道口	是	是	是						
20	寿光市	侯镇	老大营	弥河右堤	否	是	是						
21	寿光市	侯镇	南宋	村路道口	是	是	是						
22	寿光市	侯镇	富源盐业	大九路道口	是	是	是						
23	寿光市	侯镇	富源盐业	疏港路道口	否	是	是						
24	滨海区	大家洼街道	长街西街	滨海弥河左堤—长江西街—装配式防洪墙	是	是	是						
25	滨海区	大家洼街道	黄河路	滨海弥河左堤—黄海路疏港路—沙袋堵复	否	是	是						
26	滨海区	大家洼街道	大九路	滨海弥河左岸—大九路—装配式防洪墙	是	是	是						
27	滨海区	大家洼街道	长江西街	滨海弥河右堤—长江西街—装配式防洪墙	是	是	是						
28	滨海区	大家洼街道	黄河西街	滨海弥河右堤—黄海西街右岸路面较低—沙袋堵复	否	是	是						
29	滨海区	大家洼街道	创新街	滨海弥河右堤—创新街—装配式防洪墙	是	是	是						

表 19-17 弥河现场应急指挥机构组成(部分内容略)

分组设置	相关人员/单位	单位/职务	联系电话
指挥		市委副书记、市长	
副指挥		市政府秘书长	
		潍坊军区副司令员	
		市应急局局长	
		市水利局局长	
		临朐县委副书记、县长	
综合协调组	组长单位	市政府办公室	
	成员单位	市应急局	
		市水利局	
		市交通局	
		市农业农村局	
		市住建局	
抢险专家组	组长单位	市水利局	
	成员单位	—	
工程抢险组	组长单位	市应急局	
	成员单位	潍坊军分区	
		武警潍坊支队	
		消防救援支队	
水情测报组	组长单位	市水文局	
	成员单位	市气象局	
转移救济组	组长单位	市应急局	
	成员单位	市交通局	
		市公安局	

续表 19-17

分组设置	相关人员/单位	单位/职务	联系电话
电力保障组	组长单位	市供电公司	
	成员单位	市自然资源和规划局	
通信保障组	组长单位	市工信局	
	成员单位	移动、联通、电信公司	
道路保障组	组长单位	市公安局	
	成员单位	市交通局	
		市城管局	
物资保障组	组长单位	市应急局	
	成员单位	市发改委	
		市财政局	
		市交通局	
治安保卫组	组长单位	市公安局	
	成员单位	—	
医疗卫生组	组长单位	市卫健委	
	成员单位	市场监管局	
新闻宣传组	组长单位	市委宣传部	
	成员单位	市委网信办	
		市广播电台	
经费保障组	组长单位	市财政局	
	成员单位	市发改委	
		市水利局	
纪律督察组	组长单位	市纪委	
	成员单位	市人社局	
		市公安局	

19.8 白浪河有关附表

白浪河有关情况见表 19-18～表 19-20。

表 19-18　白浪河干流设计洪水成果表

序号	主要断面	流域面积/km^2	设计洪峰/(cm^3/s)		
			5%	2%	1%
1	胶济铁路桥	419	670	758	871
2	北宫街桥	423	681	774	899
3	淮河河口下	1 147.6	1 888	2 343	2 790
4	全流域	1 237	2 012	2 605	2 971

表 19-19　白浪河流域大中型水库特性指标表

序号	水库名称	所在河流	水库类型	流域面积/km^2	汛中限制水位/m	警戒水位/m	允许最高水位/m	库容/万 m^3		洪水标准/年		洪峰流量/(m^3/s)	
								总库容	兴利库容	设计	校核	设计	校核
1	白浪河水库	白浪河干流	大(2)	353	57.00	59.52	63.42	14 456	4 070	100	10 000	2 176.1	6 604.2
2	马宋水库	白浪河干流	中型	180	84.50	87.02	87.19	1 215	646	50	300	1 254	1 825
3	符山水库	大圩河	中型	100	54.70	57.26	59.35	2 816.3	1 407	50	1 000	819.3	1 593

表19-20 白浪河道口统计表

序号	县(市、区)	位置	岸别	高度/m	宽度/m	性质用途	汛前处置措施	责任人	联系电话
1	寒亭区	安固一村	右	1.5	60	交通	备土		
2		安固一村	左	1.5	50	交通	备土		
3		东常寨村	右	1.4	50	交通	备土		
4		西常寨村	左	1.3	50	交通	备土		
5		荆科村	右	1.5	50	交通	备土		
6		荆科村	左	1.5	50	交通	备土		
7		蔡家栏子	右	1.6	60	交通	备土		
8		蔡家栏子	左	1.6	60	交通	备土		
1	滨海区	G18 荣乌高速南 740 m	左	2.5	6	交通	备土		
2		G18 荣乌高速南 740 m	右	2.5	6	交通	备土		
3		引黄济青干渠北 1 000 m	左	1.5	5	交通	备土		
4		G18 荣乌高速南 1 300 m	左	1.5	5	交通	备土		
5		G18 荣乌高速南 1 300 m	右	1.5	5	交通	备土		

19.9 虞河有关附表

虞河有关情况见表 19-21、表 19-22。

表 19-21 虞河干流设计洪水成果表

序号	主要断面	流域面积/km^2	设计洪峰/(cm^3/s)		
			5%	2%	1%
1	胶济铁路桥	87.9	309	405	473
2	白沙河河口以上	111.81	357	466	544
3	涨面河河口以上	156.11	422	561	661
4	泰祥街桥	173.24	423	572	678

表 19-22 虞河流域小水库特性指标表

序号	水库名称	所在河流	水库类型	流域面积/km^2	库容/万 m^3		洪水标准/年		水位/m		
					总库容	兴利库容	设计	校核	兴利	设计	校核
1	范家沟水库	虞河	小(1)型	13	116	48.8	30	300	91.00	92.24	94.00
2	蒋家水库	虞河	小(1)型	39.5	145.3	77.1	30	300	59.30	60.20	62.20
3	泉河水库	虞河	小(2)型	17	86.63	42.23	20	50	81.00	83.08	83.93
4	营子水库	虞河	小(2)型	67	88	52.5	10	20	50.00	50.10	50.89
5	土楼子水库	虞河	小(2)型	12.7	24.8	10.21	20	200	66.00	68.79	69.61

19.10　骨干河道超标洪水(含溃堤临界流量)与不同频率海潮顶托淹没图

骨干河道超标洪水(含溃堤临界流量)与不同频率海潮顶托淹没图见图19-5~图19-50。

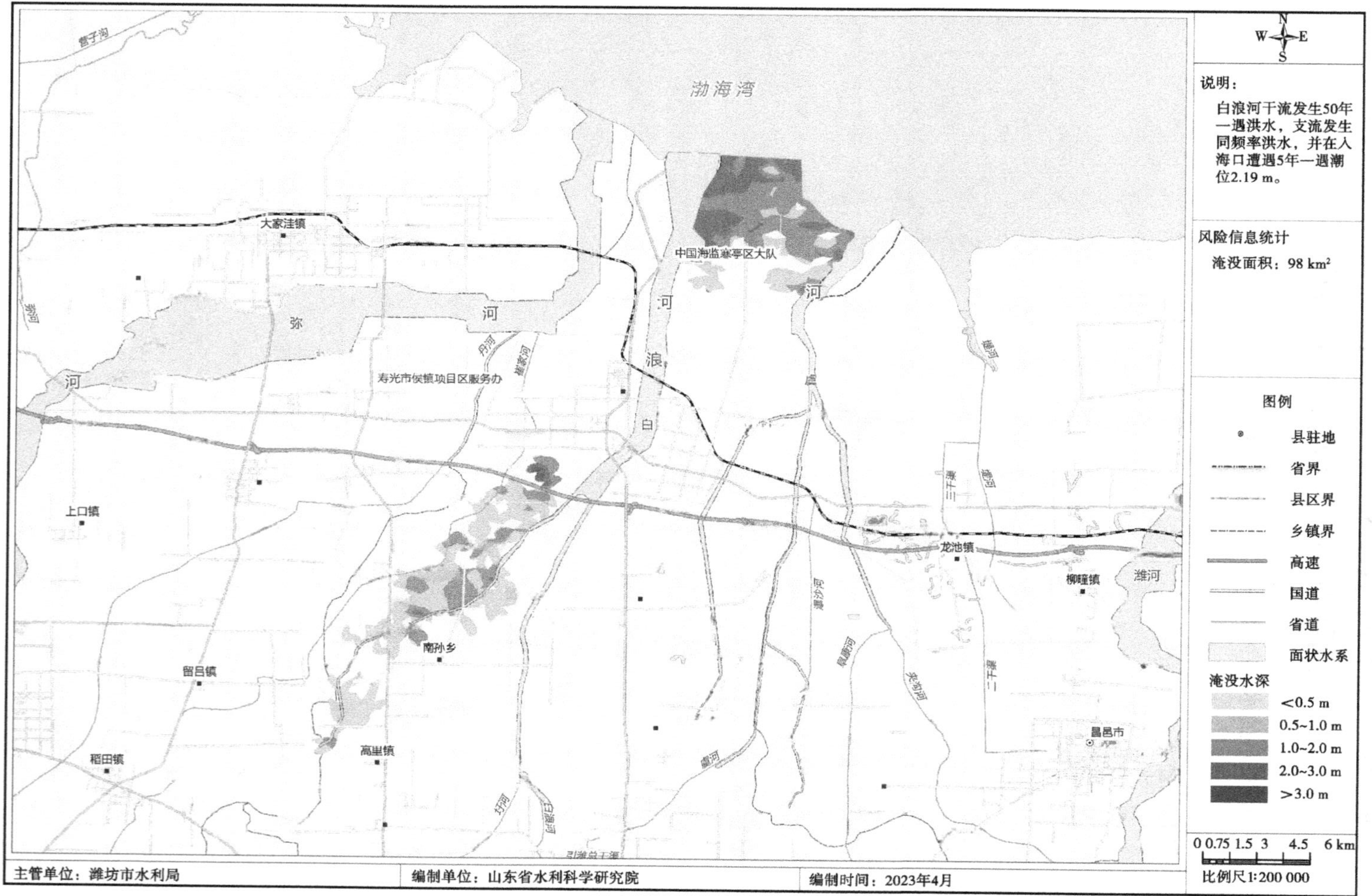

图 19-5　潍坊市北部区白浪河 50 年一遇洪水遭遇 5 年一遇潮位淹没水深图

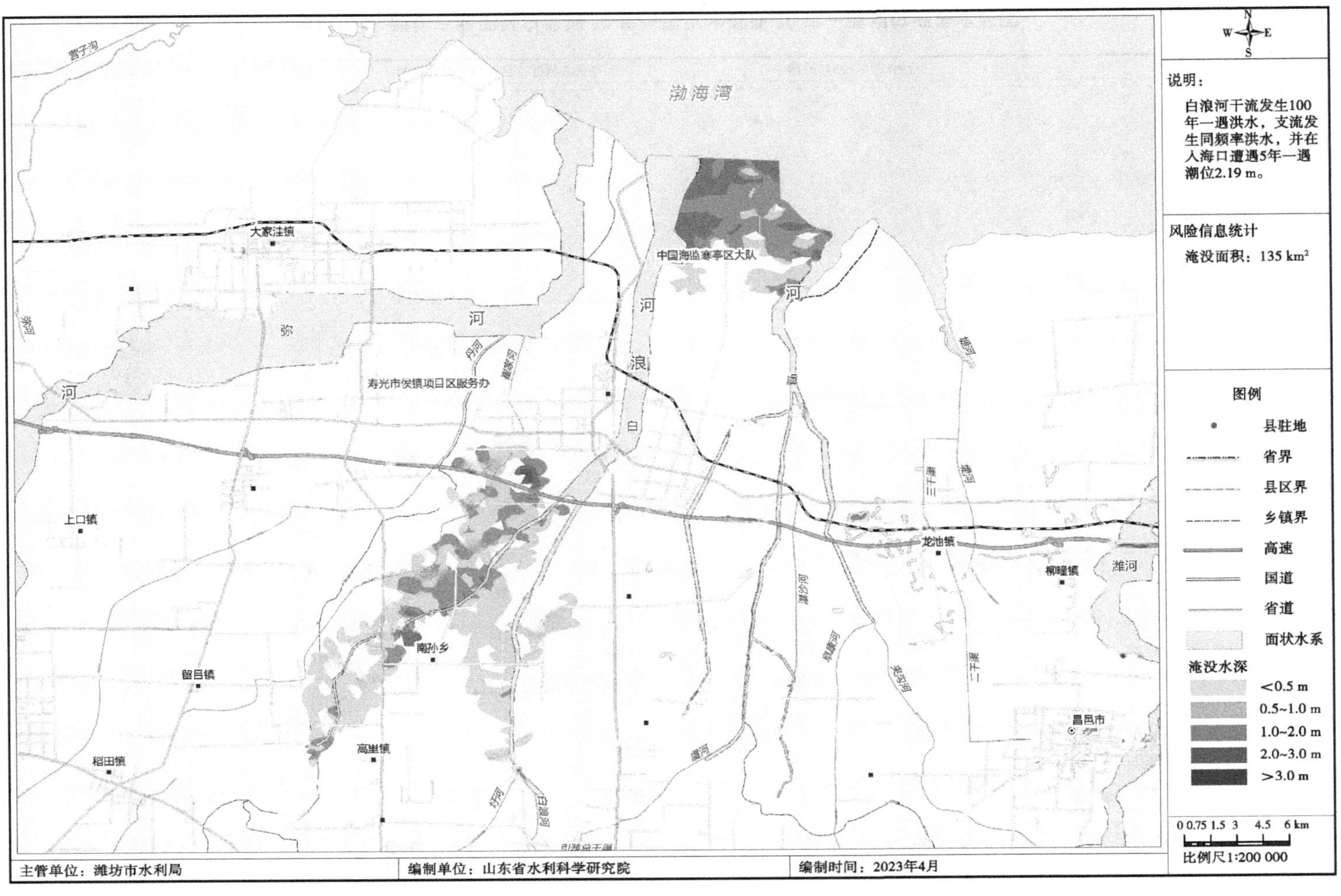

图 19-6 潍坊市北部区白浪河 100 年一遇洪水遭遇 5 年一遇潮位淹没水深图

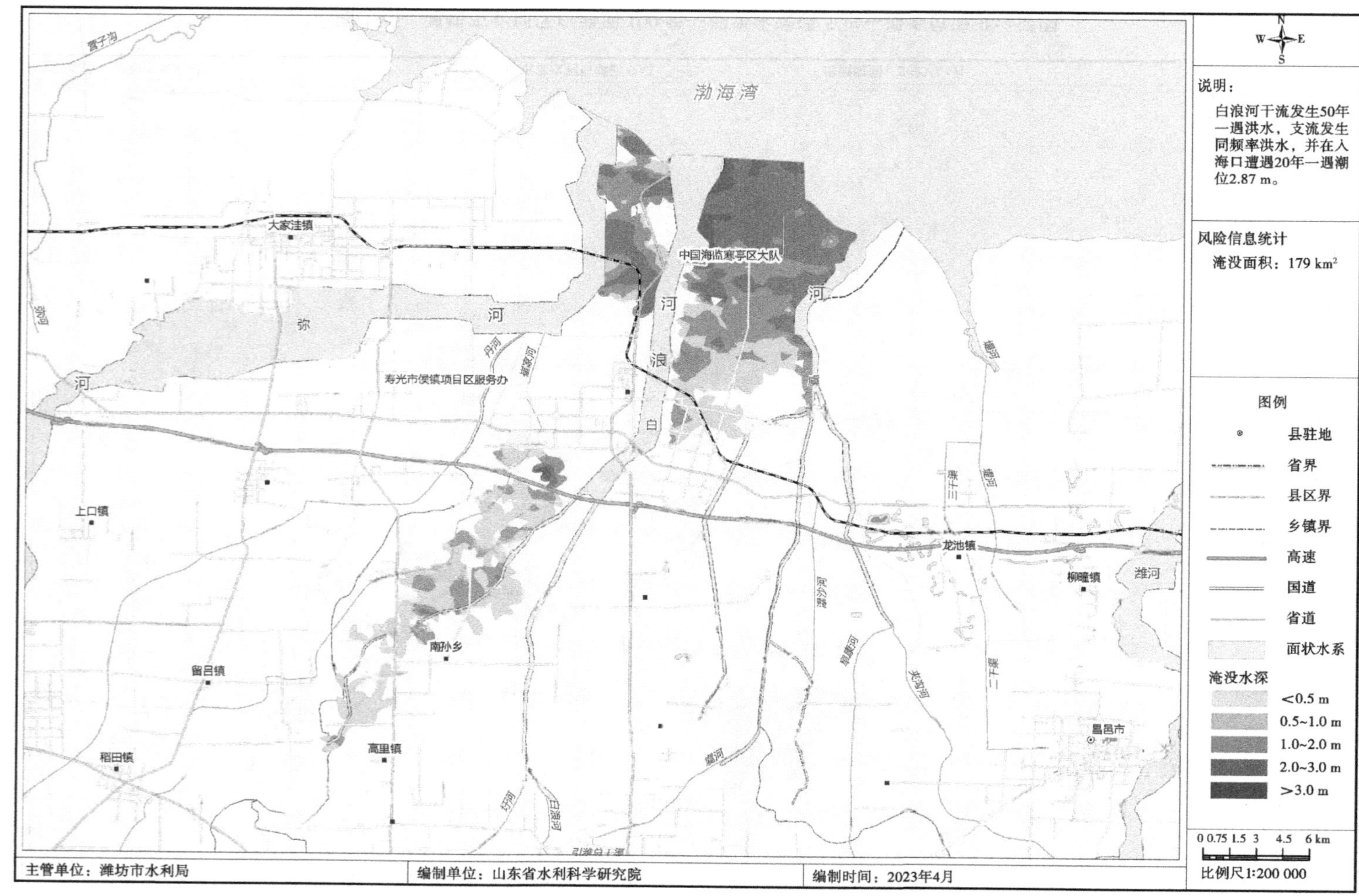

图 19-7　潍坊市北部区白浪河 50 年一遇洪水遭遇 20 年一遇潮位淹没水深图

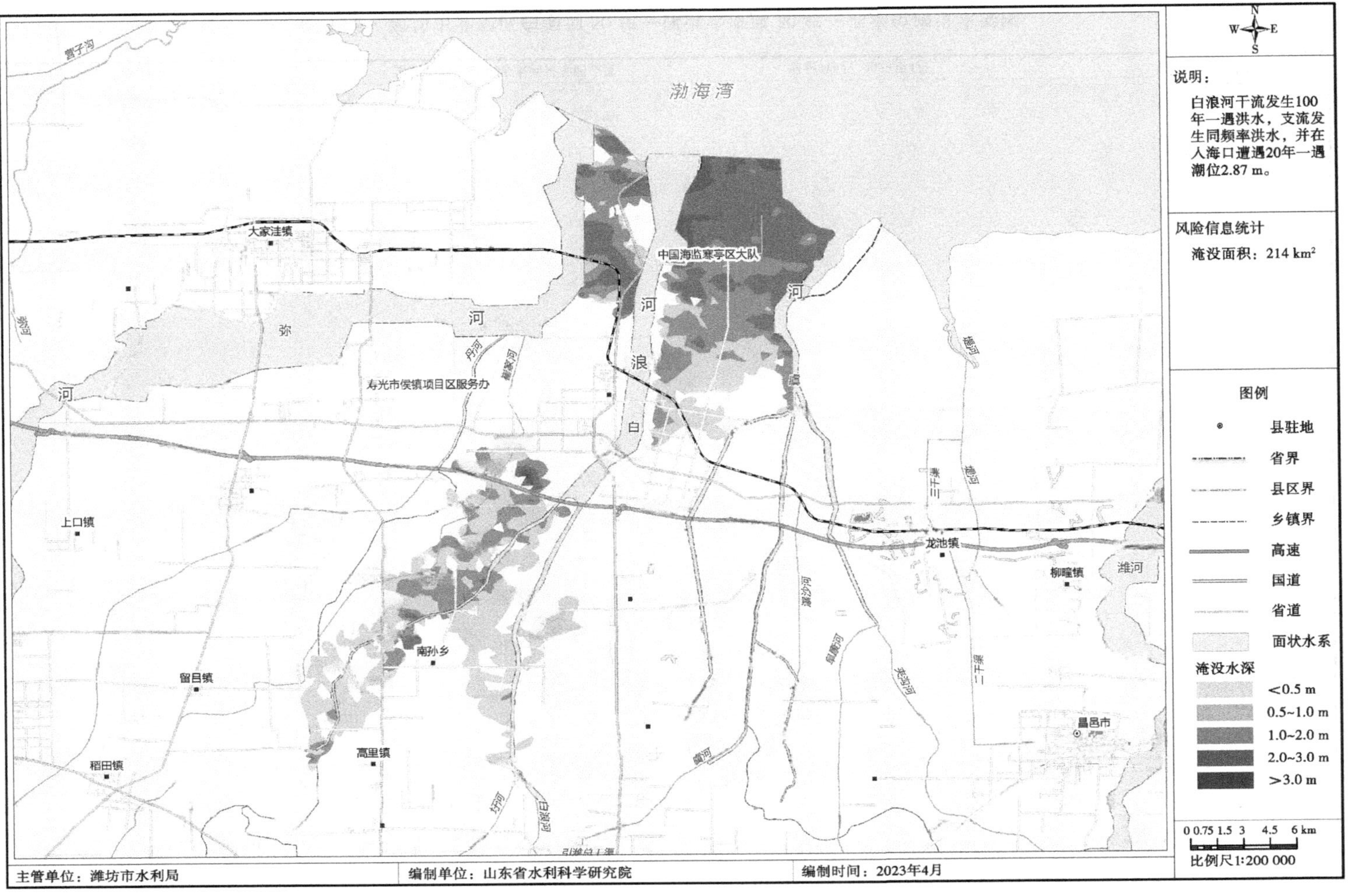

图 19-8　潍坊市北部区白浪河 100 年一遇洪水遭遇 20 年一遇潮位淹没水深图

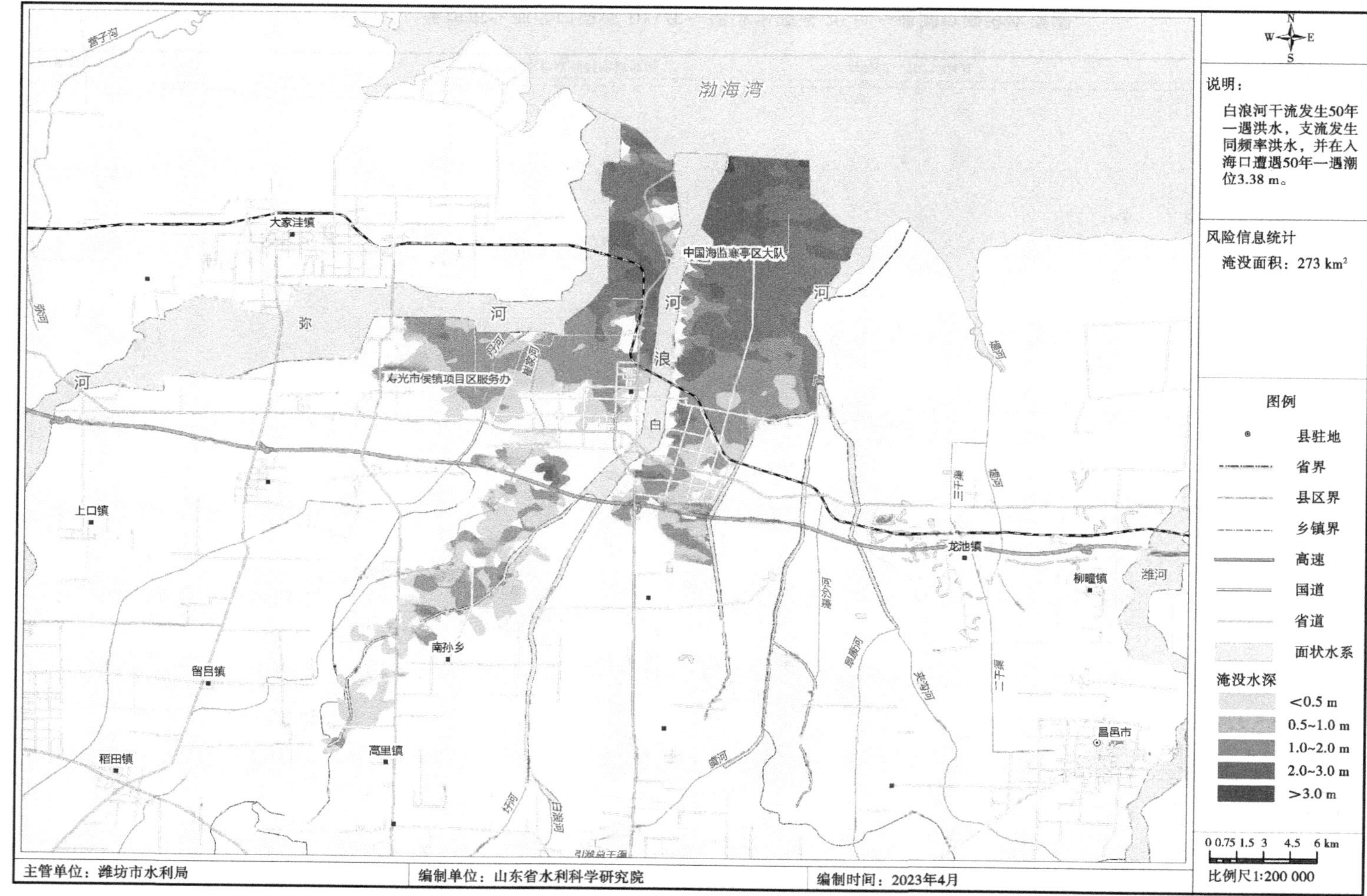

图 19-9 潍坊市北部区白浪河 50 年一遇洪水遭遇 50 年一遇潮位淹没水深图

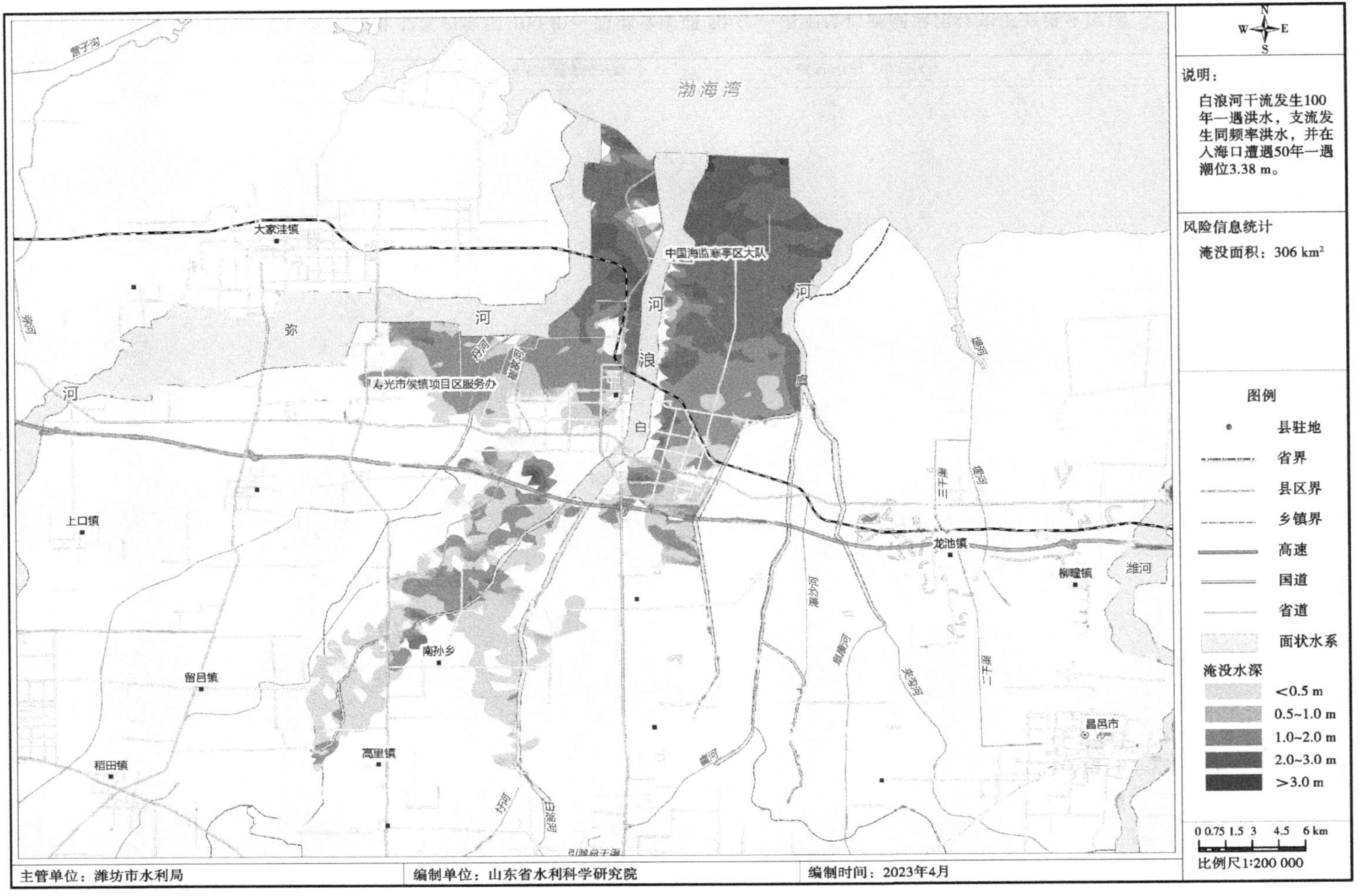

图 19-10　潍坊市北部区白浪河 100 年一遇洪水遭遇 50 年一遇潮位淹没水深图

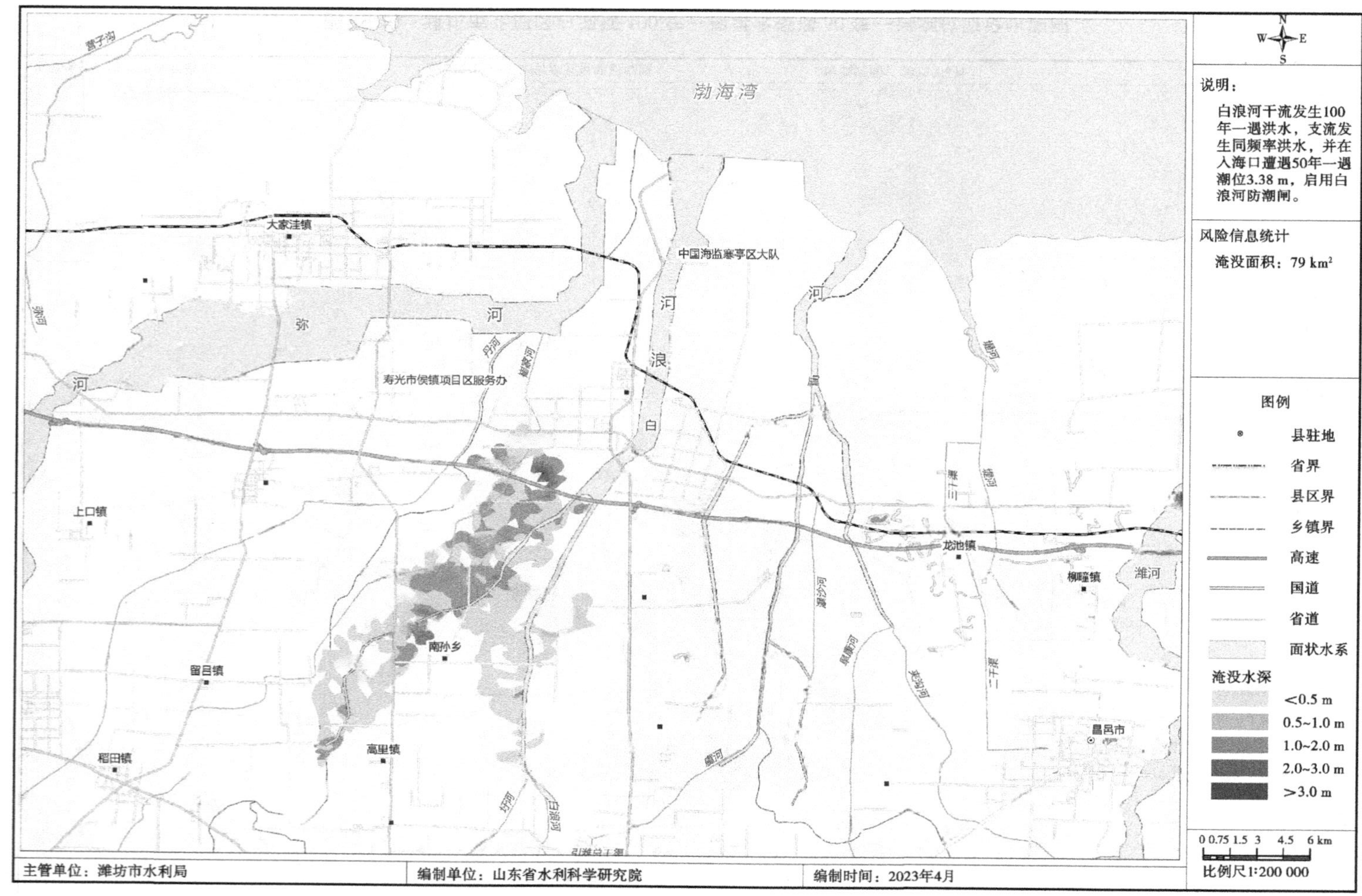

图 19-11　潍坊市北部区白浪河 100 年一遇洪水遭遇 50 年一遇潮位挡潮闸启用状态下淹没水深图

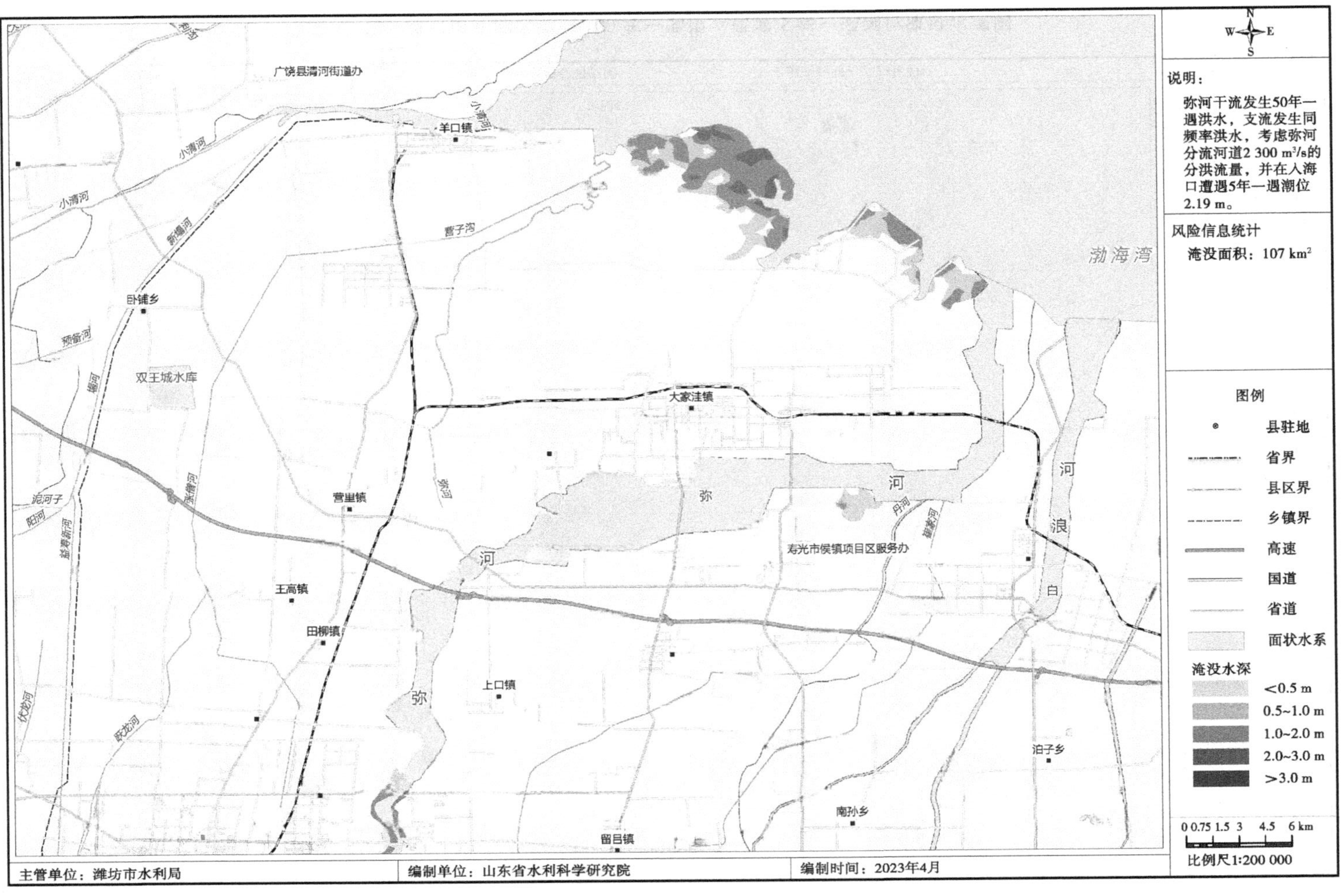

图 19-12　潍坊市北部区弥河 50 年一遇洪水遭遇 5 年一遇潮位淹没水深图

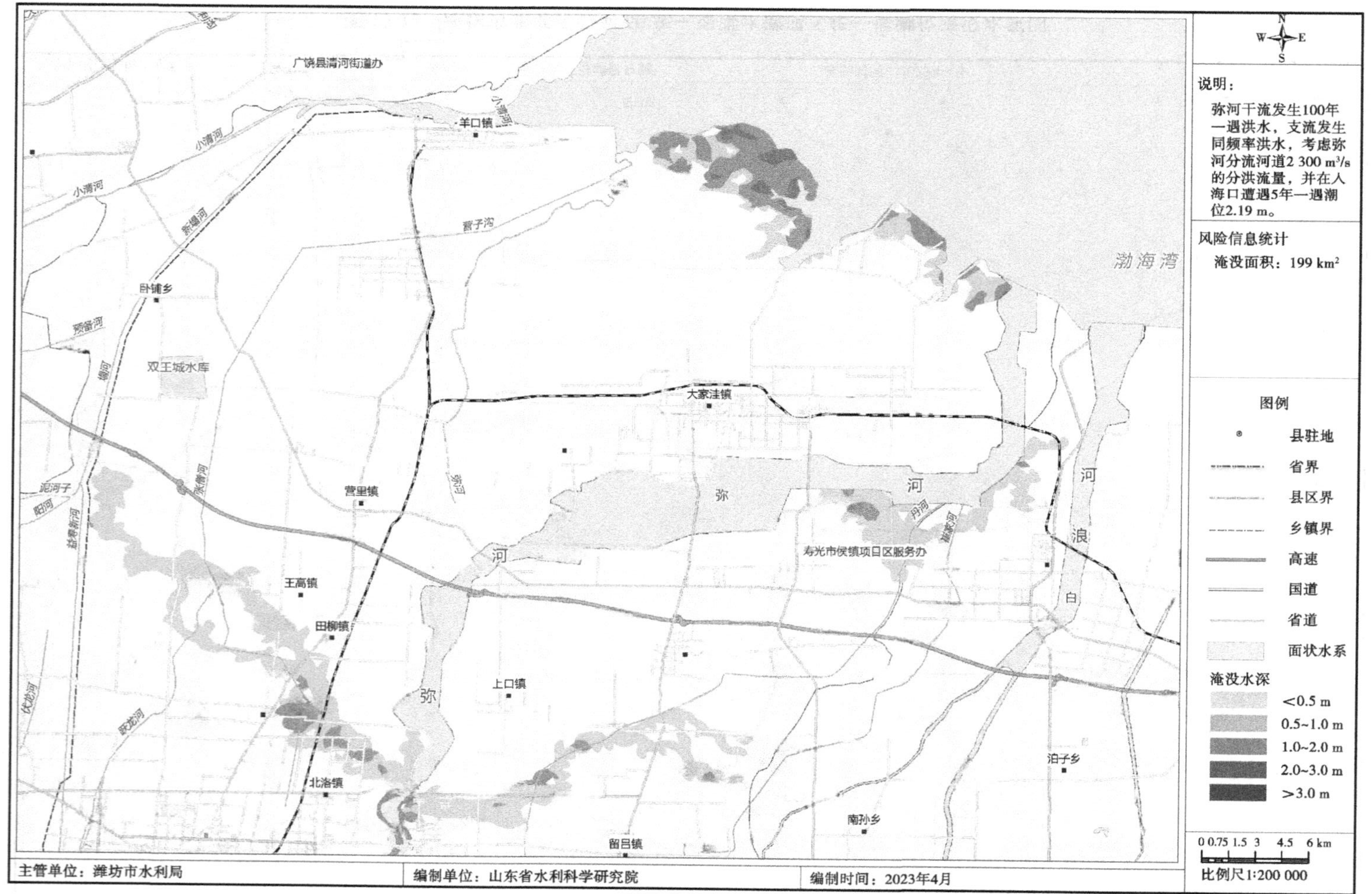

图 19-13　潍坊市北部区弥河 100 年一遇洪水遭遇 5 年一遇潮位淹没水深图

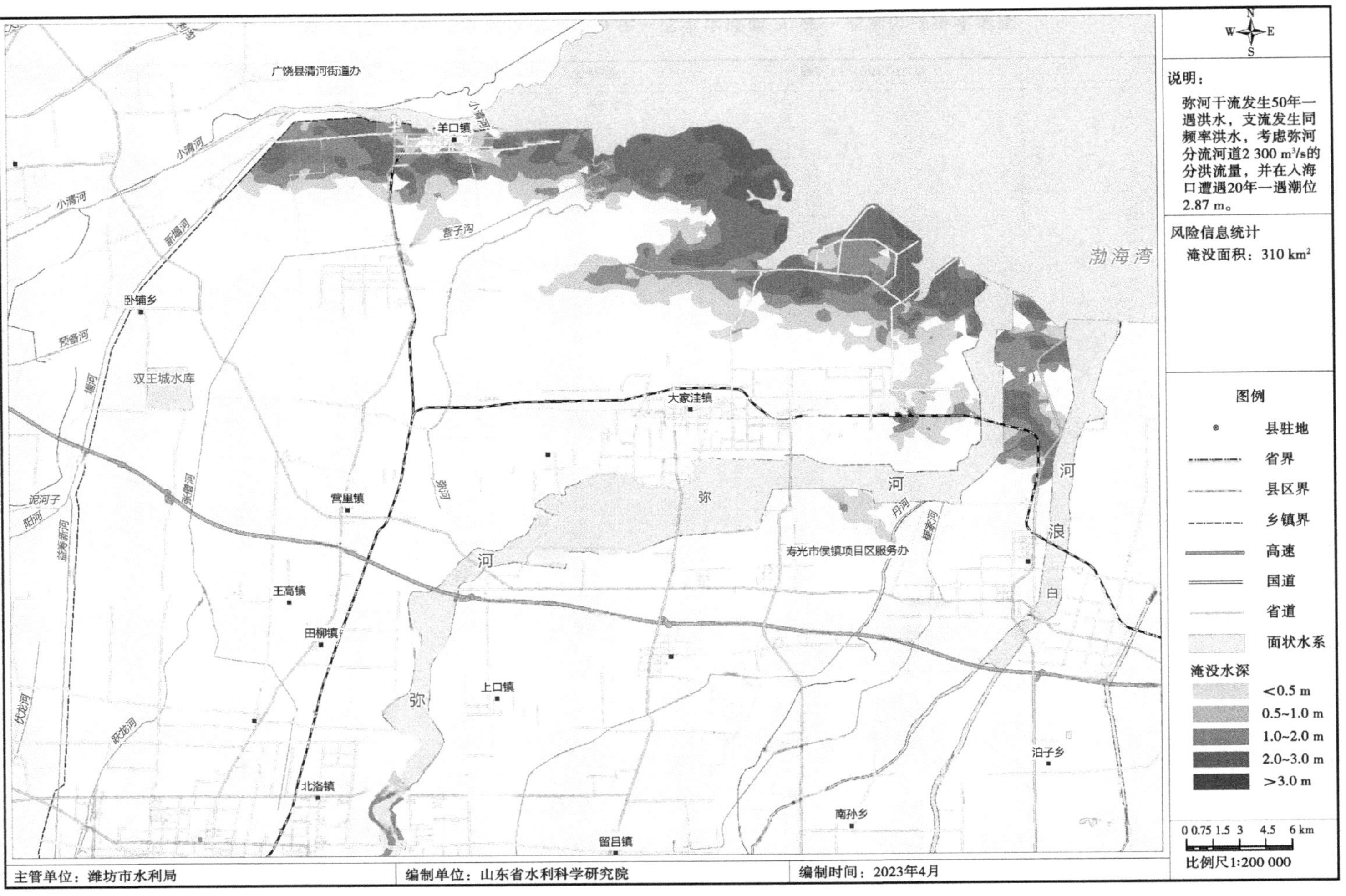

图 19-14 潍坊市北部区弥河 50 年一遇洪水遭遇 20 年一遇潮位淹没水深图

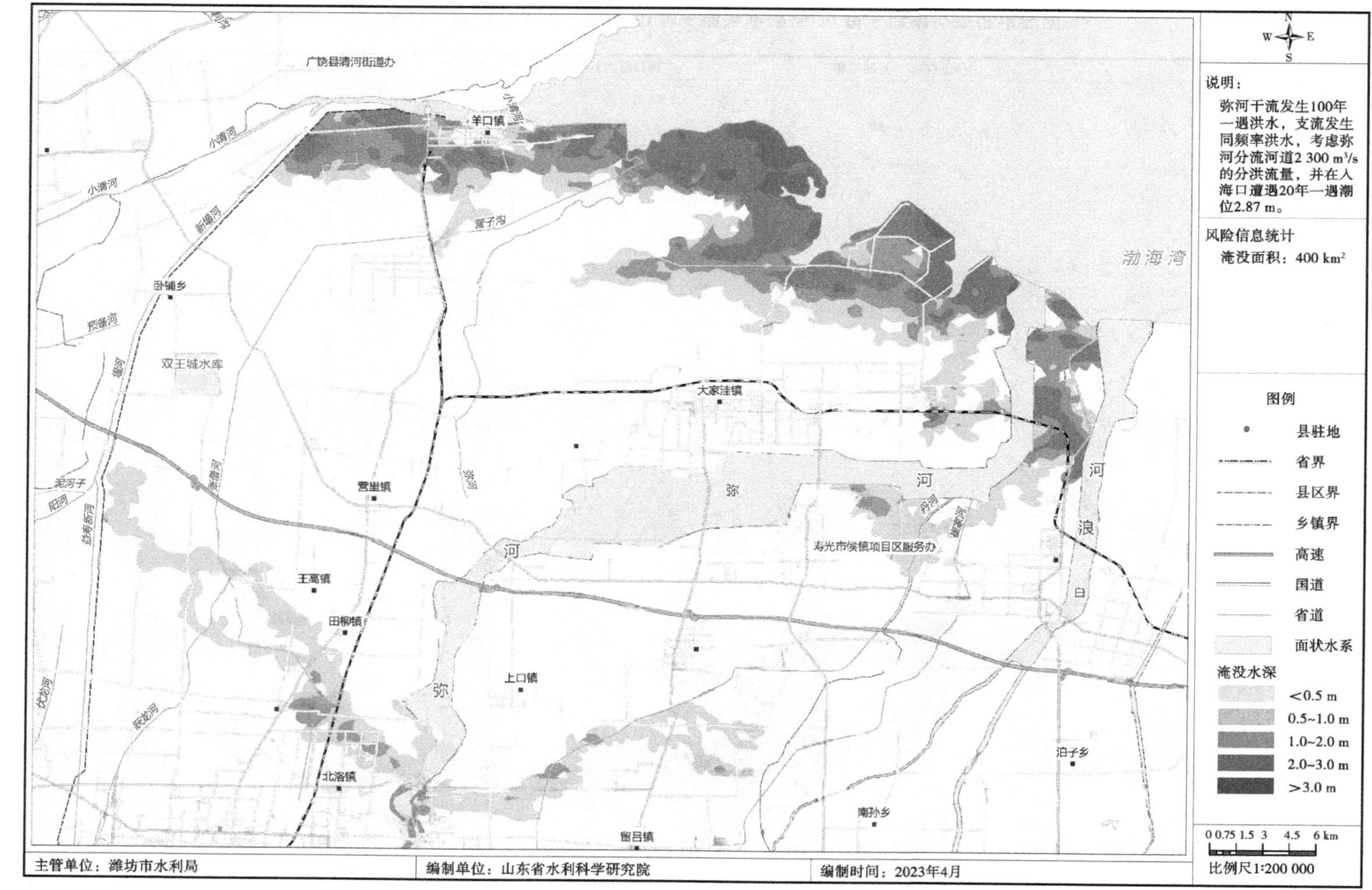

图 19-15　潍坊市北部区弥河 100 年一遇洪水遭遇 20 年一遇潮位淹没水深图

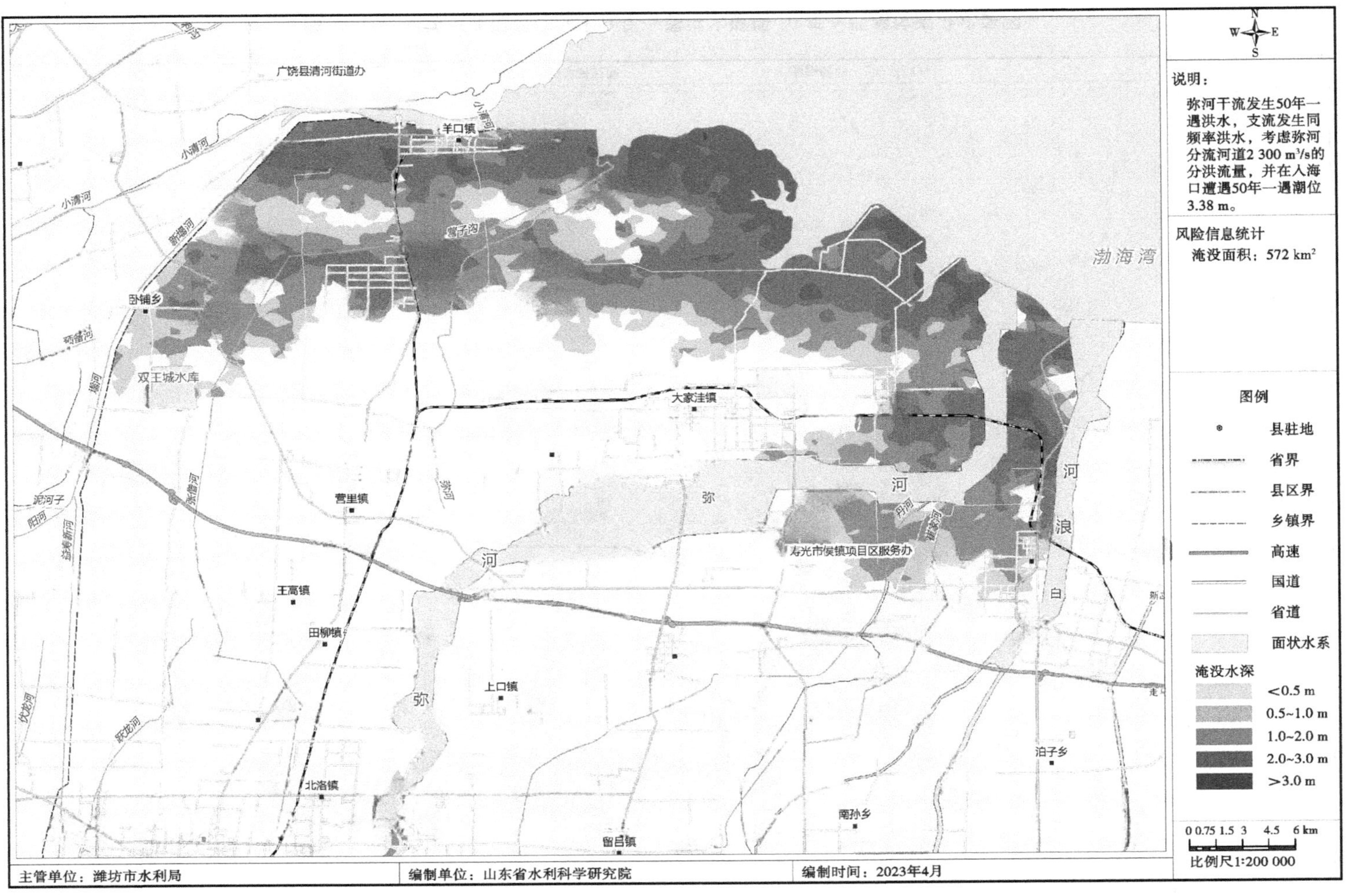

图 19-16　潍坊市北部区弥河 50 年一遇洪水遭遇 50 年一遇潮位淹没水深图

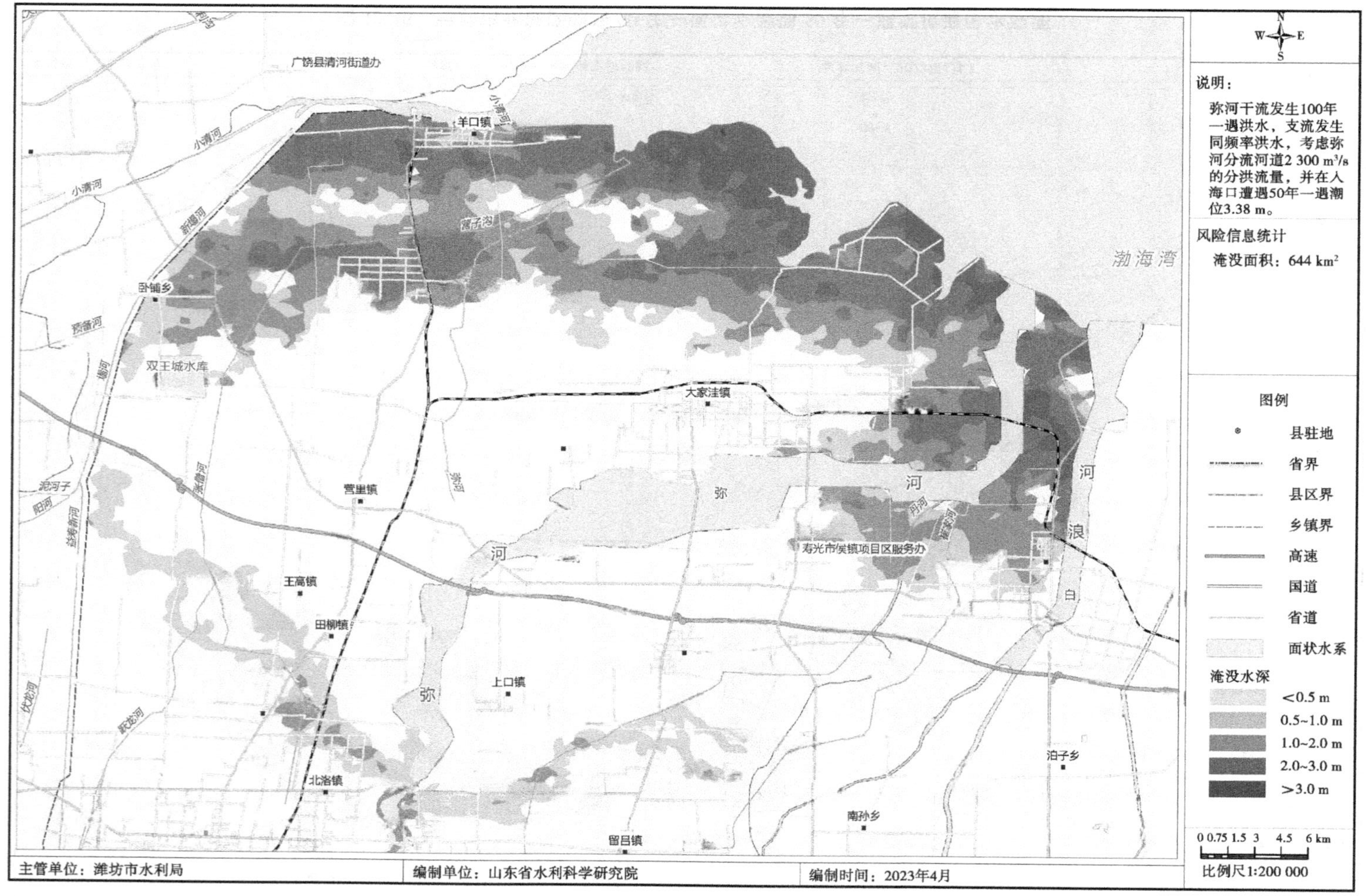

图 19-17　潍坊市北部区弥河 100 年一遇洪水遭遇 50 年一遇潮位淹没水深图

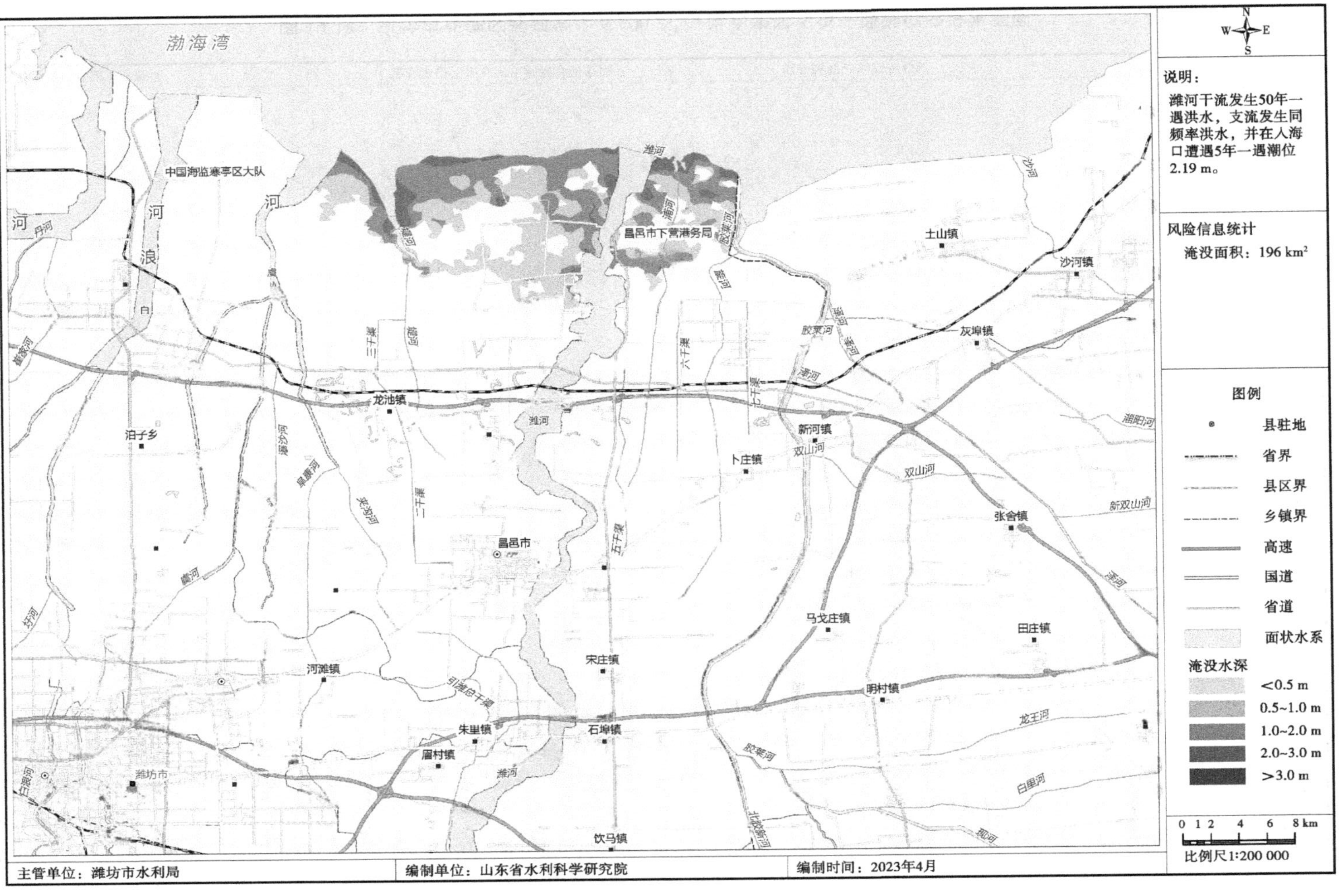

图 19-18　潍坊市北部区潍河 50 年一遇洪水遭遇 5 年一遇潮位淹没水深图

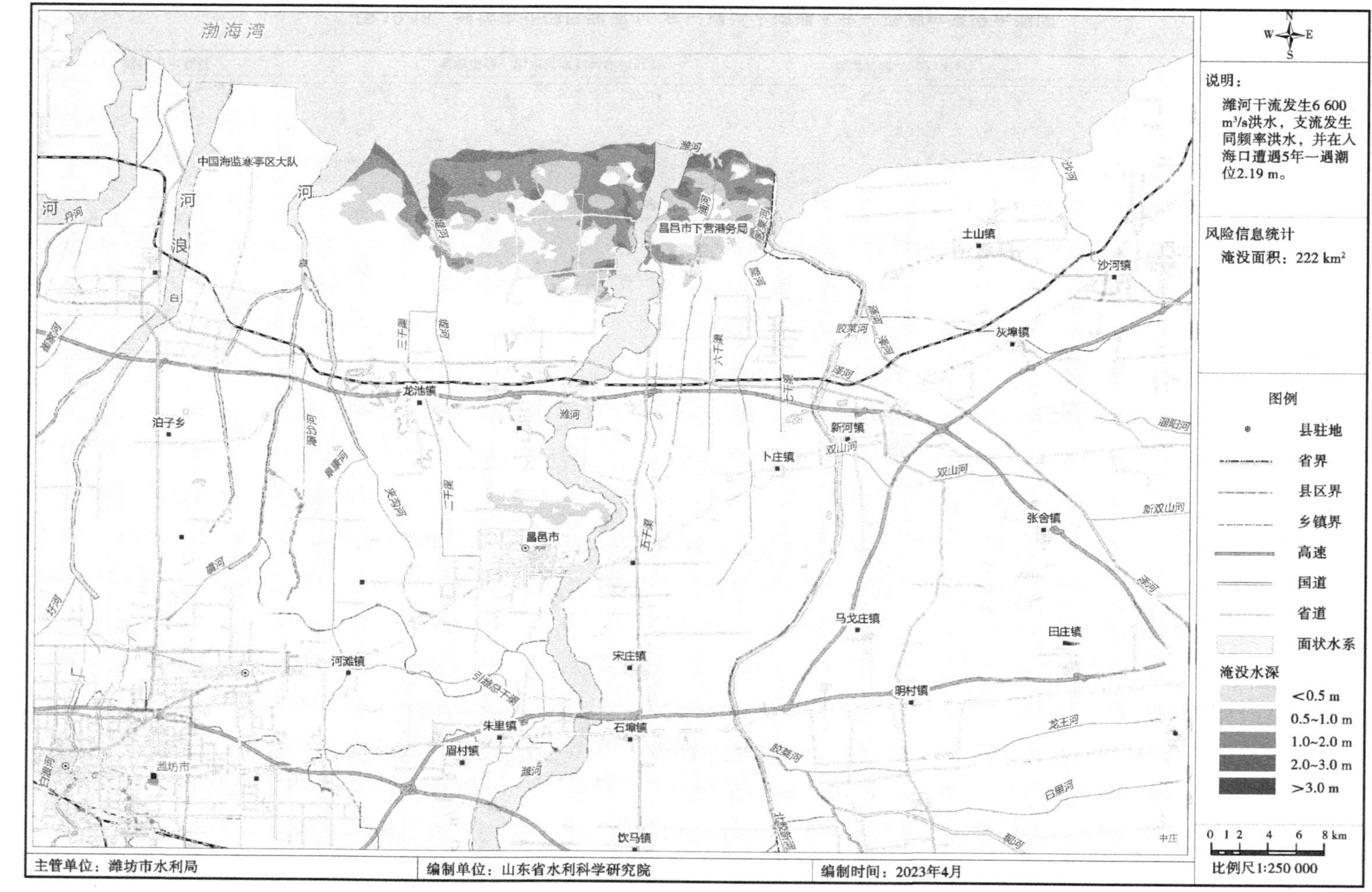

图 19-19　潍坊市北部区潍河发生 6 600 m³/s 洪水遭遇 5 年一遇潮位淹没水深图

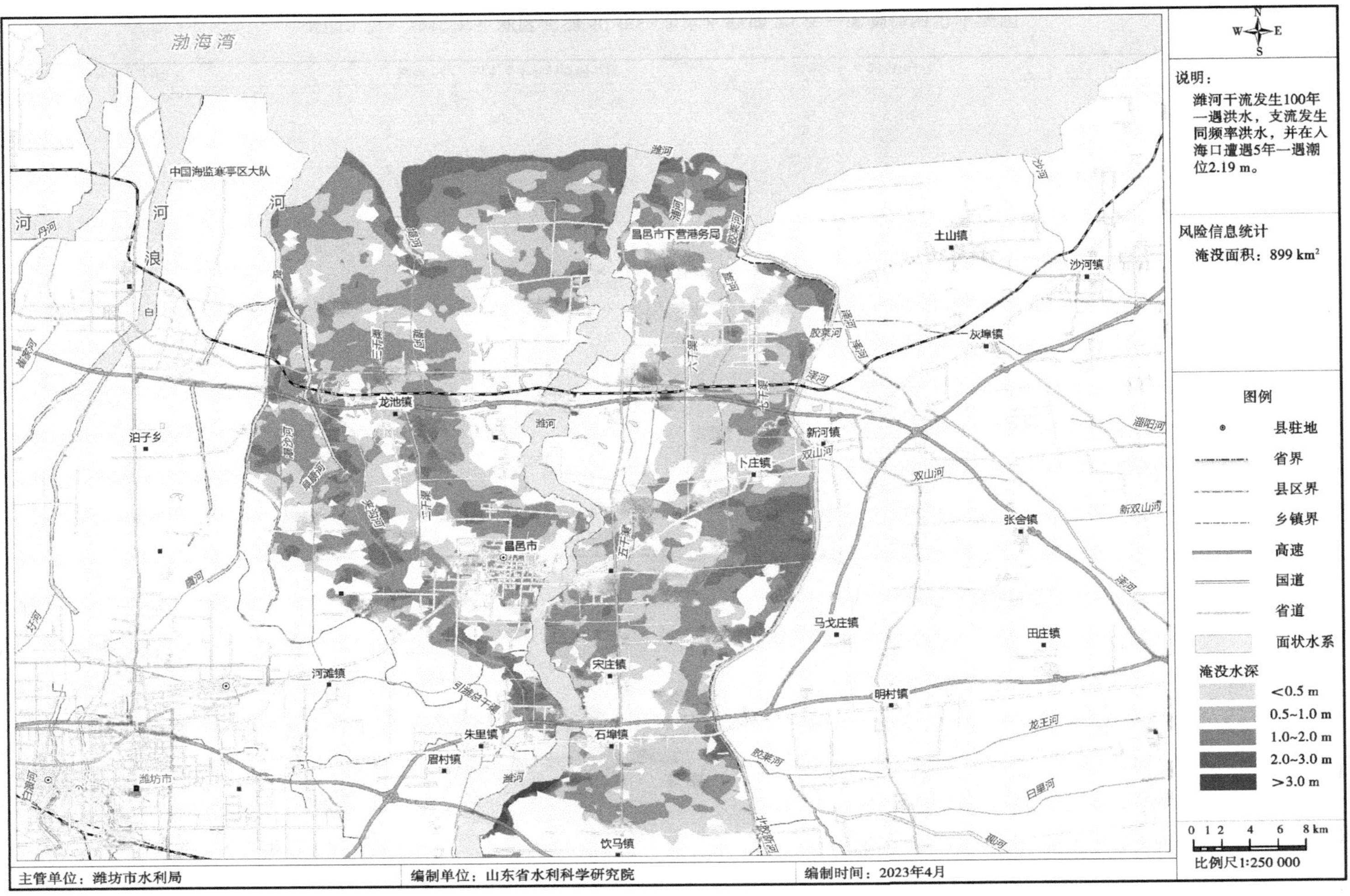

图 19-20　潍坊市北部区潍河 100 年一遇洪水遭遇 5 年一遇潮位淹没水深图

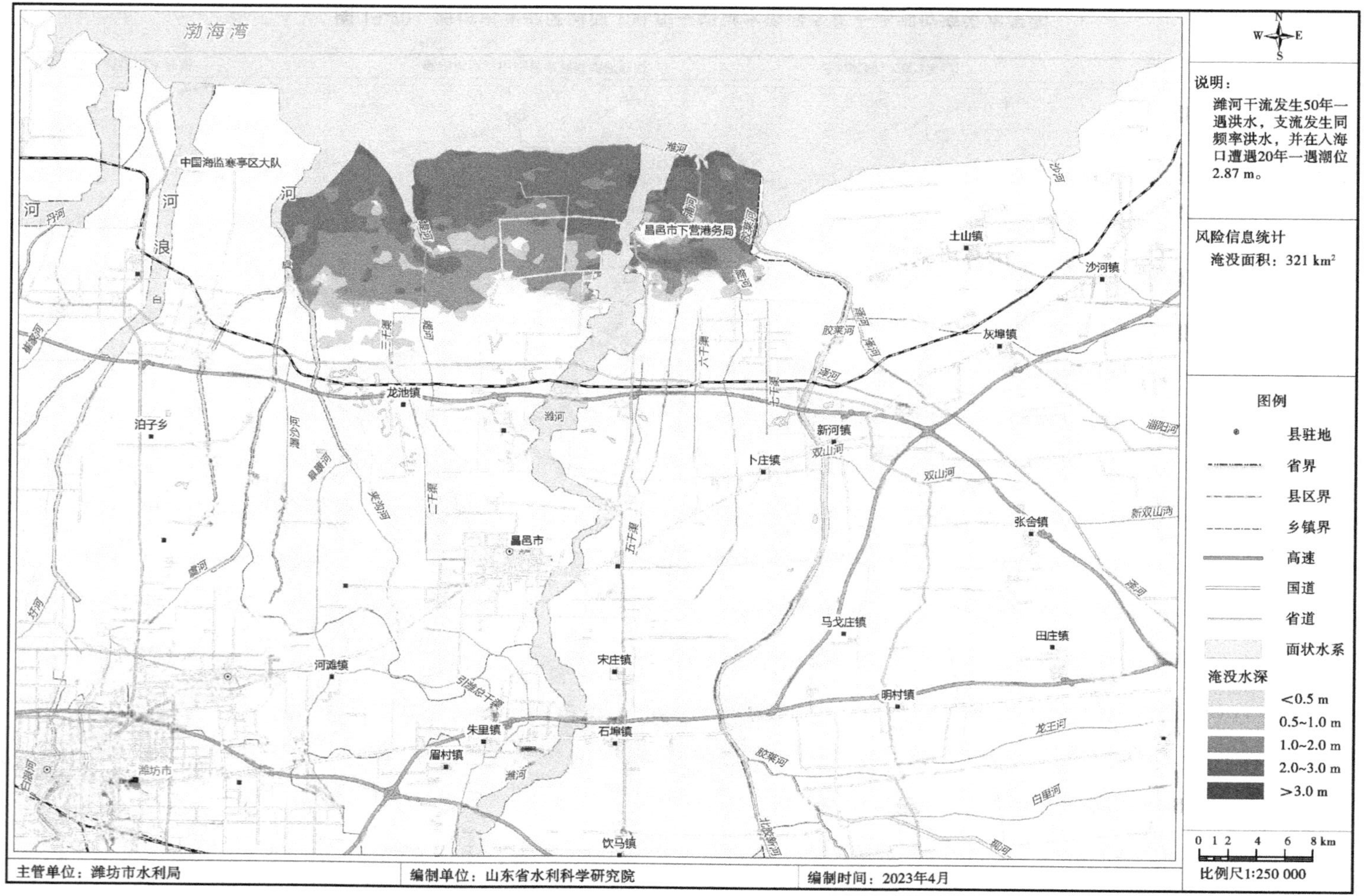

图 19-21　潍坊市北部区潍河 50 年一遇洪水遭遇 20 年一遇潮位淹没水深图

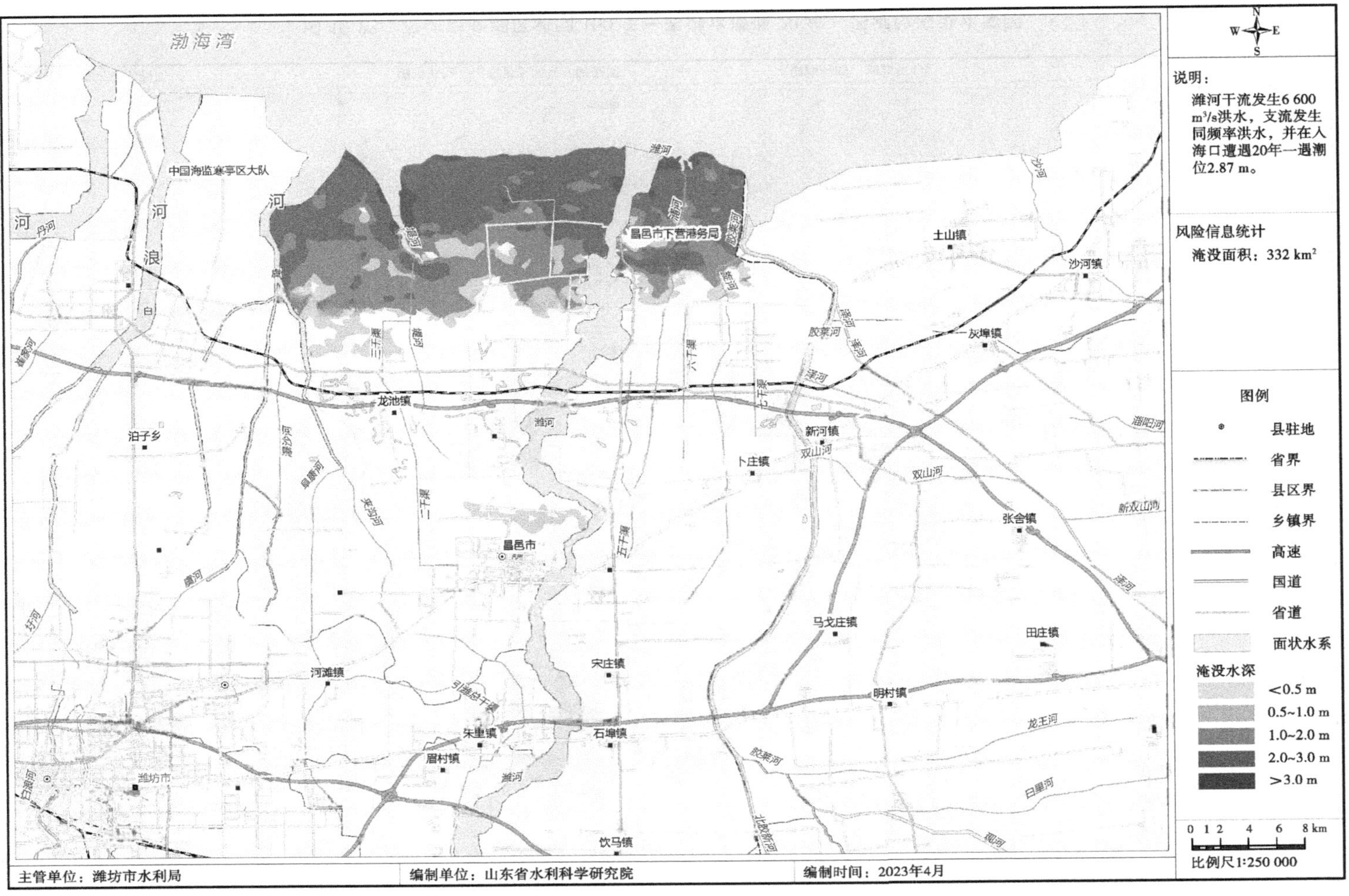

图 19-22 潍坊市北部区潍河发生 6 600 m³/s 洪水遭遇 20 年一遇潮位淹没水深图

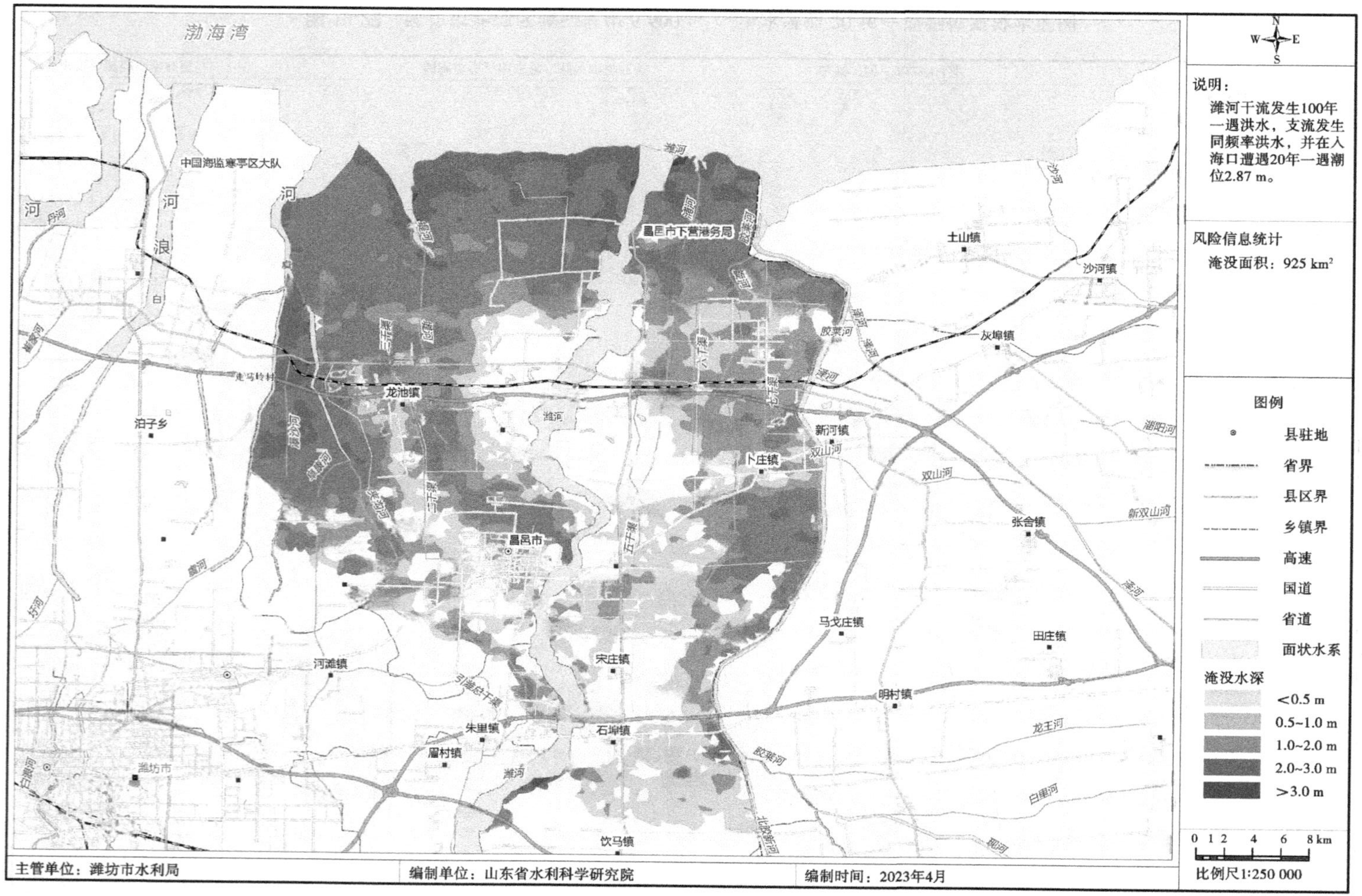

图 19-23　潍坊市北部区潍河 100 年一遇洪水遭遇 20 年一遇潮位淹没水深图

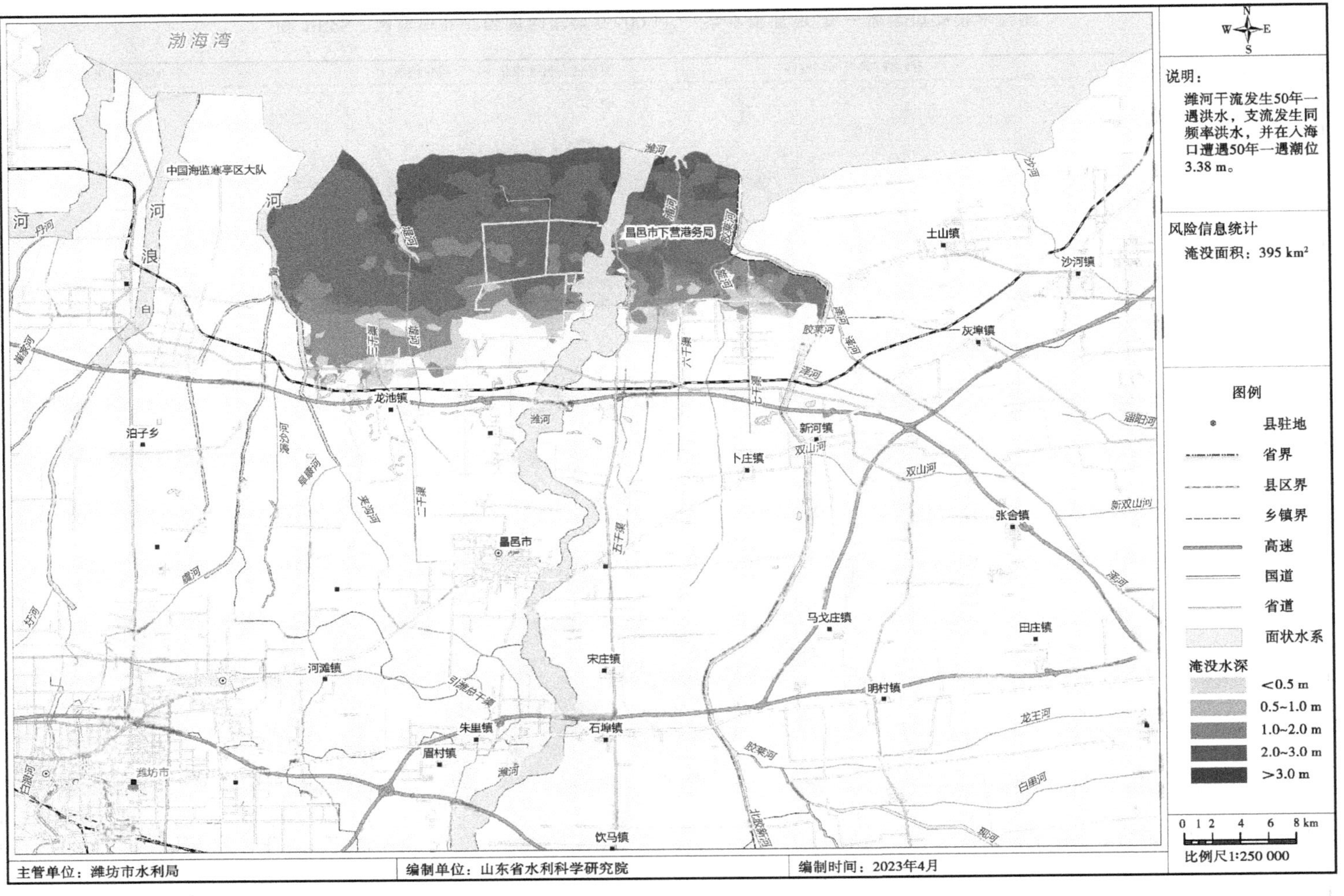

图19-24 潍坊市北部区潍河50年一遇洪水遭遇50年一遇潮位淹没水深图

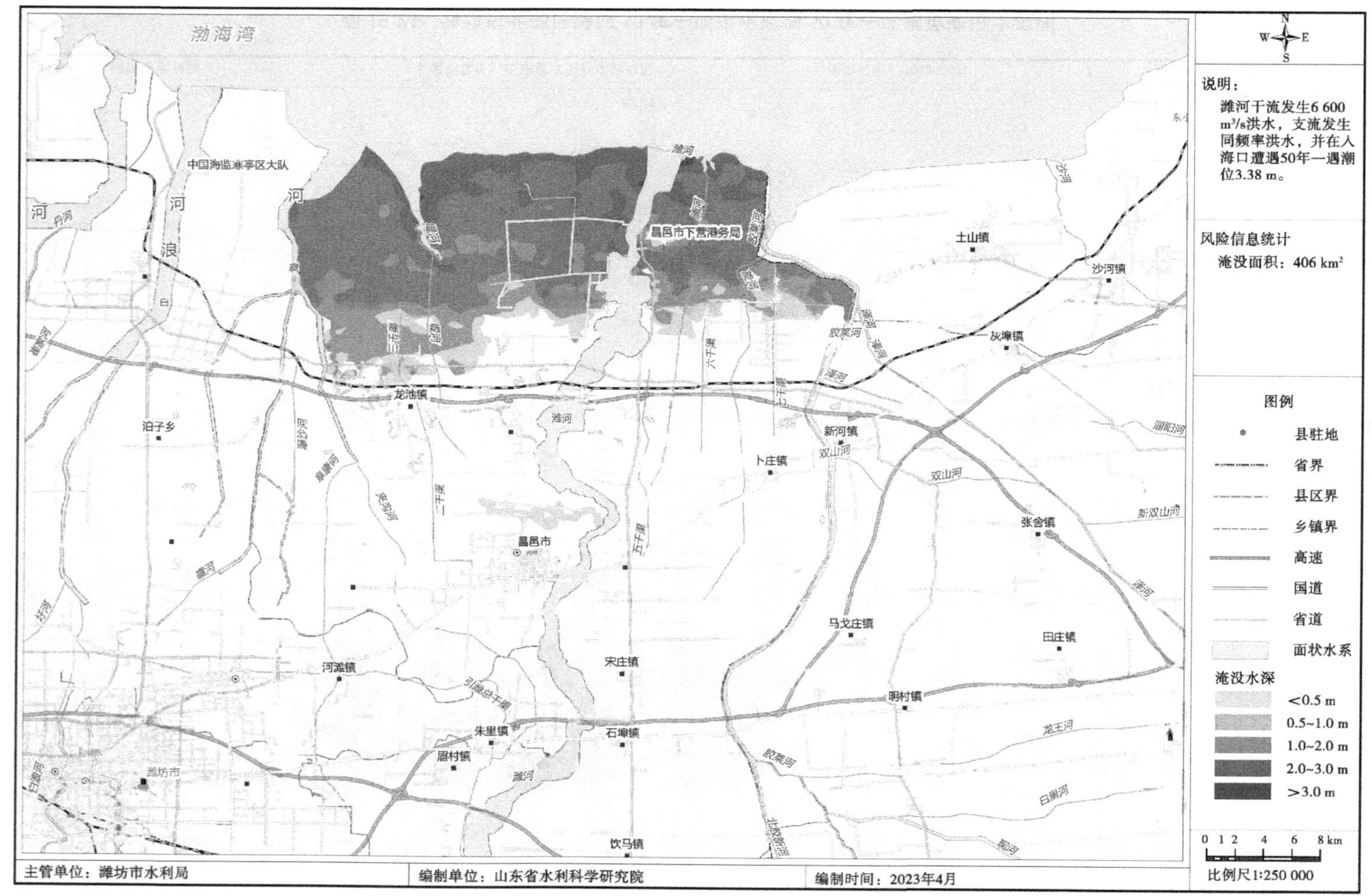

图 19-25　潍坊市北部区潍河发生 6 600 m³/s 洪水遭遇 50 年一遇潮位淹没水深图

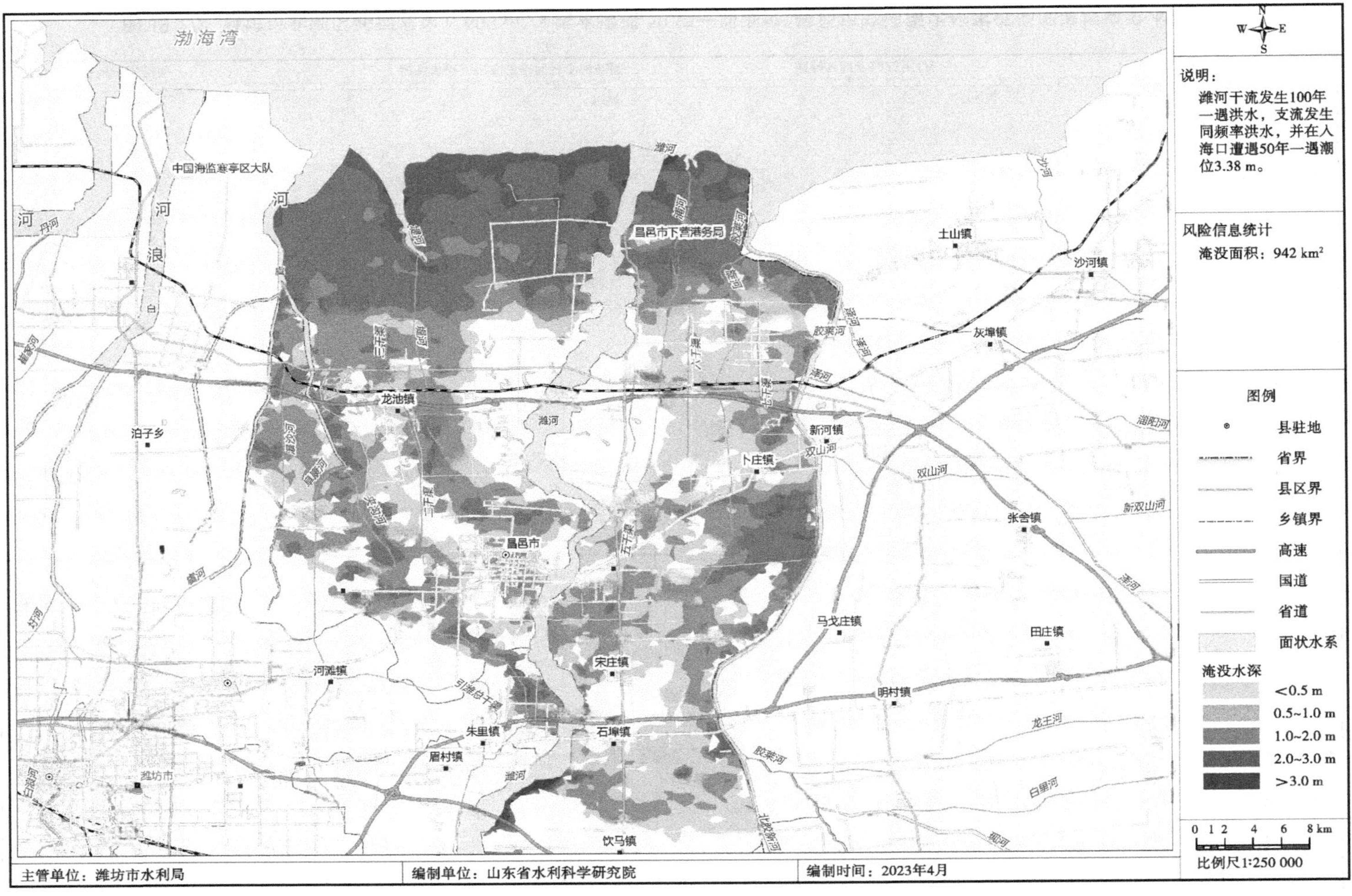

图 19-26 潍坊市北部区潍河 100 年一遇洪水遭遇 50 年一遇潮位淹没水深图

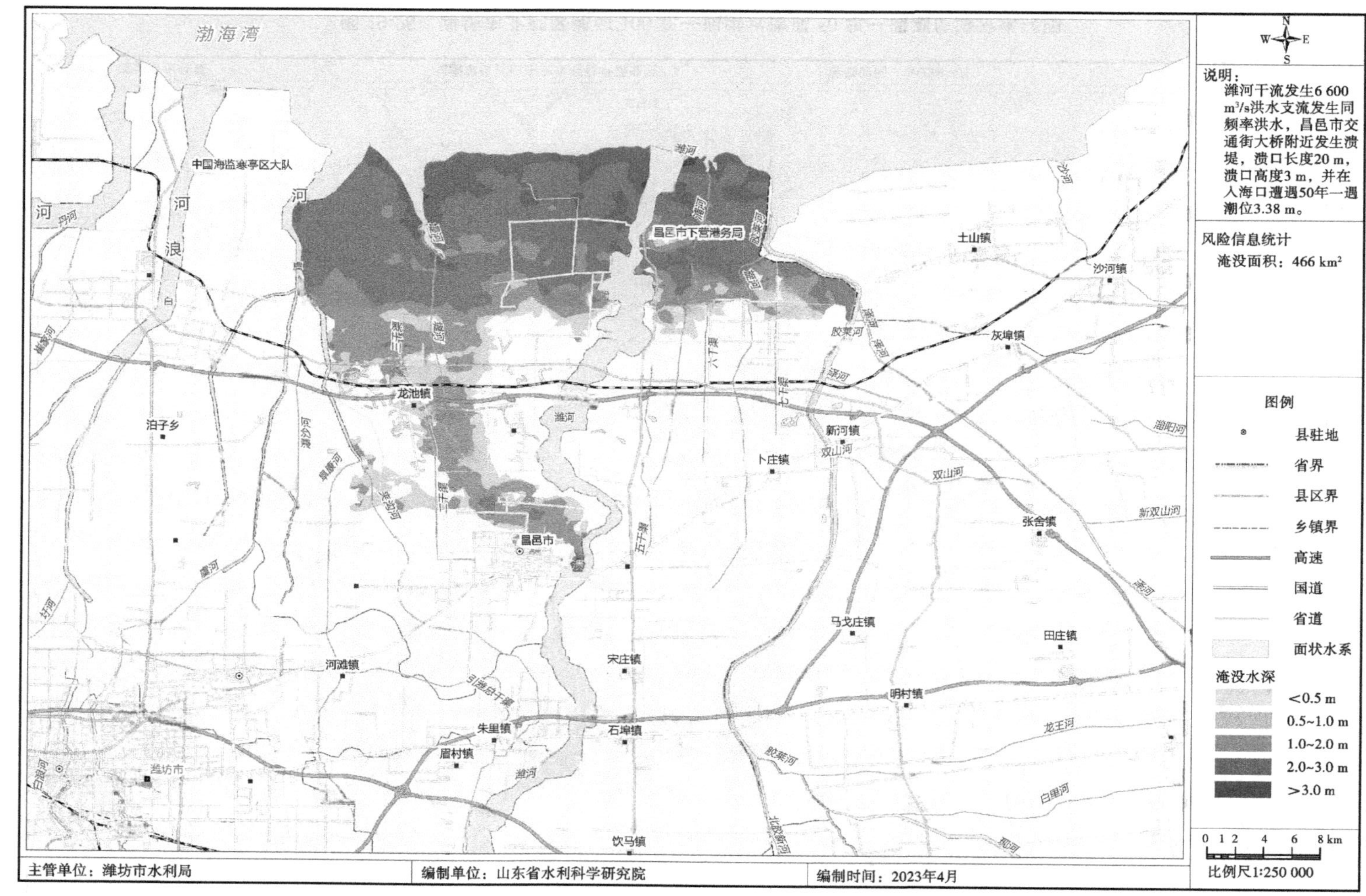

图 19-27　潍坊市北部区潍河发生 6 600 m³/s 洪水遭遇 50 年一遇潮位，昌邑市交通街大桥附近局部溃堤淹没水深图

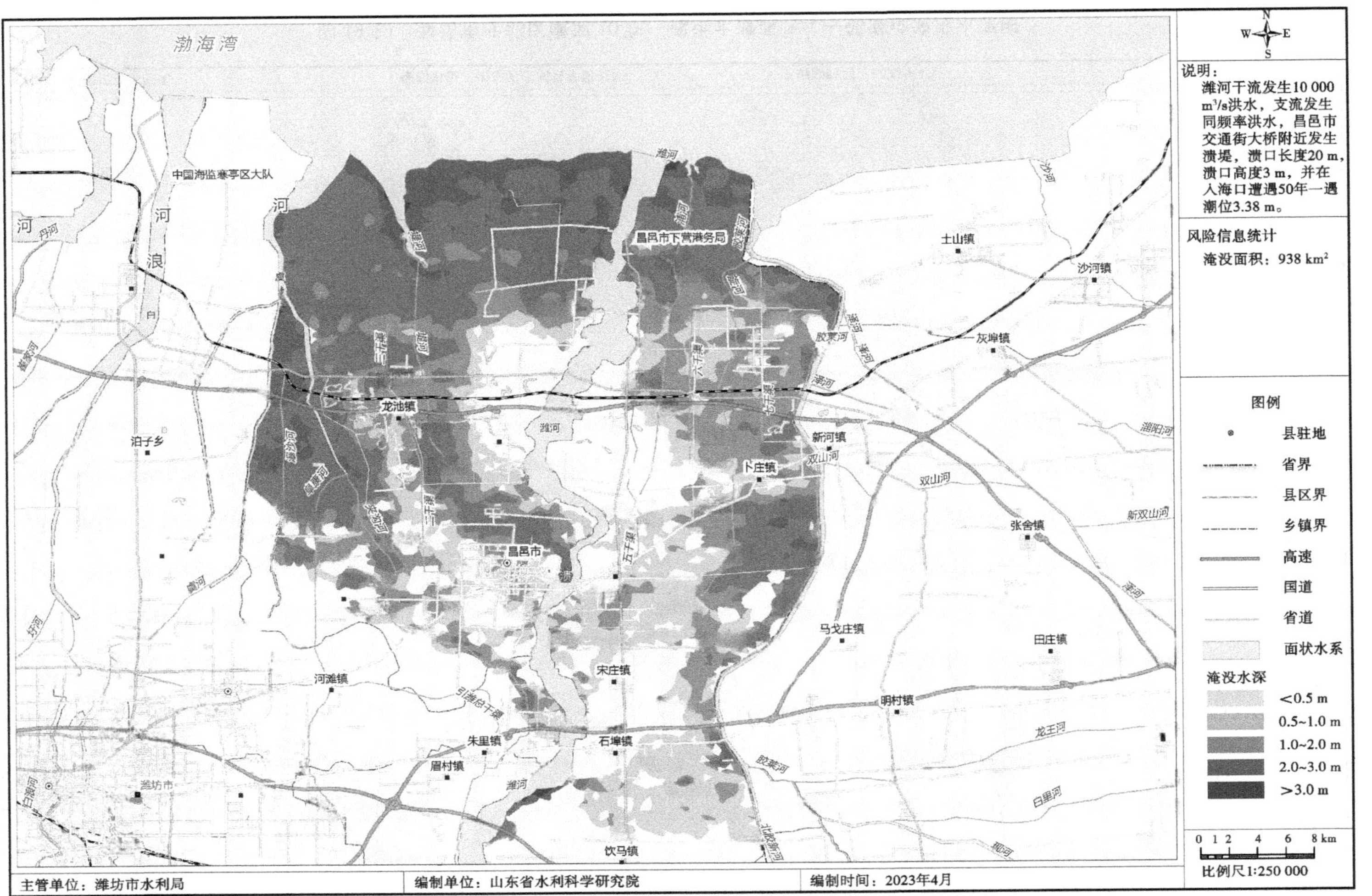

图 19-28 潍坊市北部区潍河发生 10 000 m^3/s 洪水遭遇 50 年一遇潮位，昌邑市交通街大桥附近局部溃堤淹没水深图

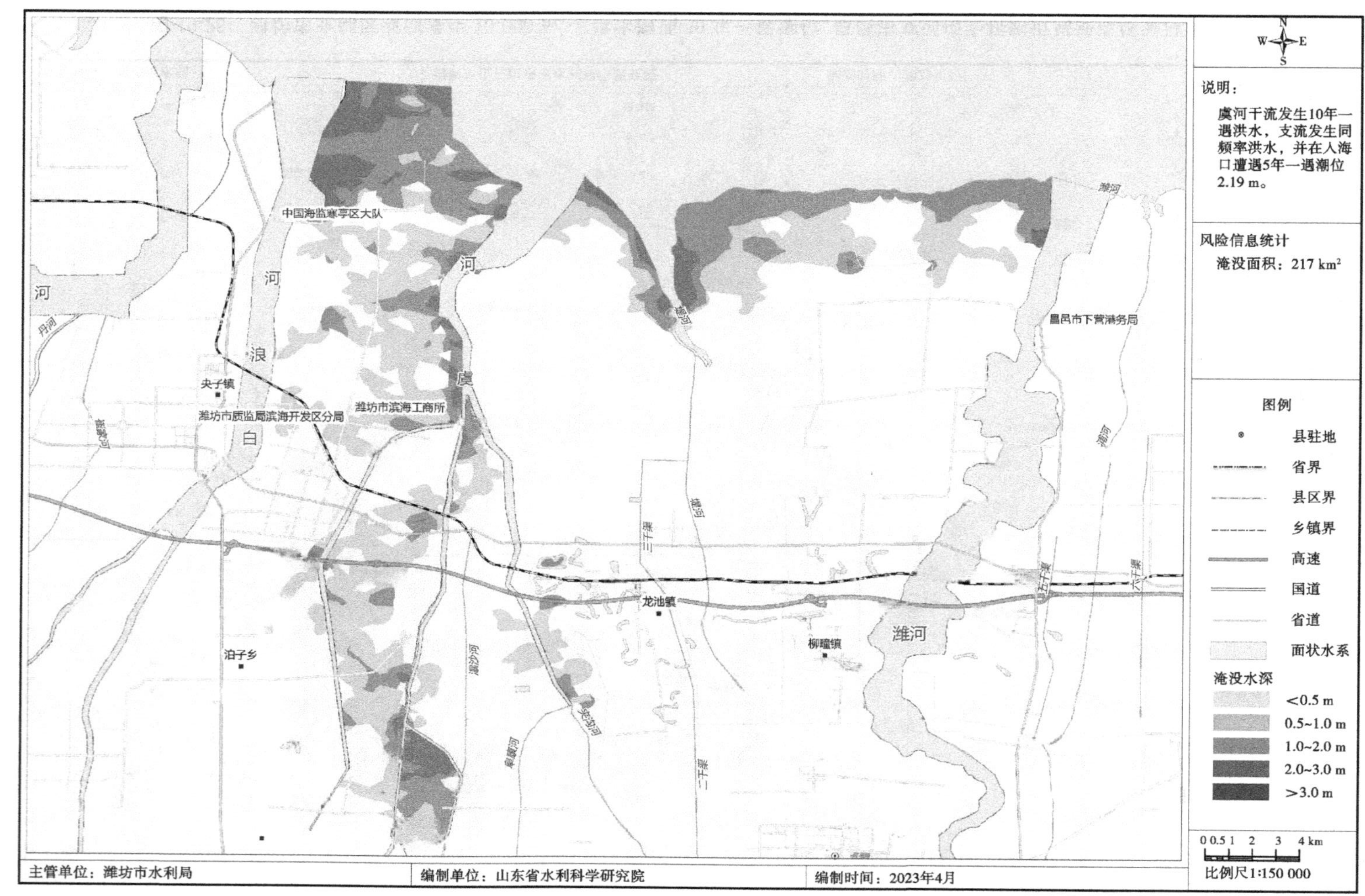

图 19-29　潍坊市北部区虞河 10 年一遇洪水遭遇 5 年一遇潮位淹没水深图

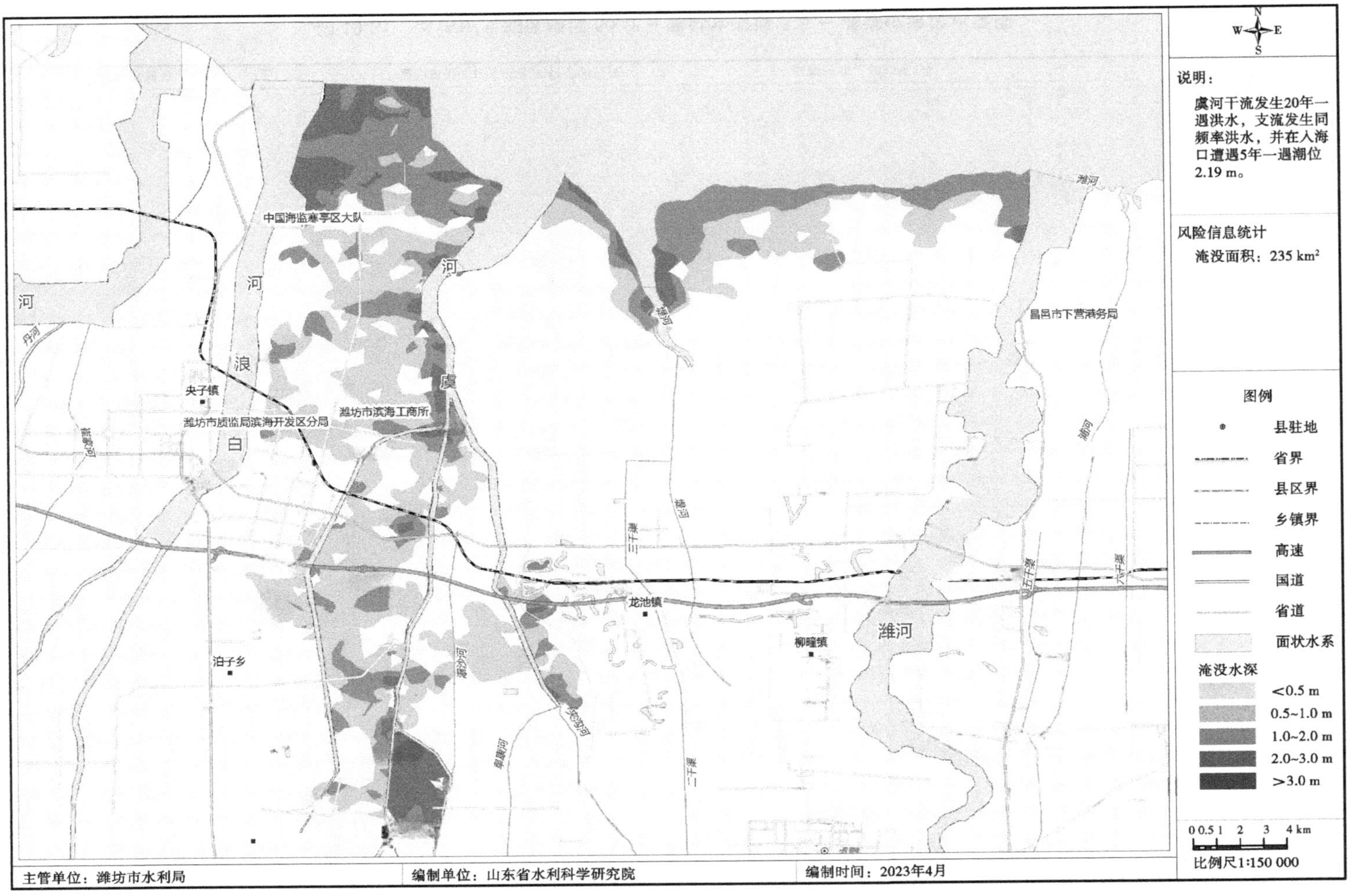

图 19-30　潍坊市北部区虞河 20 年一遇洪水遭遇 5 年一遇潮位淹没水深图

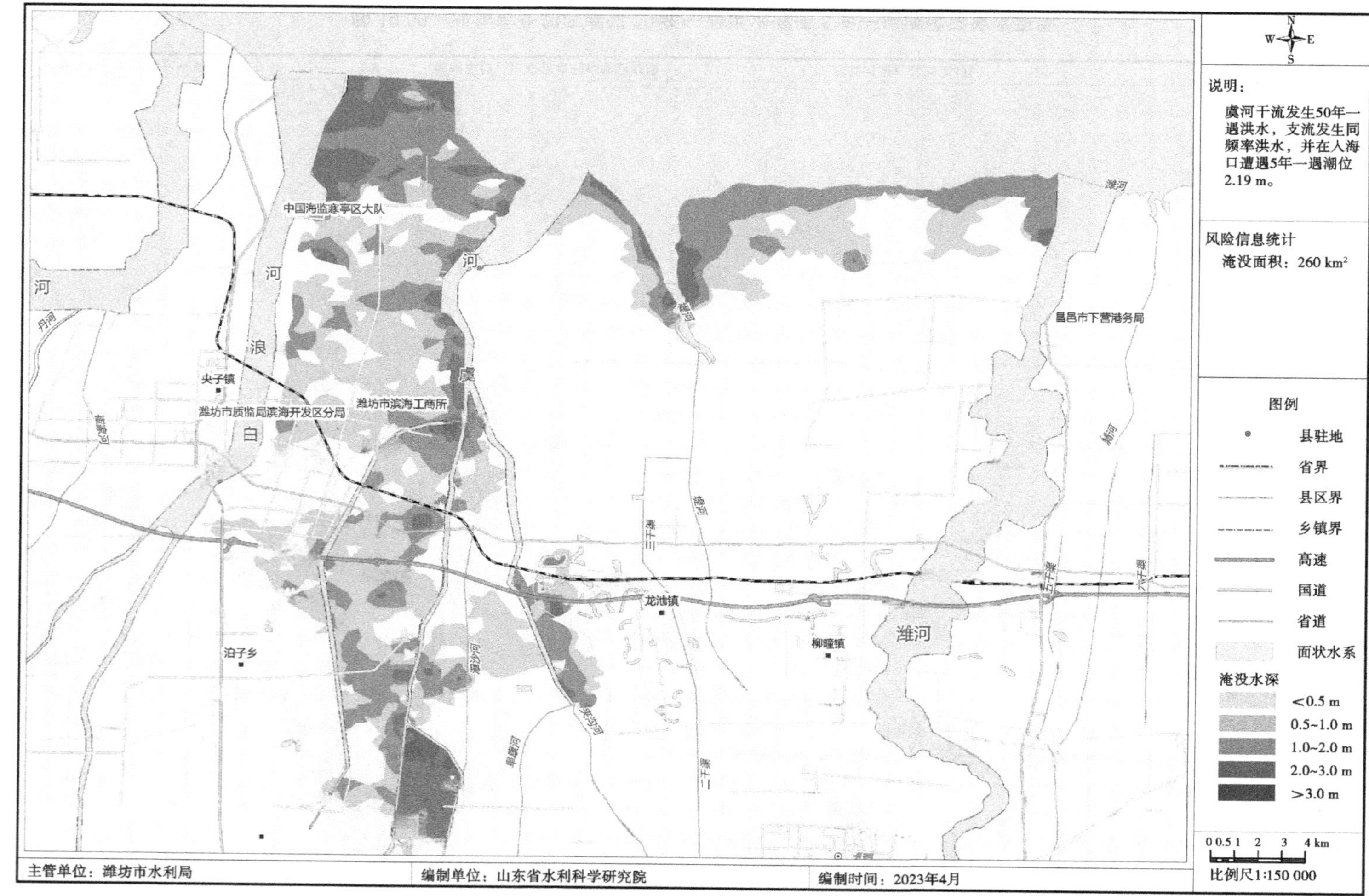

图 19-31　潍坊市北部区虞河 50 年一遇洪水遭遇 5 年一遇潮位淹没水深图

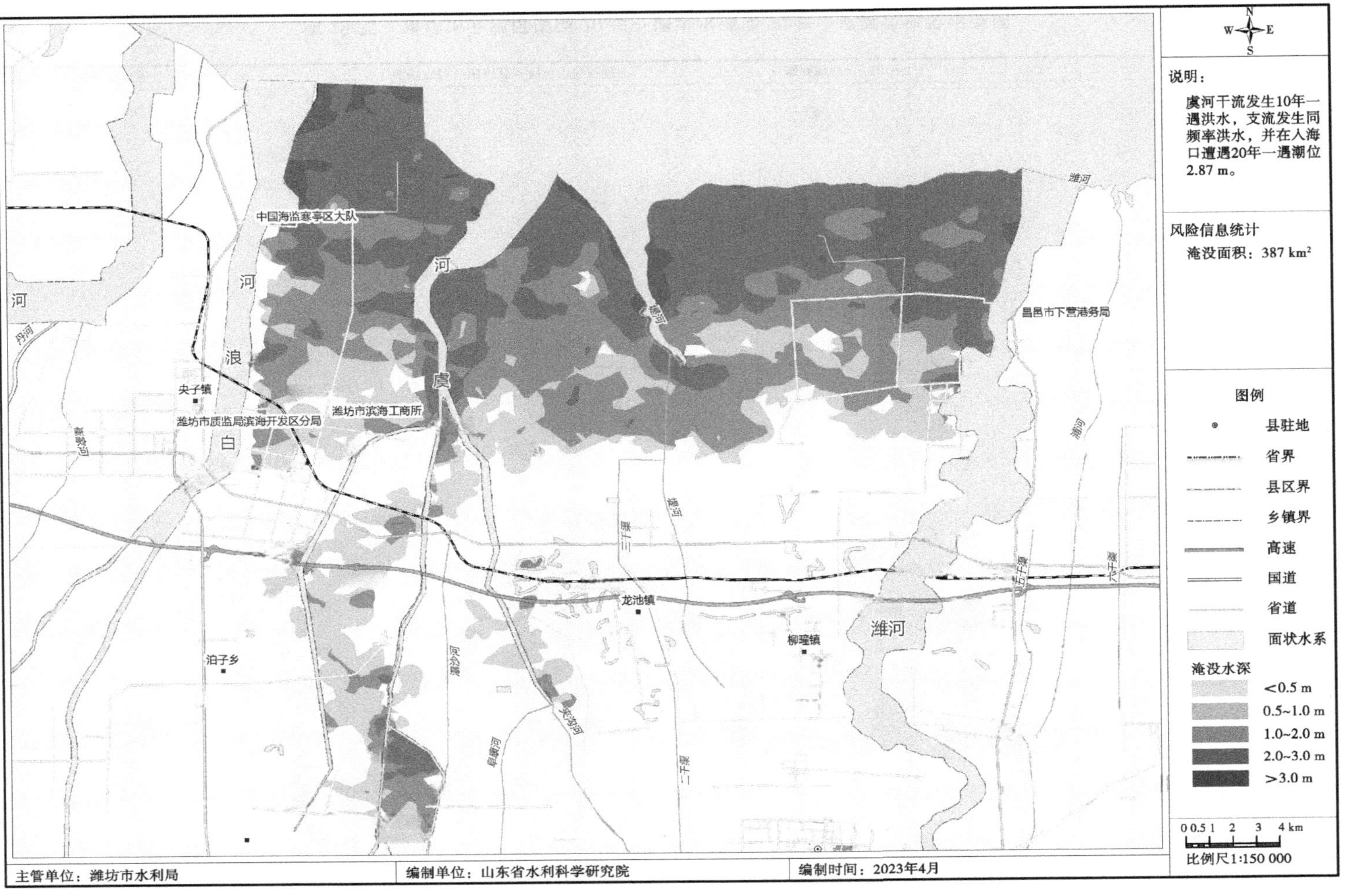

图 19-32　潍坊市北部区虞河 10 年一遇洪水遭遇 20 年一遇潮位淹没水深图

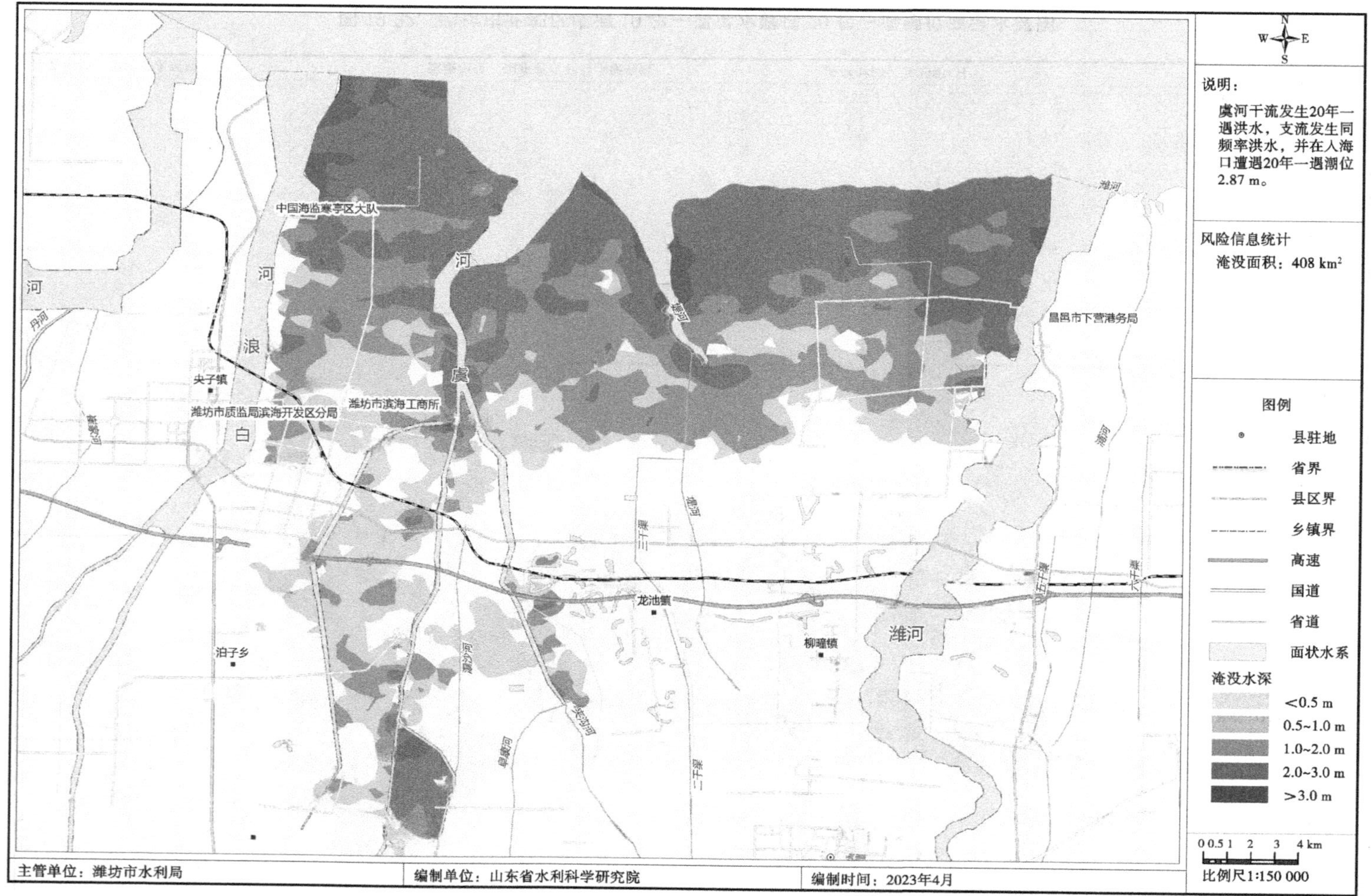

图 19-33　潍坊市北部区虞河 20 年一遇洪水遭遇 20 年一遇潮位淹没水深图

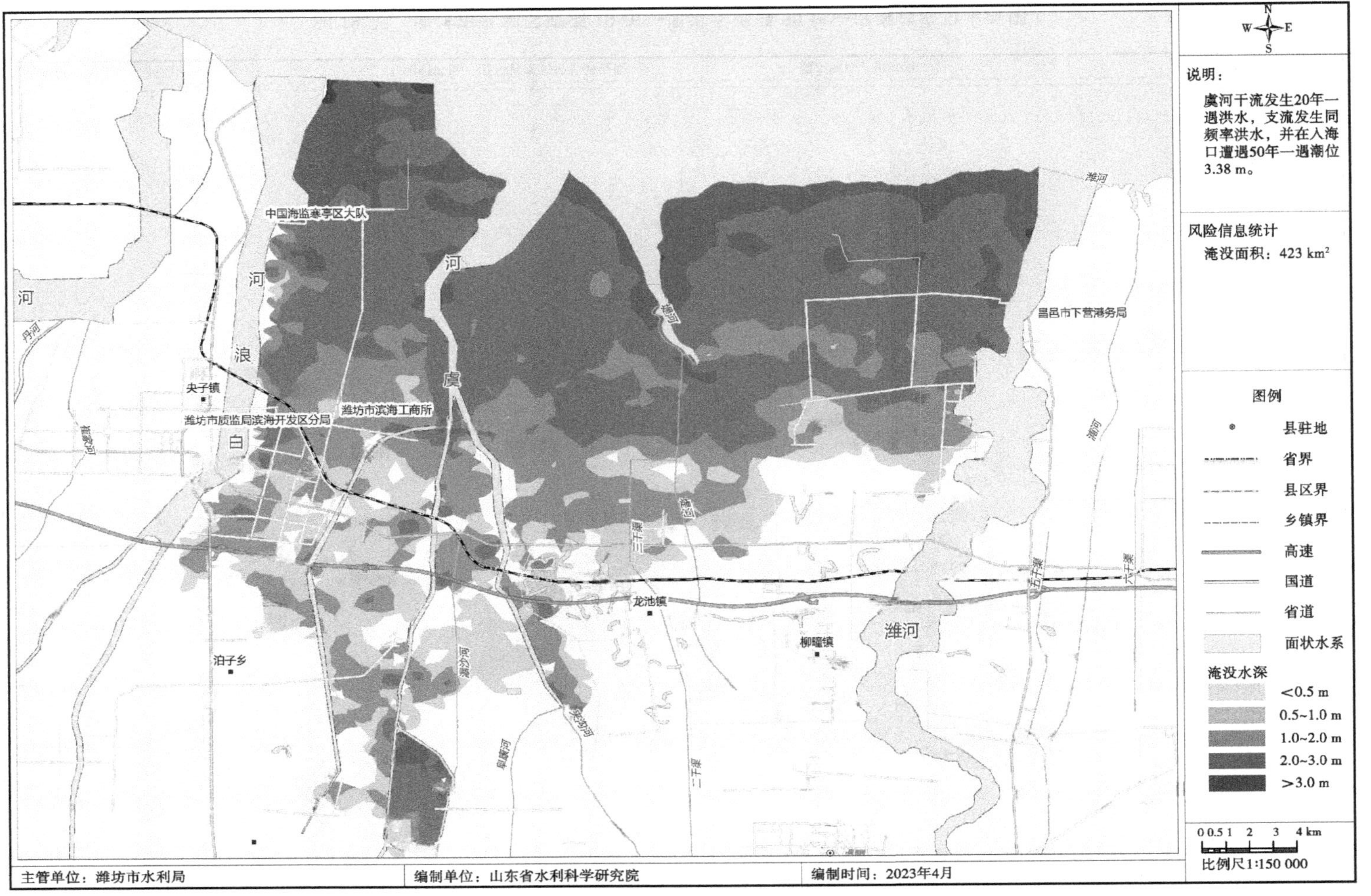

图 19-34　潍坊市北部区虞河 20 年一遇洪水遭遇 50 年一遇潮位淹没水深图

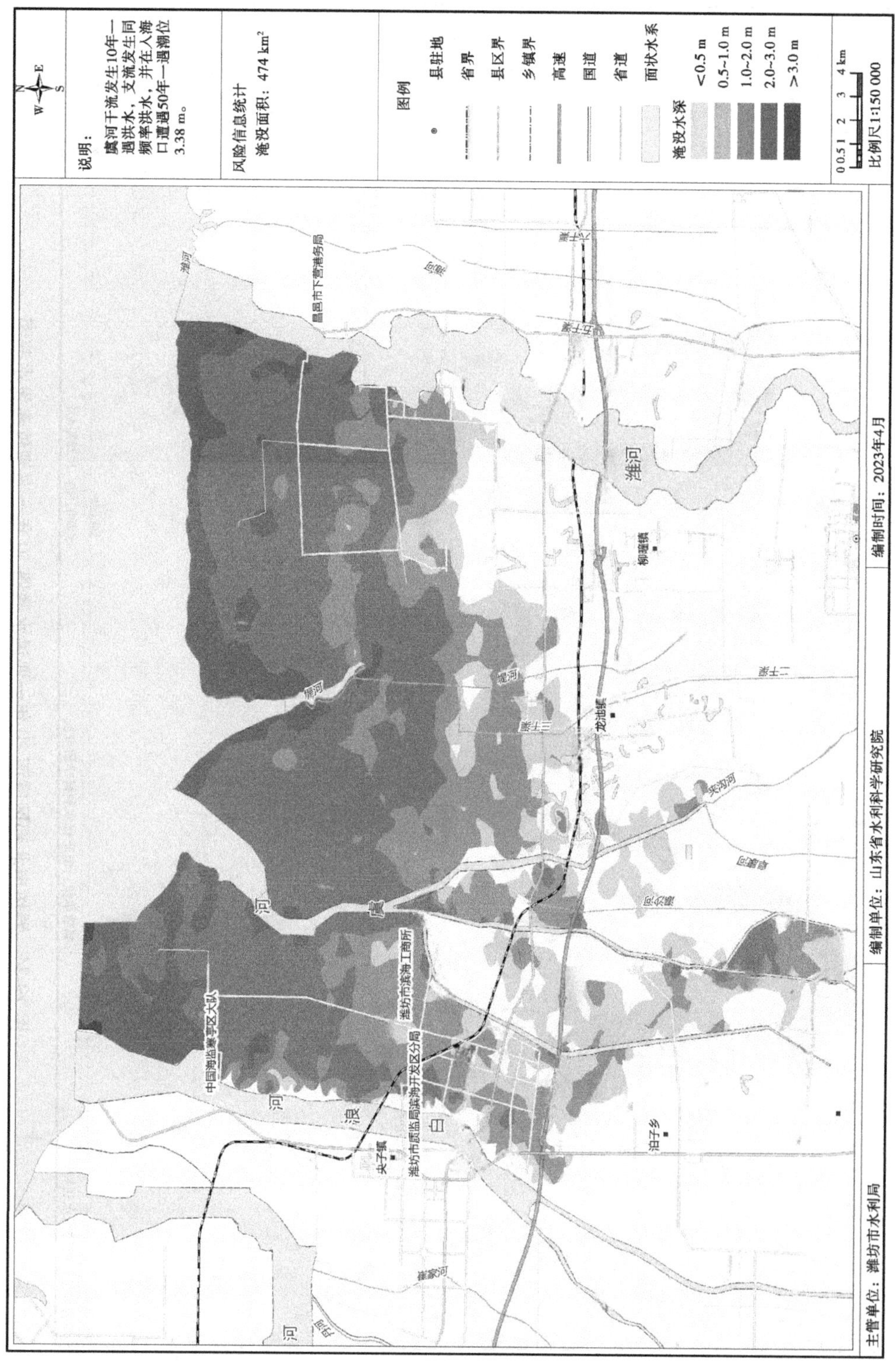

图 19-35　潍坊市北部区虞河 10 年一遇洪水遭遇 50 年一遇潮位淹没水深图

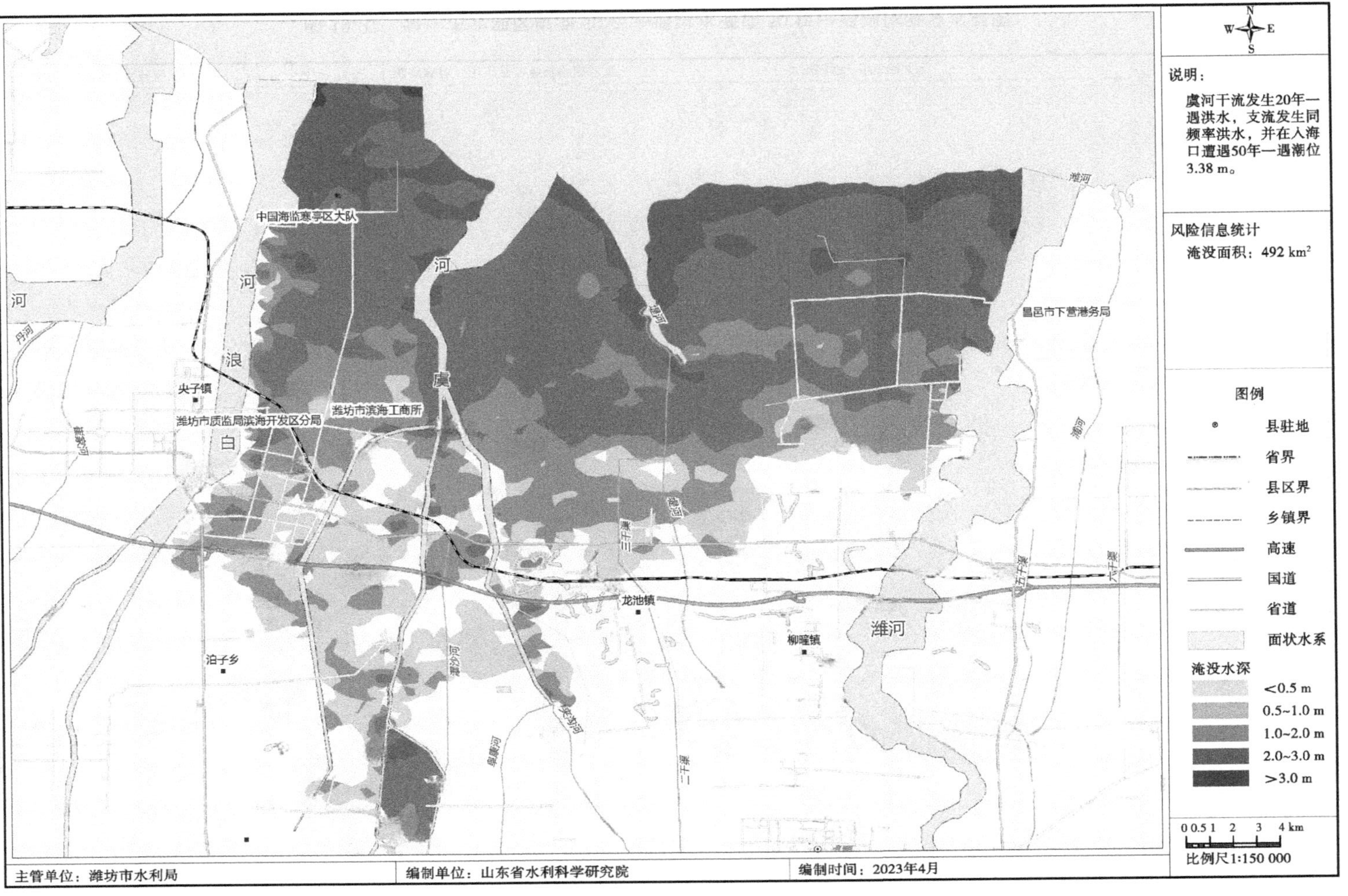

图 19-36 潍坊市北部区虞河 20 年一遇洪水遭遇 50 年一遇潮位淹没水深图

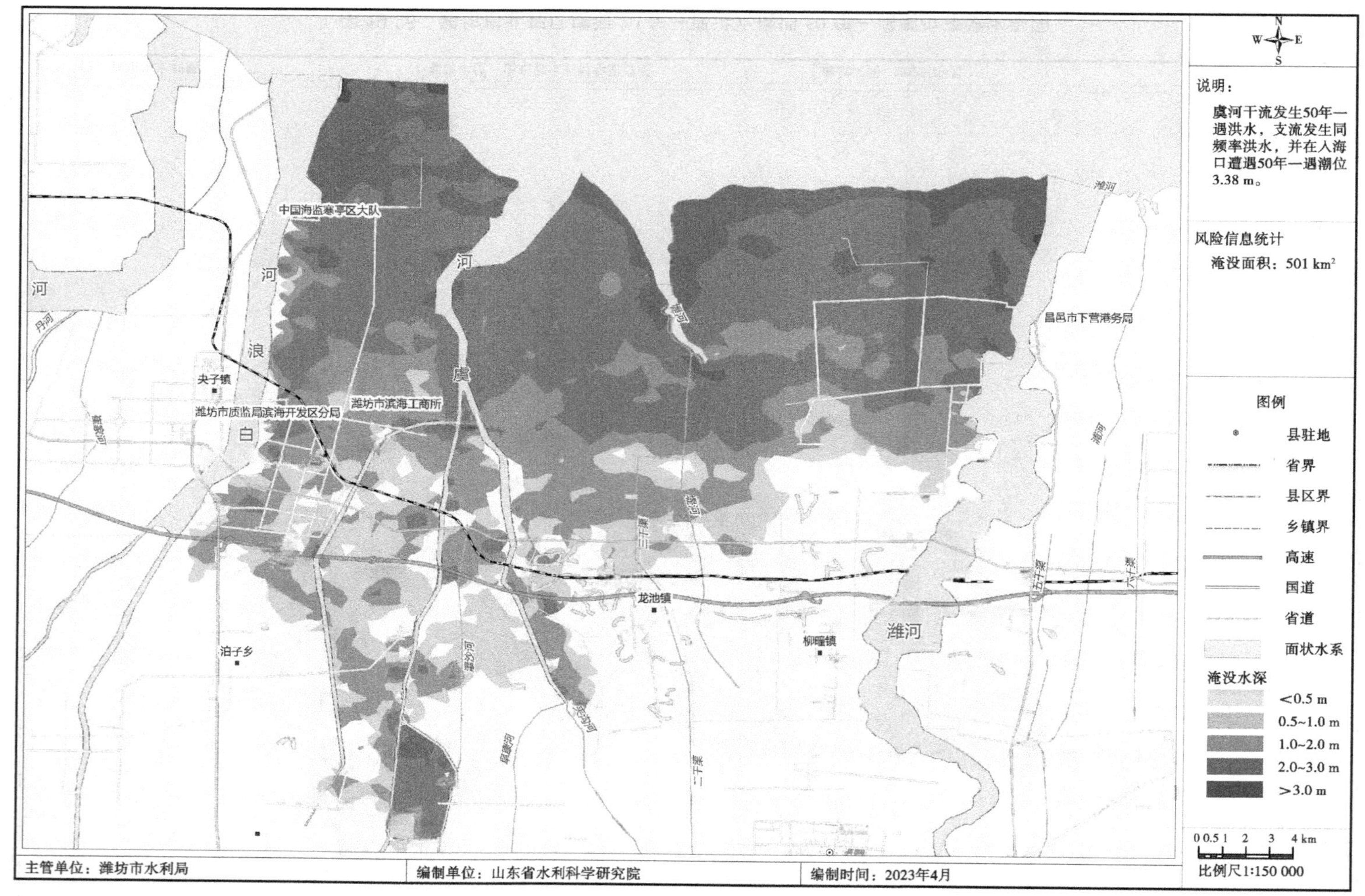

图 19-37　潍坊市北部区虞河 50 年一遇洪水遭遇 50 年一遇潮位淹没水深图

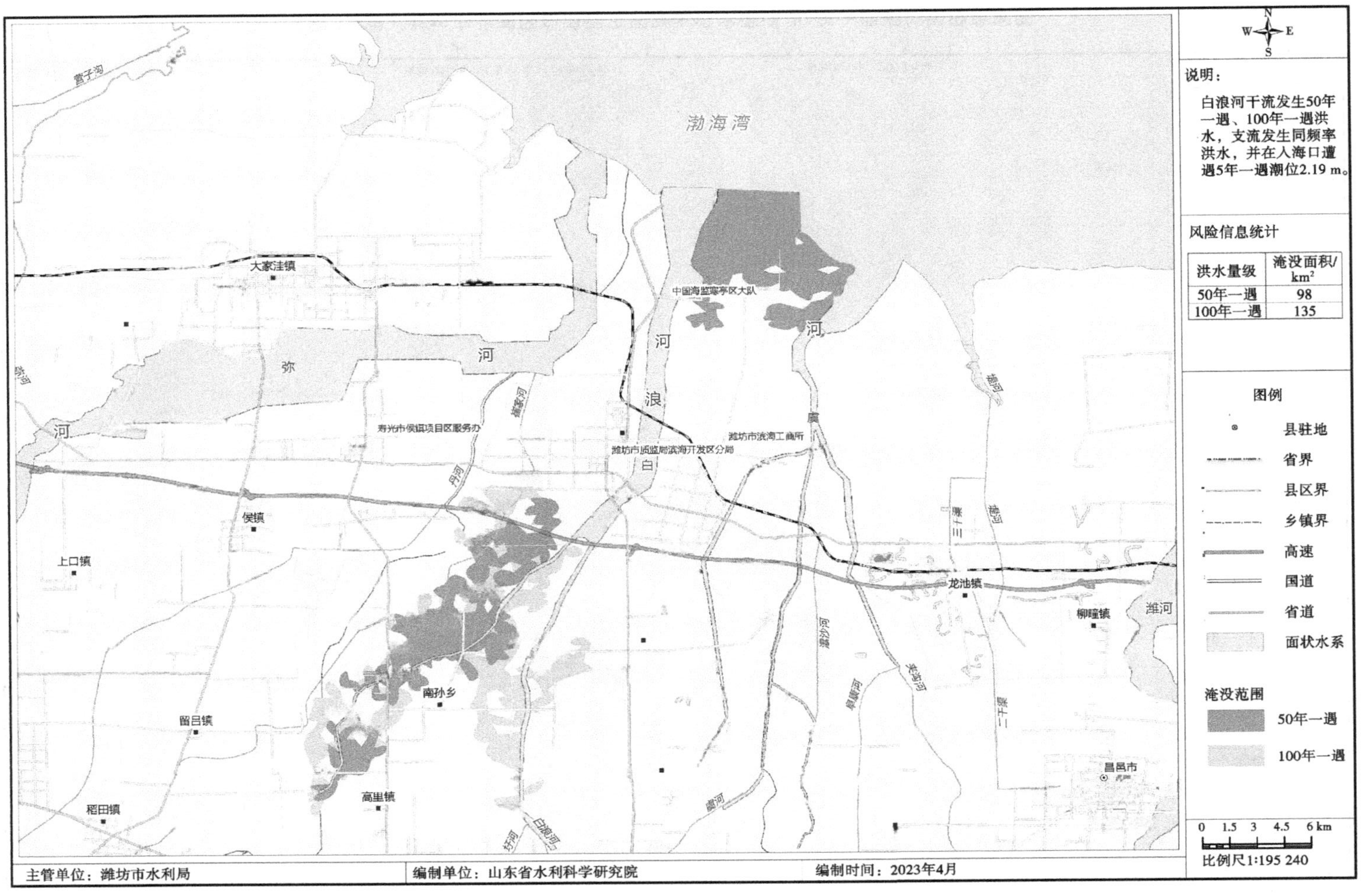

图 19-38　潍坊市北部区白浪河不同频率洪水遭遇 5 年一遇潮位淹没范围图

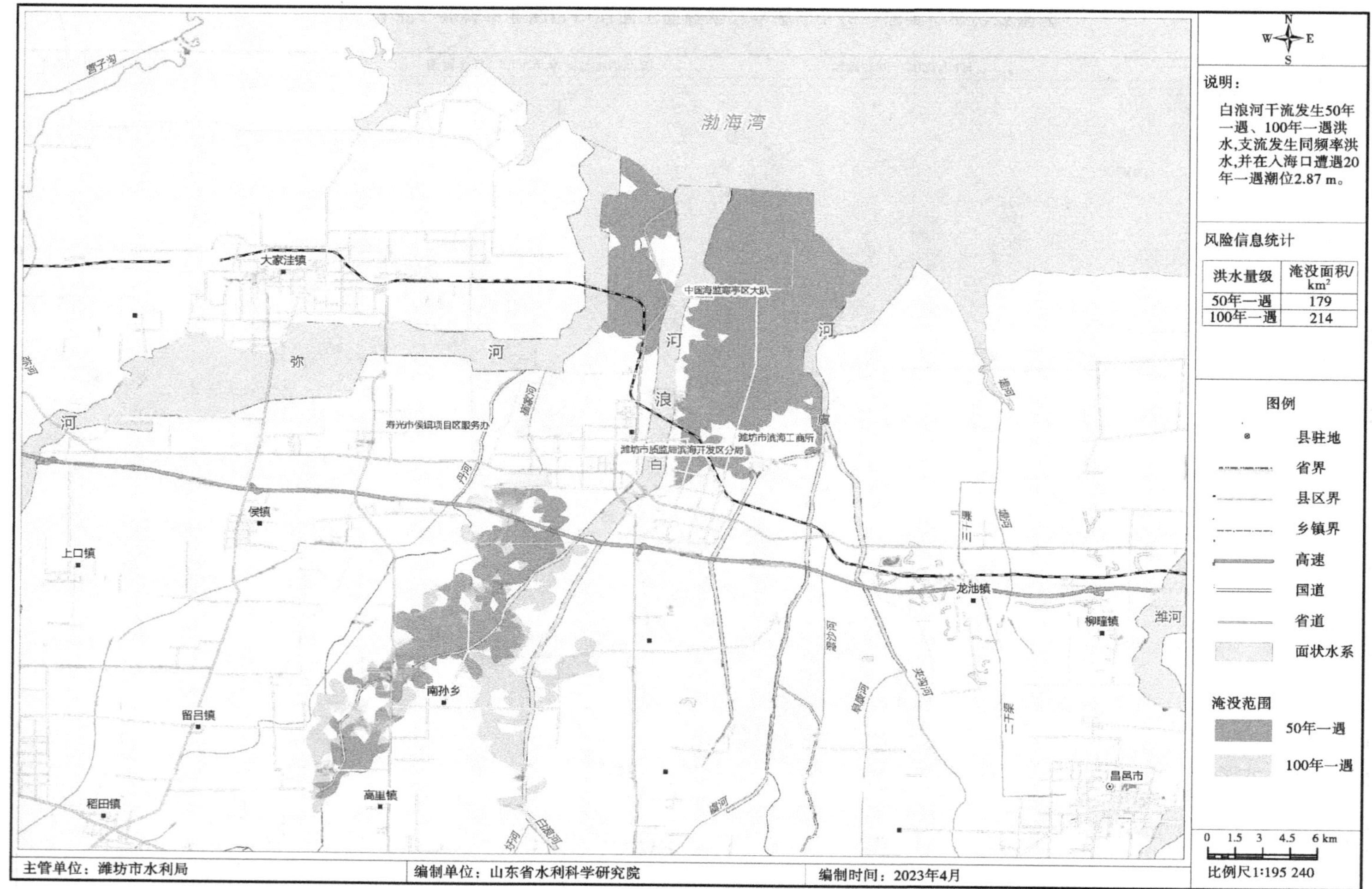

图 19-39　潍坊市北部区白浪河不同频率洪水遭遇 20 年一遇潮位淹没范围图

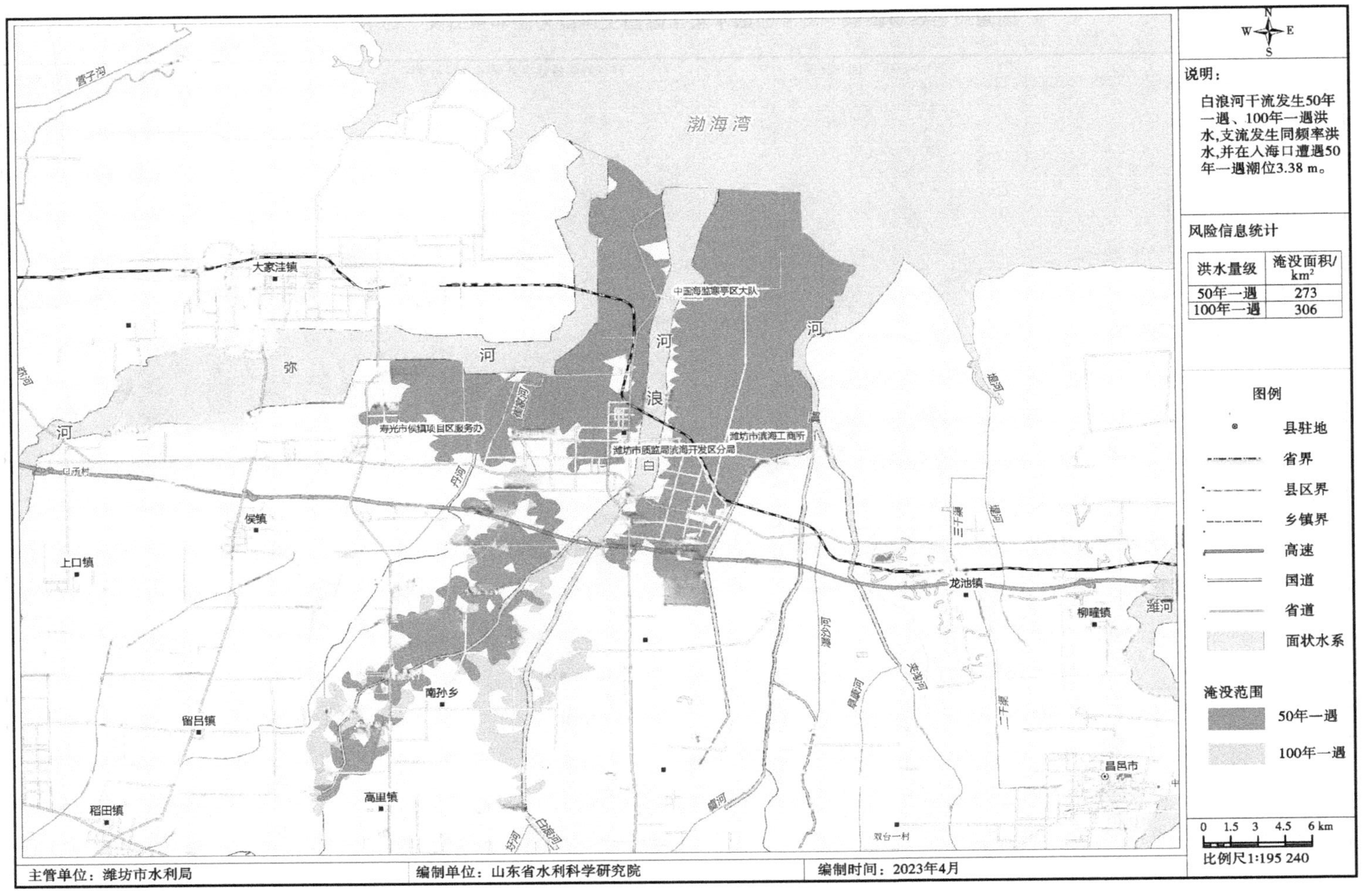

图 19-40 潍坊市北部区白浪河不同频率洪水遭遇 50 年一遇潮位淹没范围图

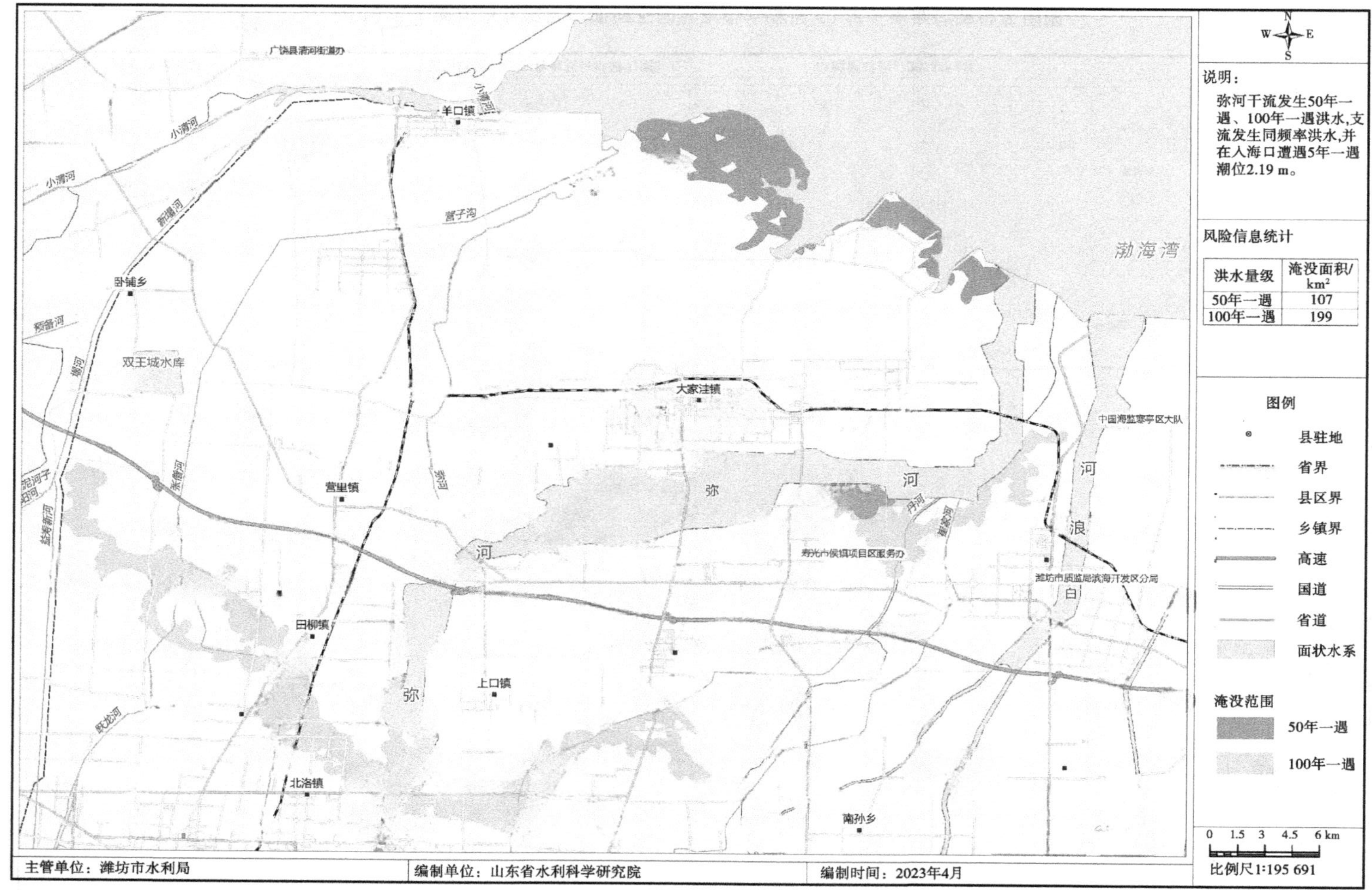

图 19-41 潍坊市北部区弥河不同频率洪水遭遇 5 年一遇潮位淹没范围图

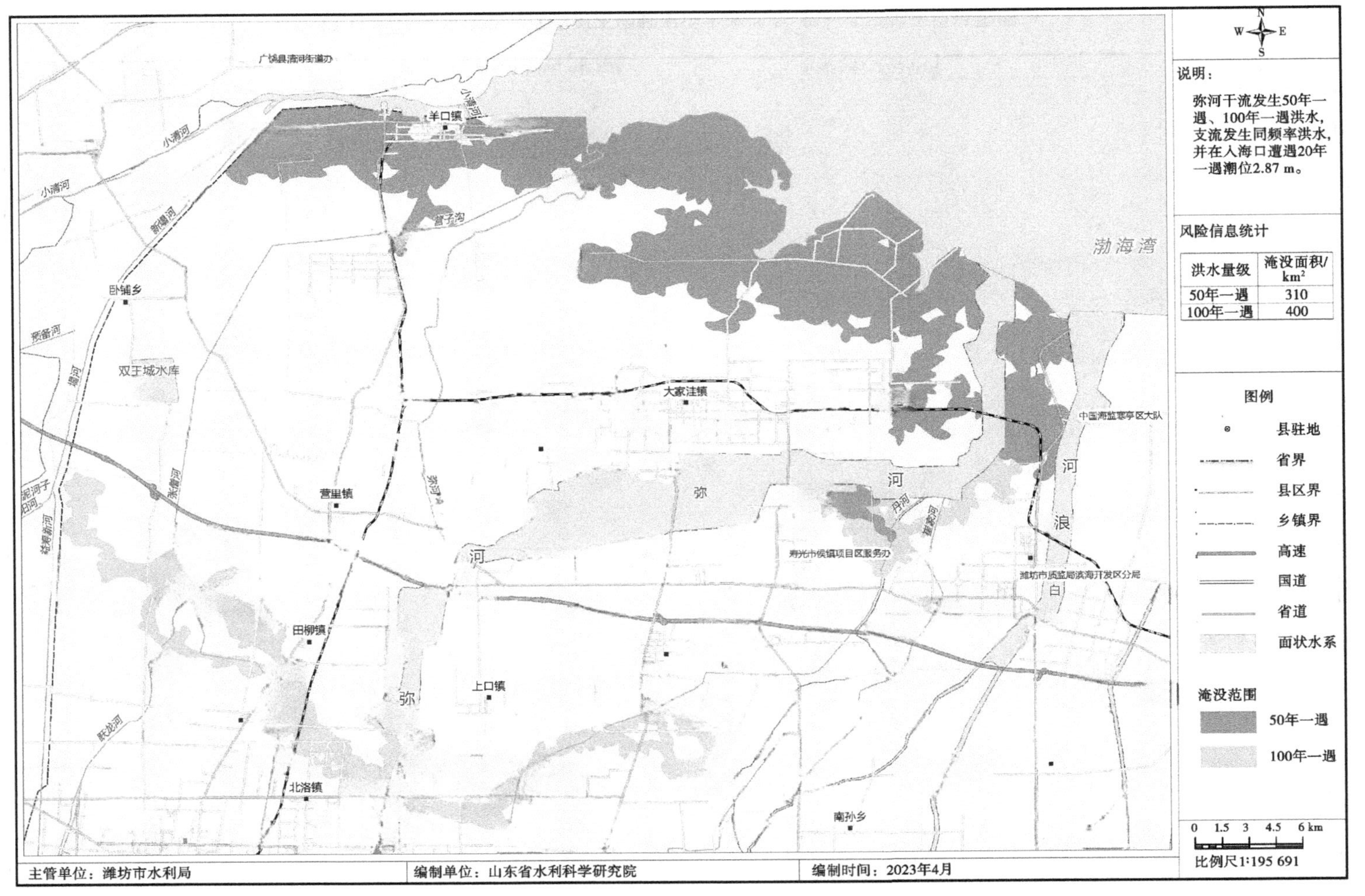

图 19-42　潍坊市北部区弥河不同频率洪水遭遇 20 年一遇潮位淹没范围图

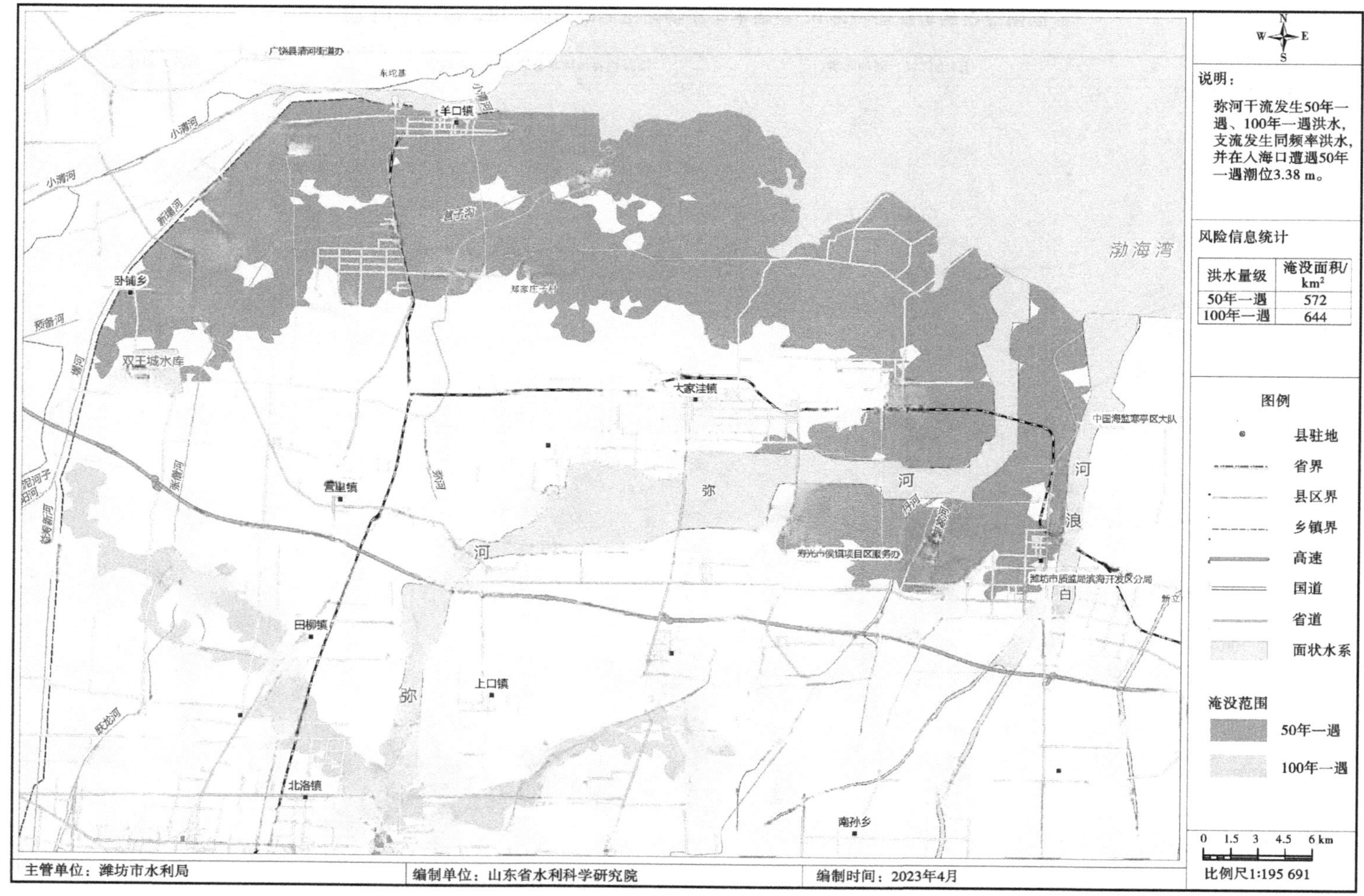

图 19-43　潍坊市北部区弥河不同频率洪水遭遇 50 年一遇潮位淹没范围图

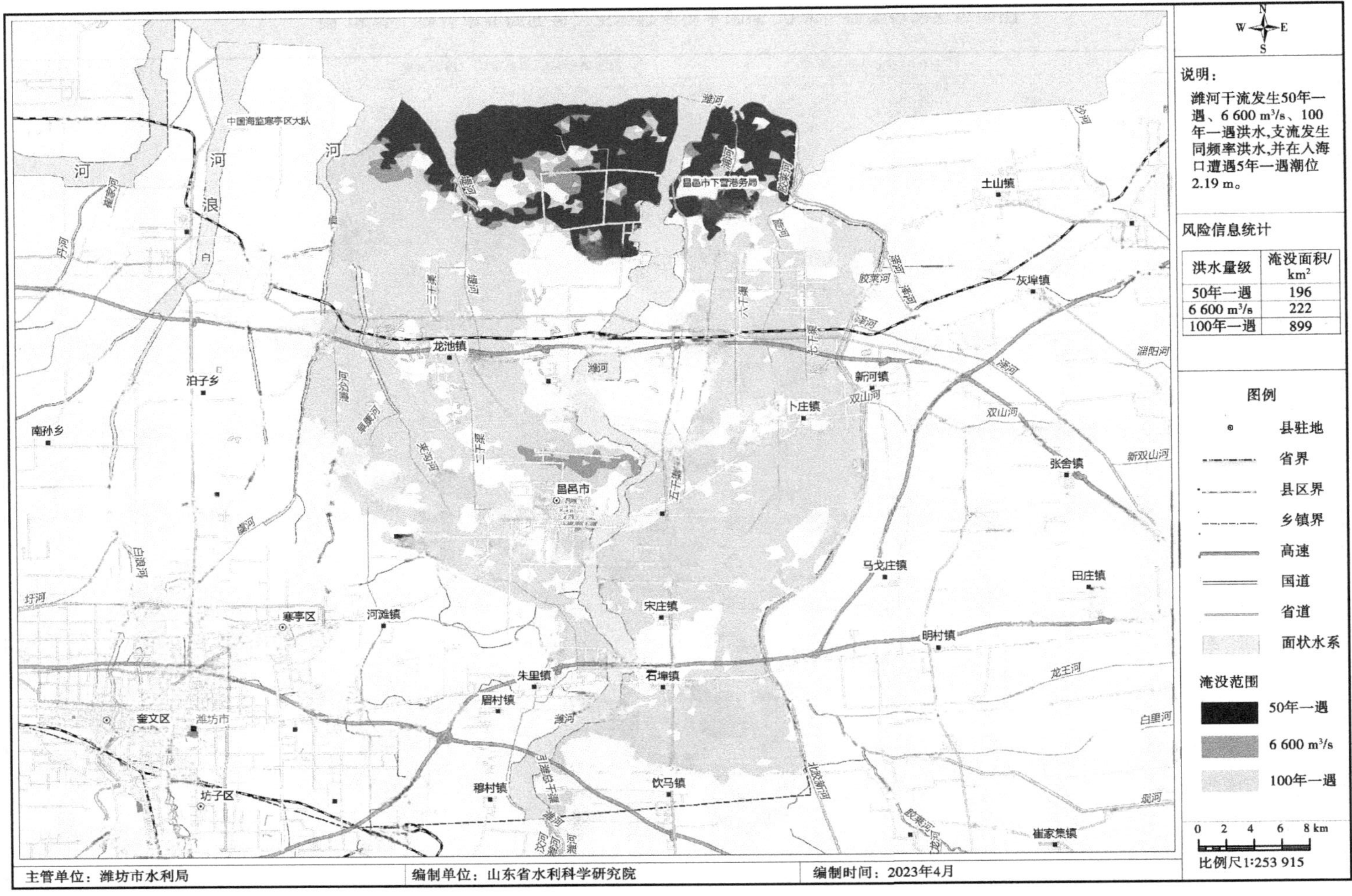

图 19-44 潍坊市北部区潍河不同频率洪水遭遇 5 年一遇潮位淹没范围图

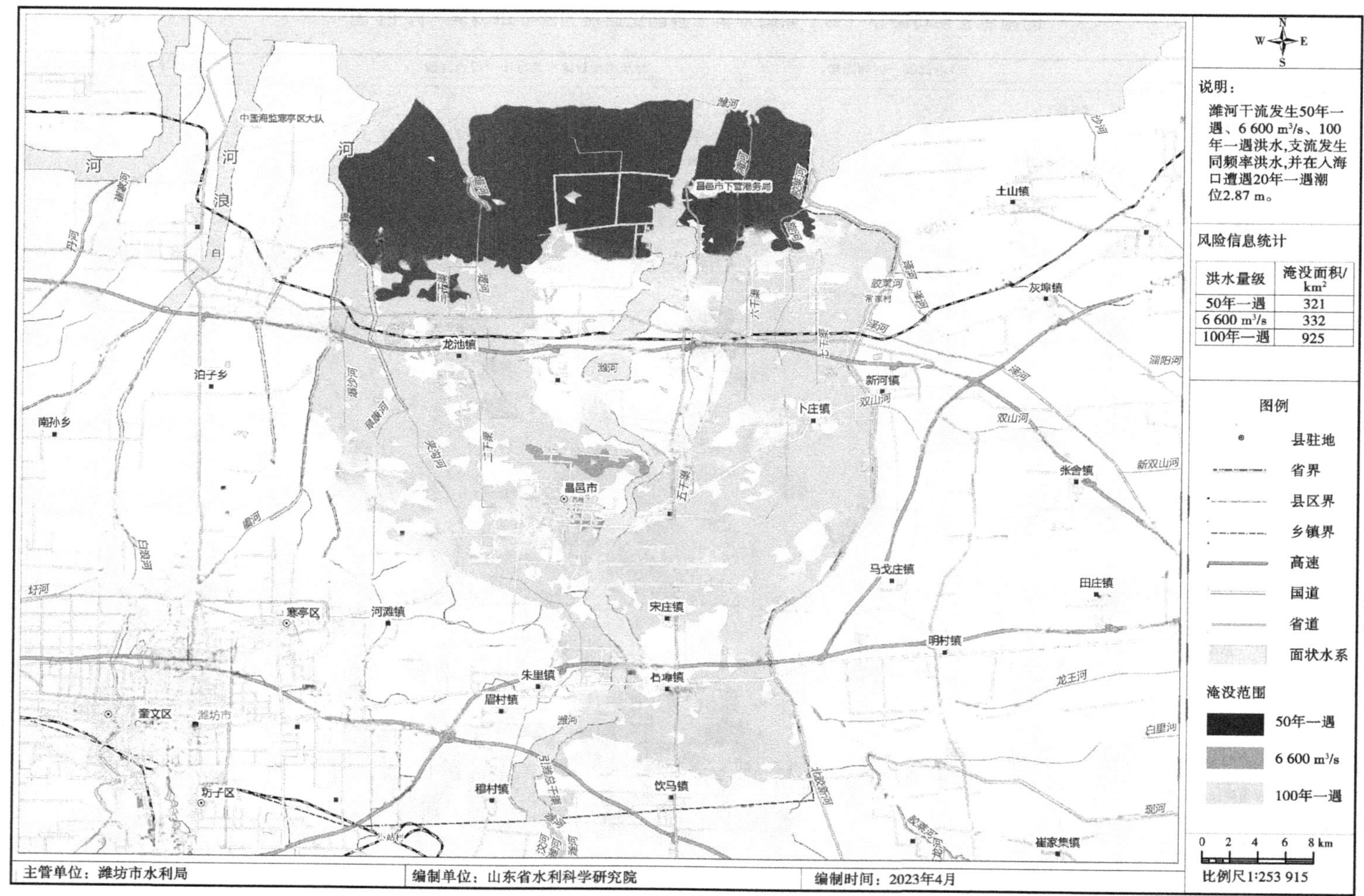

图 19-45 潍坊市北部区潍河不同频率洪水遭遇 20 年一遇潮位淹没范围图

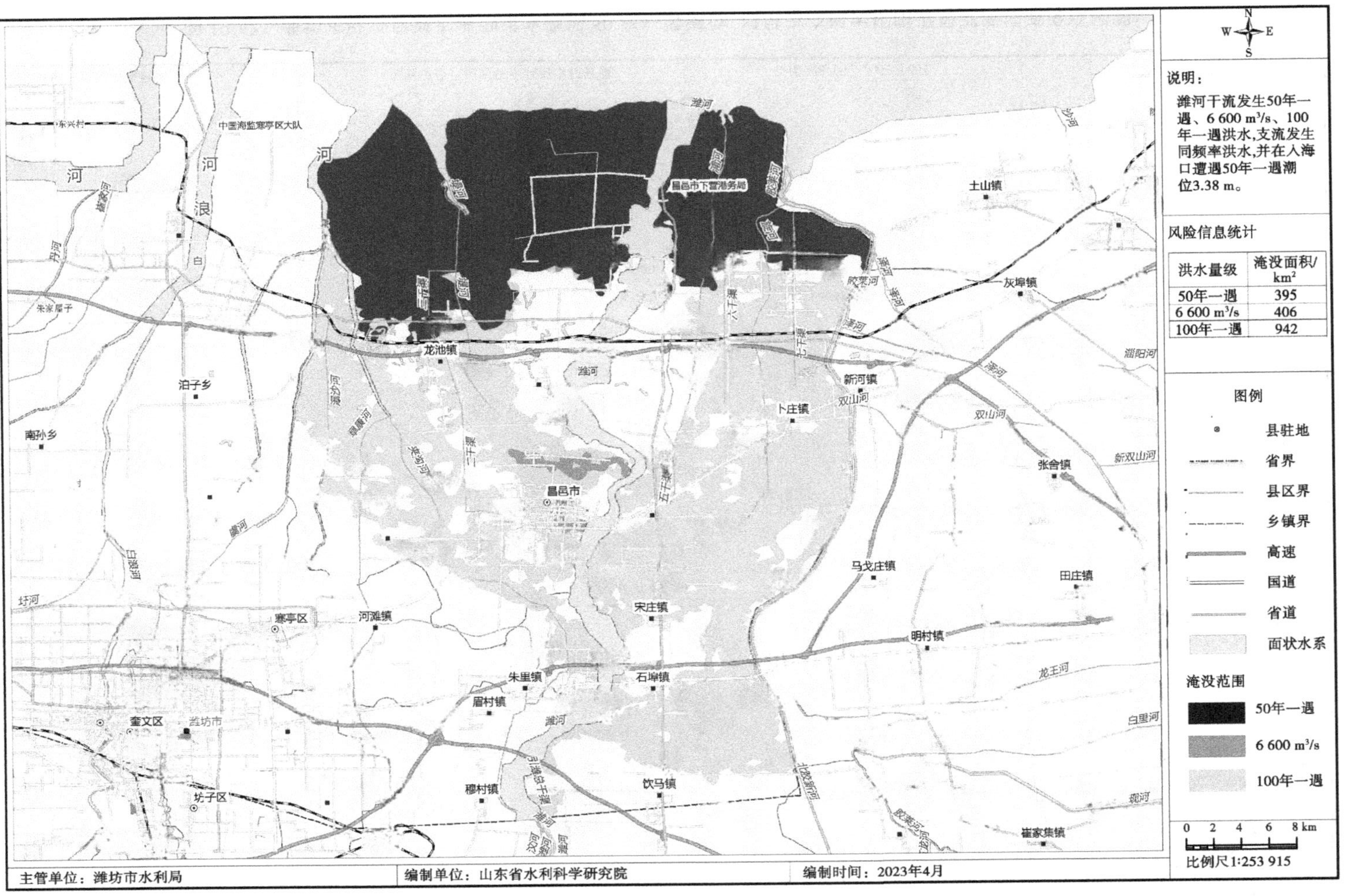

图 19-46 潍坊市北部区潍河不同频率洪水遭遇 50 年一遇潮位淹没范围图

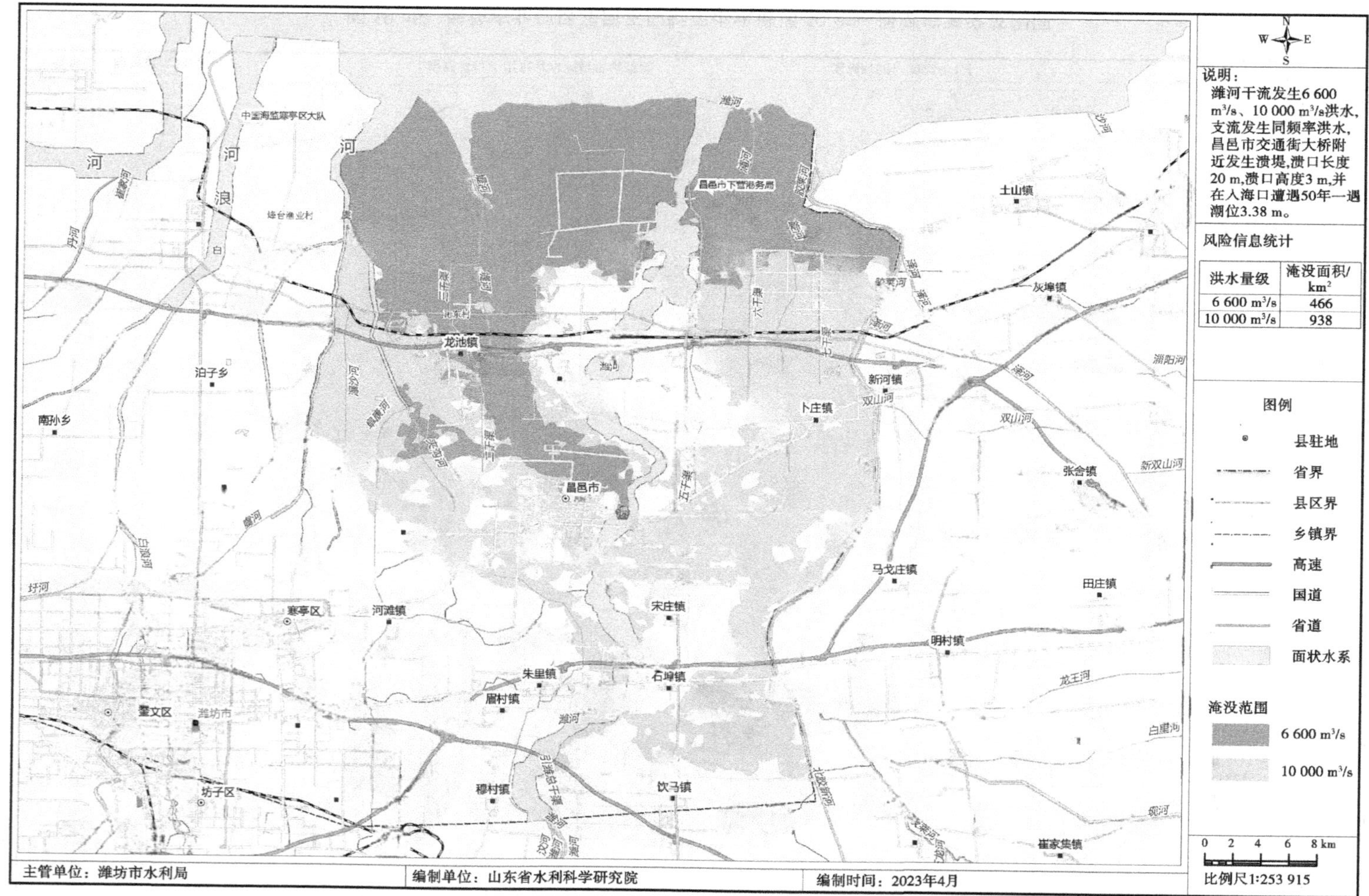

图 19-47 潍坊市北部区潍河典型洪水遭遇 50 年一遇潮位，昌邑市交通大桥附近局部溃堤淹没范围图

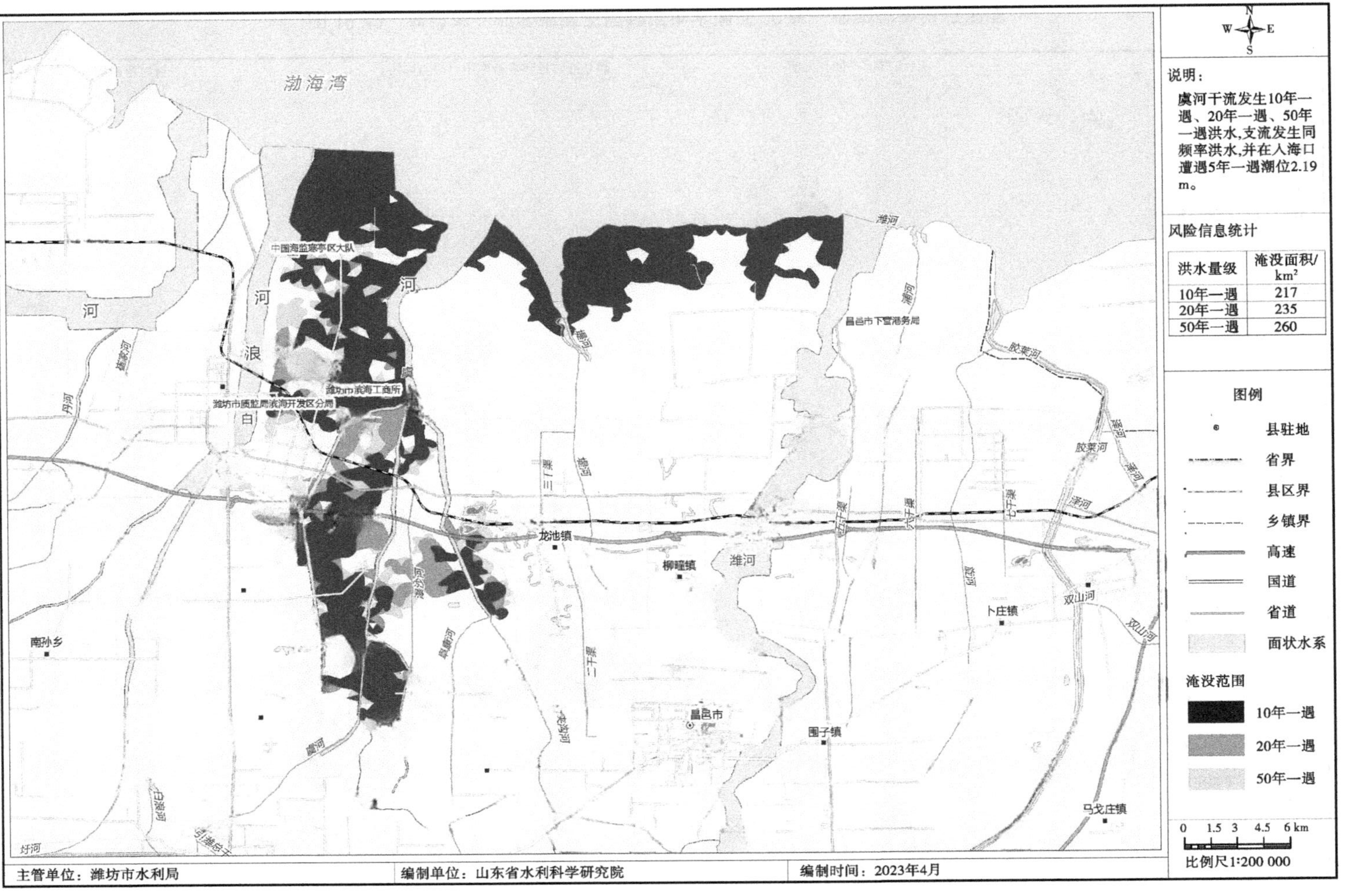

洪水量级	淹没面积/km^2
10年一遇	217
20年一遇	235
50年一遇	260

图 19-48　潍坊市北部区虞河不同频率洪水遭遇 5 年一遇潮位淹没范围图

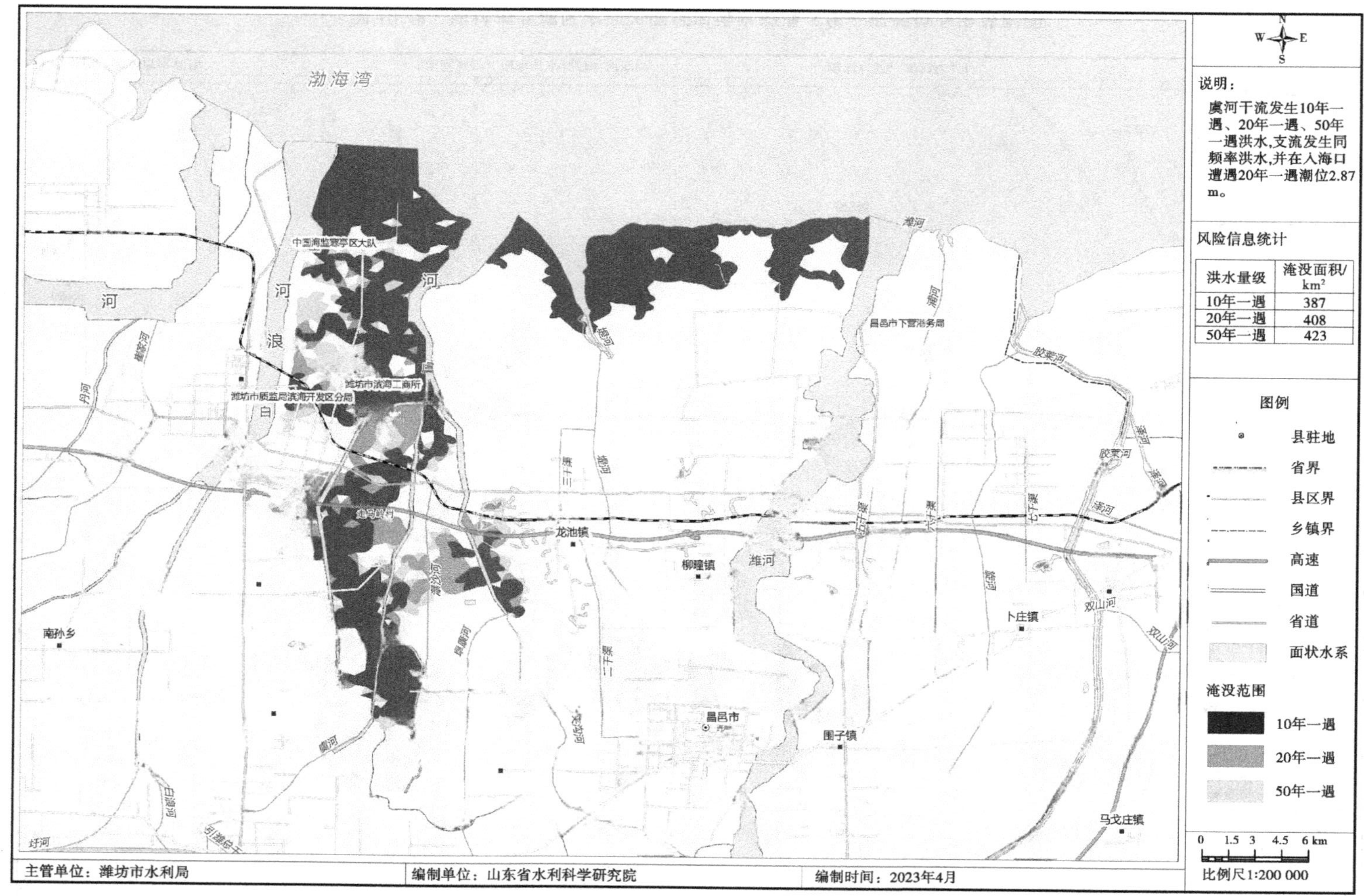

图 19-49　潍坊市北部区虞河不同频率洪水遭遇 20 年一遇潮位淹没范围图

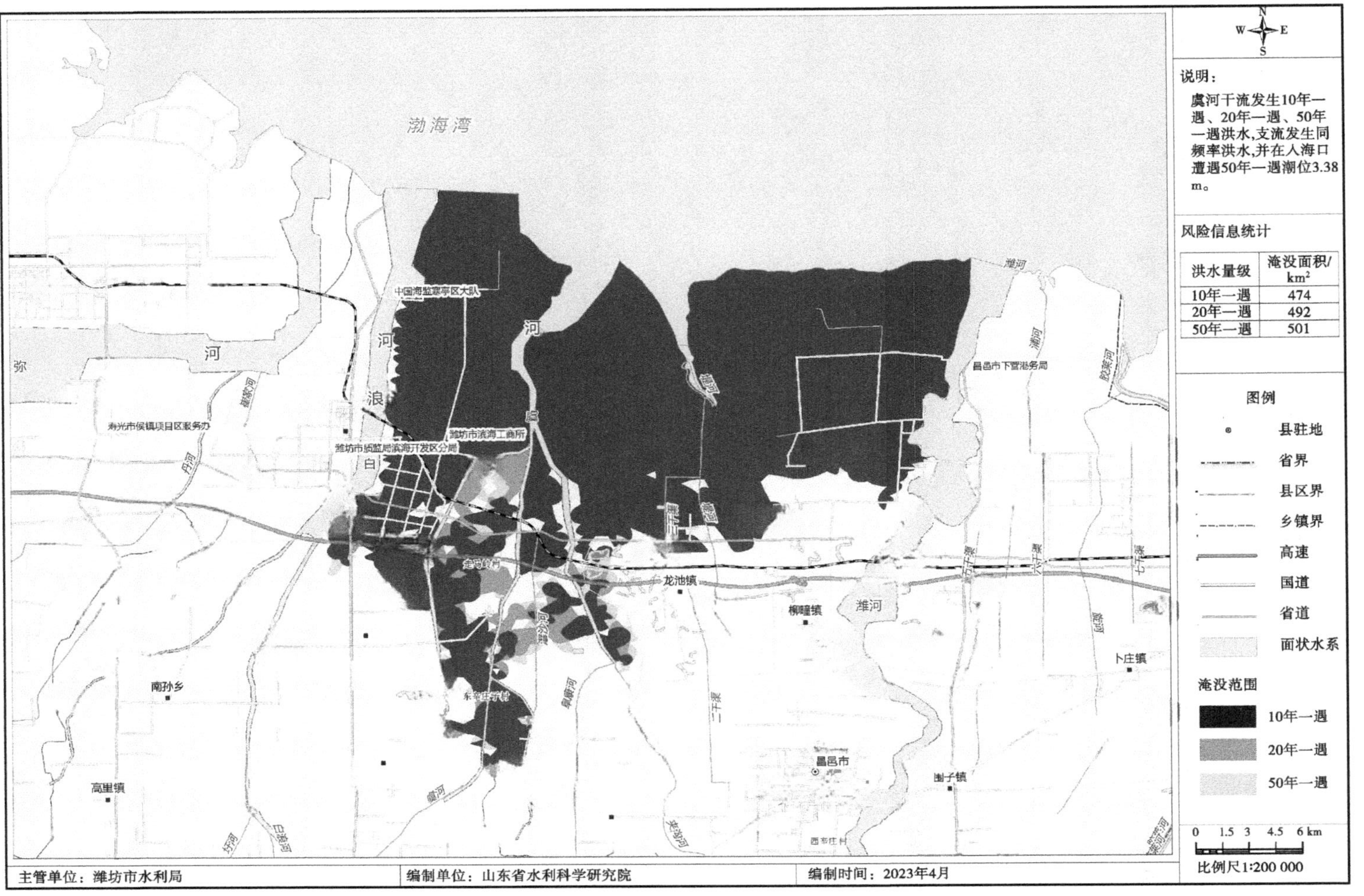

图 19-50　潍坊市北部区虞河不同频率洪水遭遇 50 年一遇潮位淹没范围图

参 考 文 献

[1] 中华人民共和国水利部. 洪水风险图编制导则:SL 483—2017[S]. 北京:中国水利水电出版社, 2017.